U0342162

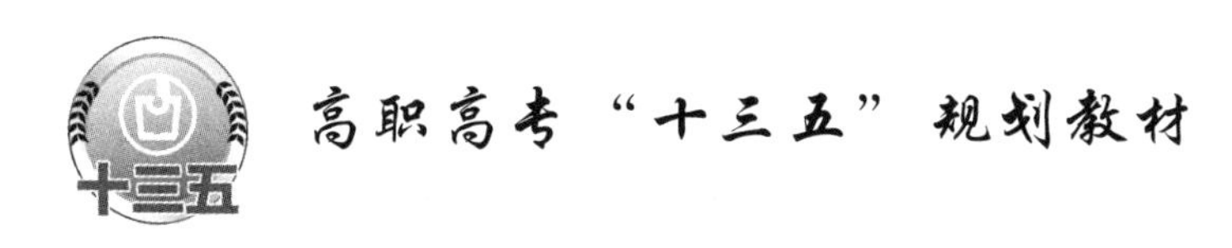

AutoCAD 工程实训

主　编　李　科
副主编　李广源　杨东燕

北　京
冶金工业出版社
2024

内 容 提 要

本书以企业实际案例和工作任务为主线，结合大量绘图实例，介绍了AutoCAD软件的基本操作、典型机械零件及常用化工设备的绘图方法和应用技巧。其最大特点是，以模块化教学和任务驱动为引领，将知识点与技能点有效融合，使读者能在实践中快速掌握 AutoCAD 的使用，进一步开拓设计思路并提高应用能力。

本书共有 CAD 绘图基础、典型机械零件的二维绘制、轴测图绘制基础、三维零件建模、化工设备常用零部件、化工工艺图等七大模块，每个模块分为 3~6 个教学任务，每个模块均配有相应的上机练习和拓展训练。

本书可作为高职高专机械设计制造类相关专业教材，也可作为从事相关专业的工程技术人员和中等职业院校相关专业人员的参考用书。

图书在版编目(CIP)数据

AutoCAD 工程实训/李科主编. —北京：冶金工业出版社，2020.9（2024.2 重印）

高职高专“十三五”规划教材

ISBN 978-7-5024-5653-5

Ⅰ.①A… Ⅱ.①李… Ⅲ.①AutoCAD 软件—高等职业教育—教材 Ⅳ.①TP391.72

中国版本图书馆 CIP 数据核字（2020）第 162369 号

AutoCAD 工程实训

出版发行 冶金工业出版社		**电　话** (010)64027926	
地　址 北京市东城区嵩祝院北巷 39 号		**邮　编** 100009	
网　址 www.mip1953.com		**电子信箱** service@mip1953.com	

责任编辑　夏小雪　美术编辑　吕欣童　版式设计　禹　蕊

责任校对　李　娜　责任印制　禹　蕊

三河市双峰印刷装订有限公司印刷

2020 年 9 月第 1 版，2024 年 2 月第 2 次印刷

787mm×1092mm 1/16；15.75 印张；380 千字；244 页

定价 52.00 元

投稿电话　(010)64027932　投稿信箱　tougao@cnmip.com.cn

营销中心电话　(010)64044283

冶金工业出版社天猫旗舰店　yjgycbs.tmall.com

（本书如有印装质量问题，本社营销中心负责退换）

前言

AutoCAD 是美国 Autodesk 公司开发的集二维绘图、三维设计、渲染及通用数据库管理为一体的计算机辅助设计与绘图软件。自 1982 年推出，经多次版本更新和性能完善，现已广泛应用于机械、化工、建筑、电子、航天等设计领域。

本书立足于实际生产，使初学者在学习的过程中能够以任务为驱动，明晰学习要点，突出理论与技能结合，构建以学生为主体、教师为主导、任务为驱动、能力为目标的学习课程，教材结合编者多年高等职业教育的教学实践和生产一线的工作经历，在总结测绘课课程及机械制图等基础课的教学基础之上编写而成。

在内容的安排上，本书按内容特点以模块为单位展开，各模块分若干任务。各任务由案例导入，列举任务中涉及的相关设备，强化基础知识内容与国家标准的联系。注重培养学生对国家标准的认知，加强其与工作岗位的联系，拓展学生的思维。教材内容以任务目标、任务分析、任务实施为主线，始终围绕工程实际，使学生完成从实践到理论，再由理论到实践的飞跃。各模块突出行业特色，所选案例均为机械及化工领域的典型零件设备，通过对案例的分解练习，达到举一反三的效果。每个任务后均设计了丰富的实践操作习题，为学生更快掌握该软件提供了便利。

参加本书编写的人员均有多年高职院校“机械制图”“化工制图”及“AutoCAD”等课程的教学经验，在教材的编写过程中，注重各课程间的内容衔接，同时兼顾工程实际与理论内容的有机结合，力求培养学生的岗位技能，注重实践应用。

本书由李科担任主编，李广源、杨东燕担任副主编。参加本书编写的还有刘凯、范传凤、杨硕林、刘培萍老师，全书由彭爱玲担任主审。

本书在编写的过程中，参考了一些国内外同类优秀著作，并得到了齐鲁石化公司运维中心刘延波等人的大力支持，在此一并表示衷心的感谢！

由于编者水平有限，加之时间仓促，不当及疏漏之处在所难免，敬请广大读者和同行提出意见，作者将不胜感激。

编　者

2020年6月

目　录

绪　论

学习目标

知识目标	（1）了解 AutoCAD 的特点及发展历史； （2）熟悉 AutoCAD 的基本功能； （3）了解本课程的内容、要求及学习方法。
能力目标	（1）建立对 AutoCAD 的初步认识和兴趣； （2）知道常用快捷键命令及用途； （3）懂得如何学习本课程。

导入案例

AutoCAD 可以绘制任意二维和三维图形，并且同传统的手工绘图相比，速度更快、精度更高，而且便于个性化设计，AutoCAD 已经在航空航天、造船、建筑、机械、电子、化工、美工、轻纺等很多领域得到了广泛应用，并取得了丰硕的成果和巨大的经济效益。

一、AutoCAD 简介

AutoCAD 是由美国 Autodesk 欧特克公司于 20 世纪 80 年代初为微机上应用 CAD 技术而开发的绘图程序软件包，经过不断的完善，现已经成为国际上广为流行的绘图工具。

AutoCAD 具有良好的用户界面，通过交互菜单或命令行方式便可以进行各种操作。它的多文档设计环境，让非计算机专业人员也能很快学会使用。在不断实践的过程中更好地掌握它的各种应用和开发技巧，从而不断提高工作效率。

AutoCAD 具有广泛的适应性，它可以在各种操作系统支持的微型计算机和工作站上运行，并支持 40 多种分辨率由 320×200 到 2048×1024 的图形显示设备，以及 30 多种数字仪和鼠标器，数十种绘图仪和打印机，这就为 AutoCAD 的普及创造了条件。

二、AutoCAD 的发展概况

CAD（Computer Aided Drafting）诞生于 20 世纪 60 年代，是美国麻省理工学院提出的交互式图形学的研究计划，由于当时硬件设施的昂贵，只有美国通用汽车公司和美国波音航空公司使用自行开发的交互式绘图系统。

20 世纪 70 年代，小型计算机费用下降，美国工业界开始广泛使用交互式绘图系统。

20 世纪 80 年代，由于 PC 机的应用 CAD 得以迅速发展，出现了专门从事 CAD 系统开发的公司。当时 VersaCAD 是专业的 CAD 制作公司，所开发的 CAD 软件功能强大，但由于其价格昂贵，故不能普遍应用。而当时的 Autodesk 公司是一个仅有员工数人的小公司，其开发的 CAD 系统虽然功能有限，但因其可免费复制，故得到广泛应用；同时，由于该系统的开放性，其 CAD 软件升级迅速。

AutoCAD 的发展过程可分为初级阶段、发展阶段、高级发展阶段、完善阶段和进一步完善阶段五个阶段。

（1）初级阶段：AutoCAD 1.0——1982 年 11 月（如图 0-1 所示）；AutoCAD 1.2——1983 年 4 月；AutoCAD 1.3——1983 年 8 月；AutoCAD 1.4——1983 年 10 月；AutoCAD 2.0——1984 年 10 月。

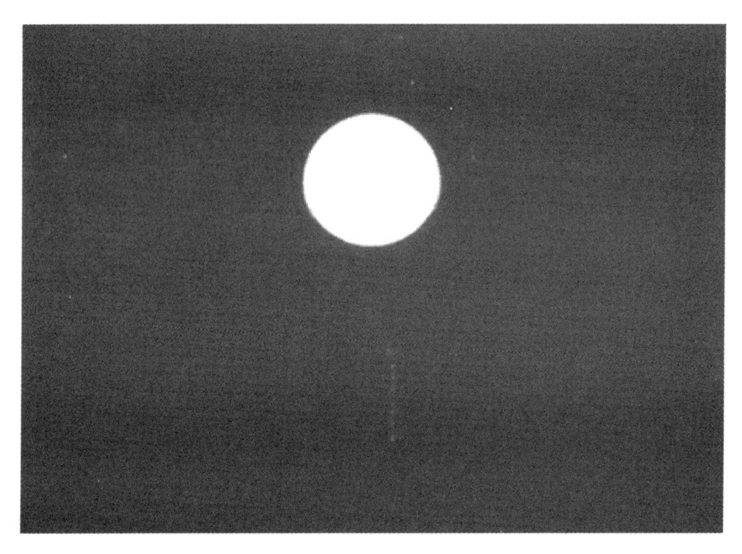

图 0-1　AutoCAD 1.0

（2）发展阶段：AutoCAD 2.17——1985 年 5 月；AutoCAD 2.18——1985 年 5 月（如图 0-2 所示）；AutoCAD 2.5——1986 年 6 月；AutoCAD 9.0——1987 年 9 月。

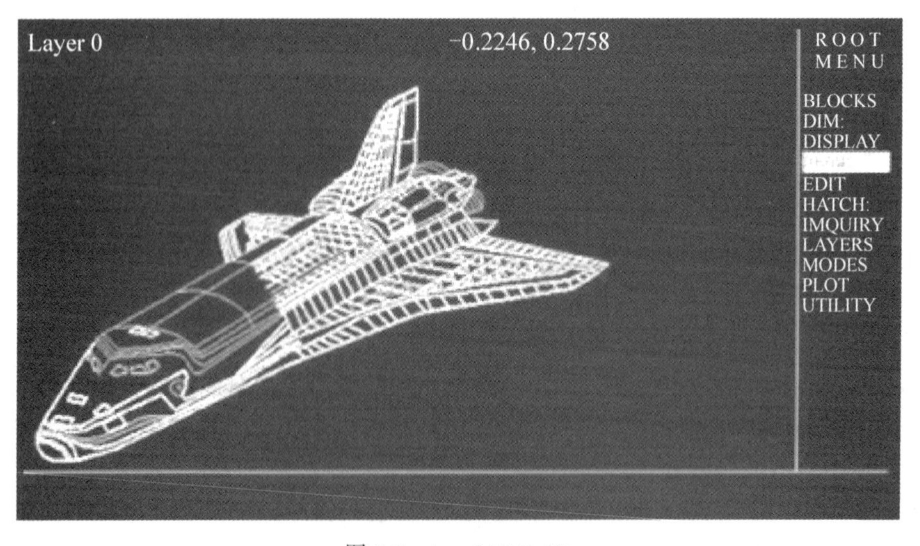

图 0-2　AutoCAD 2.18

（3）高级发展阶段：AutoCAD 10.0——1988 年 8 月，开始出现图形界面的对话框，CAD 的功能已经比较齐全；AutoCAD 11.0——1990 年；AutoCAD 12.0——1992 年，Dos 版的最高顶峰，具有成熟完备的功能，提供完善的 AutoLisp 语言进行二次开发，许多机械建筑和电路设计的专业 CAD 就是在这一版本上开发的。这一版本具有许多即使现在的版本也不具备的特性，例如实体爆炸后得到的是 3Dface，而不是像现在版本这样变成面实体——还是实体，不像 3Dface 那样可以对顶点进行单独拉伸。

（4）完善阶段：AutoCAD R13——1996 年 6 月（如图 0-3 所示）；AutoCAD R14——1998 年 1 月；AutoCAD 2000——1999 年 1 月。

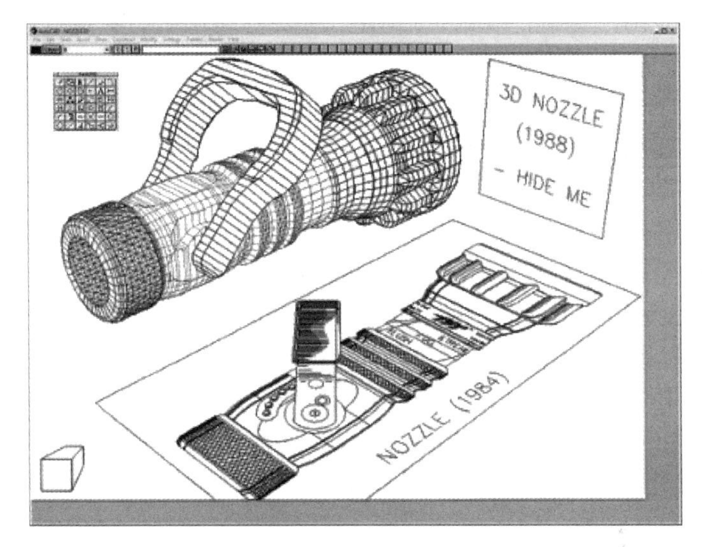

图 0-3　AutoCAD R13

（5）进一步完善阶段：AutoCAD 2002（R15.6）——2001 年 6 月；AutoCAD 2004（R16.0）——2003 年 3 月；AutoCAD 2005（R16.1）——2004 年 3 月；AutoCAD 2006（R16.2）——2005 年 3 月；AutoCAD 2007（R17.0）——2006 年 3 月；AutoCAD 2008（R17.1）——2007 年 3 月；AutoCAD 2009（R17.2）——2008 年 3 月；AutoCAD 2010（R18.0）——2009 年 3 月（如图 0-4 所示）。

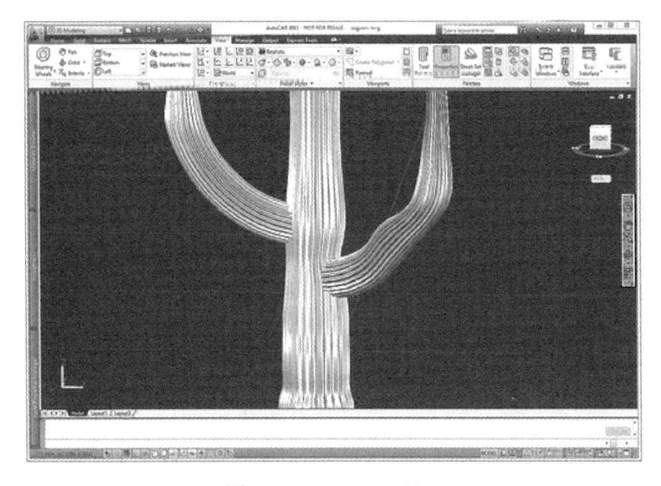

图 0-4　AutoCAD 2010

CAD最早的应用是在汽车制造、航空航天以及电子工业的大公司中。随着计算机变得普及，应用范围也逐渐变广。

CAD的实现技术从那时起经过了许多演变。这个领域刚开始的时候主要被用于生产和手绘的图纸相仿的图纸。计算机技术的发展使得计算机在设计活动中得到更广泛的应用。如今，CAD已经不仅仅用于绘图和显示，而且开始进入到设计者的专业知识中更“智能”的部分。

随着计算机技术的日益发展，性能的提升和价格的普及，许多公司已采用立体的绘图设计。以往碍于计算机性能的限制，绘图软件只能停留在平面设计，欠缺真实感，现在立体绘图则冲破了这一限制，令设计蓝图更实体化。所以21世纪初众多学院已开设CAD课程。

三、AutoCAD的特点

（1）具有完善的图形绘制功能。

（2）有强大的图形编辑功能。

（3）可以采用多种方式进行二次开发或用户定制。

（4）可以进行多种图形格式的转换，具有较强的数据交换能力。

（5）支持多种硬件设备。

（6）支持多种操作平台。

（7）具有通用性、易用性，适用于各类用户；此外，从AutoCAD2000开始，该系统又增添了许多强大的功能，如AutoCAD设计中心（ADC）、多文档设计环境（MDE）、Internet驱动、新的对象捕捉功能、增强的标注功能以及局部打开和局部加载的功能，从而使AutoCAD系统更加完善。

四、AutoCAD的功能

（1）平面绘图。能以多种方式创建直线、圆、椭圆、多边形、样条曲线等基本图形对象。

（2）绘图辅助工具。AutoCAD提供了正交、对象捕捉、极轴追踪、捕捉追踪等绘图辅助工具。正交功能使用户可以很方便地绘制水平、竖直直线，对象捕捉可帮助拾取几何对象上的特殊点，追踪功能可使画斜线及沿不同方向定位点变得更加容易。

（3）编辑图形。AutoCAD具有强大的编辑功能，可以移动、复制、旋转阵列，拉伸、延长、修剪、缩放对象等。

（4）标注尺寸。可以创建多种类型尺寸，标注外观可以自行设定。

（5）书写文字。能轻易在图形的任何位置、沿任何方向书写文字，可设定文字字体、倾斜角度及宽度缩放比例等属性。

（6）图层管理功能。图形对象都位于某一图层上，可设定图层颜色、线型、线宽等特性。

（7）三维绘图。可创建3D实体及表面模型，能对实体本身进行编辑。

（8）网络功能。可将图形在网络上发布，或是通过网络访问AutoCAD资源。

（9）数据交换。AutoCAD提供了多种图形图像数据交换格式及相应命令。

（10）二次开发。AutoCAD允许用户定制菜单和工具栏，并能利用内嵌语言Autolisp、

Visual Lisp、VBA、ADS、ARX 等进行二次开发。

五、AutoCAD 的基本技术

AutoCAD 的基本技术主要包括交互技术、图形变换技术、曲面造型和实体造型技术等。

在计算机辅助设计中，交互技术是必不可少的。交互式 CAD 系统指用户在使用计算机系统进行设计时，人和机器可以及时地交换信息。采用交互式系统，人们可以边构思、边打样、边修改，随时可从图形终端屏幕上看到每一步操作的显示结果，非常直观。

图形变换的主要功能是把用户坐标系和图形输出设备的坐标系联系起来；对图形作平移、旋转、缩放、透视变换；通过矩阵运算来实现图形变换。

计算机自动化设计计算机自身的 CAD，旨在实现计算机自身设计和研制过程的自动化或半自动化。研究内容包括功能设计自动化和组装设计自动化，涉及计算机硬件描述语言、系统级模拟、自动逻辑综合、逻辑模拟、微程序设计自动化、自动逻辑划分、自动布局布线，以及相应的交互图形系统和工程数据库系统。集成电路 CAD 有时也列入计算机设计自动化的范围。

六、快捷键命令

F1：获取帮助；
F2：实现作图窗和文本窗口的切换；
F3：控制是否实现对象自动捕捉；
F4：数字化仪控制；
F5：等轴测平面切换；
F6：控制状态行上坐标的显示方式；
F7：栅格显示模式控制；
F8：正交模式控制；
F9：栅格捕捉模式控制；
F10：极轴模式控制；
F11：对象追踪式控制。

七、本课程的学习方法和建议

“AutoCAD”是以计算机基础、机械制图为前导的专业课程，是一门实践性很强的课程。在学习本书之前，同学们已经积累了必要的基础知识，但欠缺的是将这些知识学以致用、融会贯通。基于此，本书主要以常见机械零件、化工设备为案例由浅入深地对 AutoCAD 在机械设计、化工生产领域中的应用进行讲解。学习本课程能够提升学生的理论、认知和实践能力以及适应一线生产工作的能力，教材是根据化工类高职院校机电、化工专业培养目标和实际需求编写的一本通用性较强的专业课教材。

（一）AutoCAD 学习方法

1. 夯实基础

实践证明，“手工图板”绘图能力是计算机绘图能力的基础，学习 CAD 需要一定的画法几何的知识和能力，需要一定的识图能力，尤其是几何作图能力，一般来说，手工绘图水平高的人，学起来较容易些，效果较好。

2. 循序渐进

整个学习过程应采用循序渐进的方式，先了解计算机绘图的基本知识，如基本绘图命令和图形编辑命令，使自己能由浅入深、由简到繁地掌握 CAD 的使用技术。

3. 联系实际

在学习 CAD 命令时始终要与实际应用相结合，不要把主要精力花费在各个命令孤立的学习上，应把学以致用的原则贯穿整个学习过程，使自己对绘图命令有深刻和形象的理解，有利于培养自己应用 CAD 独立完成绘图的能力。

4. 熟能生巧

要尽可能多做几个综合实例，详细地进行图形的绘制，使自己可以从全局的角度掌握整个绘图过程。

（二）需要掌握的技巧

1. 常见问题要弄懂

（1）同样画一张图，有的人画得大小适中，有的人画得图形就很小，甚至看不见，这是因为绘图区域界限的设定操作没有做，或虽用 LIMITS 命令进行了设定，但忘记了用 ZOOM 命令中的 ALL 选项对绘图区重新进行规整。绘图区域的设定是根据实际的绘图需要来进行的。

注：现在有没有 LIMITS 并不重要了，通常按 1：1 的尺寸绘图就好了，但是需要掌握缩放和平移的基本技巧。关键是要了解绘图比例和出图比例的概念，在绘图的时候就要考虑到最终出图的比例，通过比例决定文字高度、标注样式的设置。

（2）画虚线时有时会发现画出的线看上去像是实线，这是“线型比例”不合适引起的，也就是说“线型比例”太大，或太小。解决这类问题的办法是将线型管理器对话框打开，修改其“全局比例因子”至合适的数值即可。

注：最关键还是要对你的尺寸有一个基本概念，如果尺寸很小，就将线型比例调整小一些，如果图形尺寸特别大，就将尺寸调整大一些，线型的一个单位一般都在 10 个长度单位以内。

（3）在进行尺寸标注以后，有时发现不能看到所标注的尺寸文本，这是因为尺寸标注的整体比例因子设置的太小，将尺寸标注方式对话框打开，修改其数值即可。

注：看到标注文字是很重要，更重要的是打印出来后标注线和文字大小要合适，比如 1：1 绘图，1：100 打印，要求打印文字高度为 3mm，那么标注文字的高度就应该设置为 300，标注线的尺寸也要相应调大 100 倍。

以上问题仅是初学者遇到的比较典型的问题和困难；实际问题不胜枚举，作为初学者非常有必要彻底弄懂这些问题，以提高绘图质量和效率。

2. 有比较，才有鉴别

容易混淆的命令，要注意使自己弄清它们之间的区别。如 ZOOM 和 SCAIE、PAN 和 MOVE、DIVIDE 和 MEASURE 等。

注：初学者确实容易搞混视图缩放和平移与图形的缩放和移动。视图的变化就像相机

镜头的拉近拉远、平移，图形本身尺寸并不变，而图形的移动和平移是对图形的尺寸和位置进行修改，自己对比一下很快就明白了。

3. 层次要分明

图层就像是透明的覆盖图，运用它可以很好地组织不同类型的图形信息。学习过程中，不能图省事直接从对象特性工具栏的下拉列表框中选取颜色、线型和线宽等实体信息，要特别注意纠正自己的不好习惯，严格做到层次分明、规范作图。

4. 粗线要清楚

使用线宽，可用粗线和细线清楚地展现出部件的截面、标高的深度、尺寸线以及不同的对象厚度。作为初学者，一定要通过图层指定线宽、显示线宽，提高自己的图纸质量和表达水平。

注：不同行业、同一行业的不同专业对图层、颜色、线宽的要求不一样。设计单位对图纸都是有明确要求的，在学习的时候就养成良好的习惯，对将来工作肯定有好处。

5. 内外有别

利用 CAD 的“块”以及属性功能，可以大大提高绘图效率。“块”有内部图块与外部图块之分。内部图块是在一个文件内定义的图块，可以在该文件内部自由作用，内部图块一旦被定义，它就和文件同时被存储和打开。外部图块将“块”以文件的形式写入磁盘，其他图形文件也可以使用它，要注意这是外部图块和内部图块的一个重要区别。

注：内部图块用 B(Block) 命令定义，外部图块用 W(Wblock) 来定义，无论定义内部图块还是外部图块，制定合适的插入点都非常重要，否则插入图块的时候会很麻烦。

6. 滴水不漏

图案填充要特别注意的地方是构成阴影区域边界的实体必须在它们的端点处相交，也就是说要封闭，要做到“滴水不漏”；否则就会产生错误的填充。初学者一定要学会如何查找“漏洞”，修复错误。

7. 文字要规范

文字是工程图中不可缺少的一部分，比如：尺寸标注文字、图纸说明、注释、标题等，文字和图形一起表达完整的设计思想。尽管 CAD 提供了很强的文字处理功能，但并没有直接提供符合工程制图规范的文字。因此，要学会设置“长仿宋体”这一规范文字。具体操作的简要步骤是，打开“文字样式”对话框，新建一个样式，可取名为“长仿宋体”，对话框中字体名改为选用“仿宋体 GB 2312”，宽度比例也要改为 0.67。尺寸标注的文字可用“italic.shx”代替“仿宋体 GB 2312”。

注：如果图纸比较小，可以用操作系统的字体，例如宋体等，如果图纸大、文字多，建议使用 CAD 自带的单线 *.SHX 字体，这种字体比操作系统字体占用的系统资源要少得多。使用 SHX 字体时要正常显示中文需要使用大字体，大字体就是针对中、日、韩等双字节文字专门定义的字体，详细讲解请参见相关文章。

另一种更简单规范文字的方法是，直接使用 CAD 样板文件提供的“工程字”样式。注意，使用前要用“使用模板”方式启动 CAD，选择国标标题（如 GBA3）进入绘图状态。再将“工程字”样式置为当前工作样式。这种方法大多数教科书中没有提及，初学者要注意补充这一训练。

8. 特殊字符，特殊处理

实际绘图中，常需要输入一些特殊字符，如角度标志、直径符号等。这些利用 CAD 提供的控制码来输入，较易掌握。另一些特殊字符，如“£”“α”“g”等希腊字母的输入，掌握起来就不那么容易了。它要利用 MTEXT 命令的“其他…”选项，复制特殊字体的希腊字母，再粘贴到书写区操作。尤其要注意字体的转换等编辑。还有一些特殊的文本，如“ϕ”在机械制图中应用的较多，叫做带上下偏差的尺寸公差标注，也可用 MTEXT 命令的“堆叠”功能来实现。这样做远比在尺寸标注对话框中调节相应功能数值方便得多。

9. 没有规矩，不成方圆

工程标注是零件制造、工程施工和零部件装配时的重要依据。一幅工程图中，工程标注是必不可少的重要部分。在某些情况下，工程标注甚至比图形更重要。许多初学者不怕绘图，怕标注，原因之一是尺寸标注方式对话框里选项太多，自己又理解不清，更不知道这些选项之间如何配合，所以往往很难达到理想的标注效果。为此，除应弄清对话框里各选取项的含义及常用值外，还应督促自己学习时遵守如下 6 个规程：

（1）为尺寸标注创建一个独立的层，使之与图形的其他信息分开，便于进行各种操作。

（2）为尺寸文本建立专门的文字样式（如前述“长仿宋体”）和大小。

（3）将尺寸单位设置为所希望的计量单位，并将精度取到所希望的最小单位。

（4）利用尺寸方式对话框，将整体比例因子设置为绘图形时的比例因子。

（5）充分利用目标捕捉方式，以便快捷拾取特征点。

（6）两个空间、两个作用、两个练习。在 CAD 环境中有两种空间：模型空间和图纸空间，其作用是不同的。一般来说，模型空间是一个三维空间，主要用来设计零件和图形的几何形状，设计者一般在模型空间完成其主要的设计构思；而图纸空间是用来将几何模型表达到工程图上用的，专门用来进行出图的；图纸空间有时又称为“布局”，是一种图纸空间环境，它模拟图网络编辑必备工具箱。

模块一　AutoCAD 绘图基础

学习目标

知识目标	（1）熟悉 AutoCAD 界面及绘图环境设置，掌握图形文件的新建、保存、打开与关闭； （2）掌握命令的基本使用方法、输入方式和常用快捷键命令； （3）掌握图层的建立、设置与编辑。
能力目标	（1）熟练二维绘图命令； （2）掌握常用编辑命令、尺寸标注以及辅助绘图命令； （3）通过案例及拓展训练，初步掌握螺纹类、盘盖类及轴类零件的设计方法和绘图技巧。

任务一　AutoCAD 入门

导入案例

AutoCAD 机械绘图软件有国内翻译开发的中国 CAD、CAXA 等，这些软件均采用中文界面，容易学习。AutoCAD 具有强大的绘图、编辑二维和三维图形的功能，还具有多视图的联动或尺寸与视图的驱动等功能，并具有机械专业符合国家标准的参数化、标准件图形库及公差标准等诸多查询功能。

【任务目标】

（1）了解并熟悉 AutoCAD 的工作界面。

（2）熟悉图层特性管理器的基本操作及常用绘图、编辑命令调用方式。

（3）掌握图框与绘图界限设置。

【任务分析】

（1）启动 AutoCAD 2012，观察绘图界面并建立新的图形文件。

（2）打开“图层特性管理器”对话框，建立若干图层并进行有关设置。

（3）练习 AutoCAD 命令的输入（菜单输入、工具栏输入、键盘输入）。

【相关知识】

一、AutoCAD 的启动与退出

（一）AutoCAD 的启动

启动 AutoCAD 的方法：

（1）从 Windows“开始”菜单中选择“程序”中的 AutoCAD 选项，如图 1-1 所示。

图 1-1　通过“开始”菜单启动 AutoCAD

（2）在桌面上建立 AutoCAD 的快捷图标，双击该图标，如图 1-2 所示。

（3）在 Windows 资源管理器中找到要打开的 AutoCAD 文档，双击该文档图标，如图 1-3所示。

图 1-2　AutoCAD 的快捷图标

图 1-3　文档图标

（二）AutoCAD 的退出

AutoCAD 的退出方法有很多种，常用方法如下：

（1）在菜单栏单击下拉菜单“文件”→“退出”，如图 1-4 所示。

（2）单击 AutoCAD 界面标题栏右边的关闭按钮。

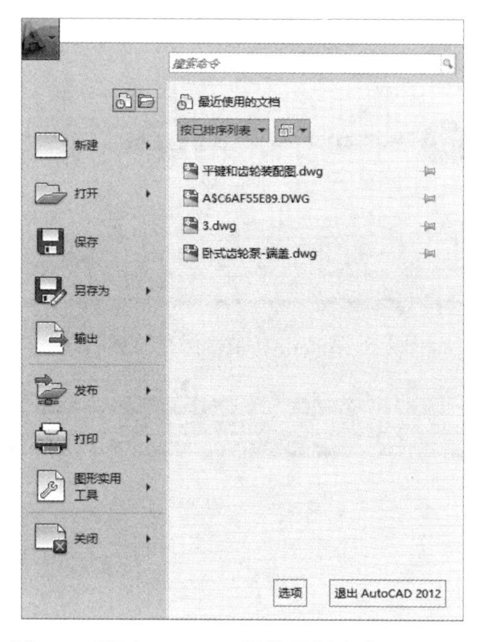

图 1-4　通过 AutoCAD 的菜单栏退出 AutoCAD

（3）用鼠标右键单击 Windows 任务栏的图标，在打开的菜单中单击“关闭”，如图 1-5 所示。

图 1-5　通过 Windows 任务栏的图标退出 AutoCAD

采用以上任意一种方式都可以关闭当前文件，若文件没有存盘，AutoCAD 会弹出是否保存的对话框。单击“是（Y）”，存盘后关闭；单击“否（N）”，不保存直接关闭；单击“取消”，将取消退出操作，如图 1-6 所示。

二、AutoCAD 的基本介绍

（一）AutoCAD 的工作界面

AutoCAD 的工作界面如图 1-7 所示。

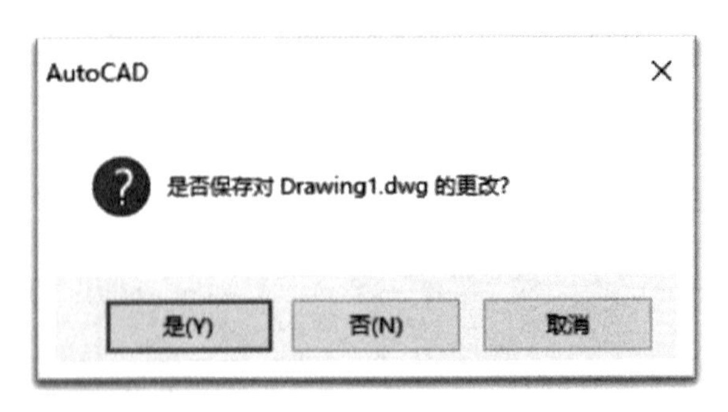

图 1-6　AutoCAD 是否保存的对话框

图 1-7　AutoCAD 的工作界面

界面窗口由上到下依次为标题栏、菜单栏、工具栏、绘图窗口、命令行、状态栏。

在 AutoCAD2012 以后的版本中，标题栏新增“工作空间”模块，可自主选择工作空间，在“草图与注释”“AutoCAD 经典”“三维基础”“三维建模”中根据需要自由切换。

菜单栏中提供“文件 F”“编辑 E”“视图 V”“插入 I”“格式 O”“工具 T”“绘图 D”“标注 N”“修改 M”“参数 P”“窗口 W”“帮助 H”等菜单选项（如图 1-8 所示），通过单击任意选项即可展开相应的子菜单。

文件(F)　编辑(E)　视图(V)　插入(I)　格式(O)　工具(T)　绘图(D)　标注(N)　修改(M)　参数(P)　窗口(W)　帮助(H)

图 1-8　菜单栏

工具栏是调用命令的一种快捷方式，通过选取所要执行的命令图标，执行相应命令。AutoCAD 提供了 50 多种工具栏，如图 1-9 所示，在工作空间为 AutoCAD 经典模式下，默认“标准”“参数化”“绘图”“修改”“图层”等工具栏处于开启选中状态。

（二）图层特性管理器

在图层工具栏中，可打开图层特性管理器，对图层进行新建、删除、编辑、开关、冻结以及锁定等操作，其中，图层的开关中，当关闭某图层，该图层对应的小灯泡图标由黄色变为浅蓝色时，则该图层在当前界面中不显示，可对该图层中的图形进行删除，可在该图层中添加对象，但不可对图层内容打印输出；图层的状态中，冻结图层，对应的小太阳图标变为小雪花图标，则该图层不可见，图层中的对象不可删除，图层中的内容不可打印输出，该图层中不可添加对象；图层的状态中，锁定图层，对应的小锁由开启状态变为锁止状态，则该图层上的图形对象将不能进行删除、移动等编辑命令，但可以在该图层中添加对象。图层特性管理器如图 1-10 所示。

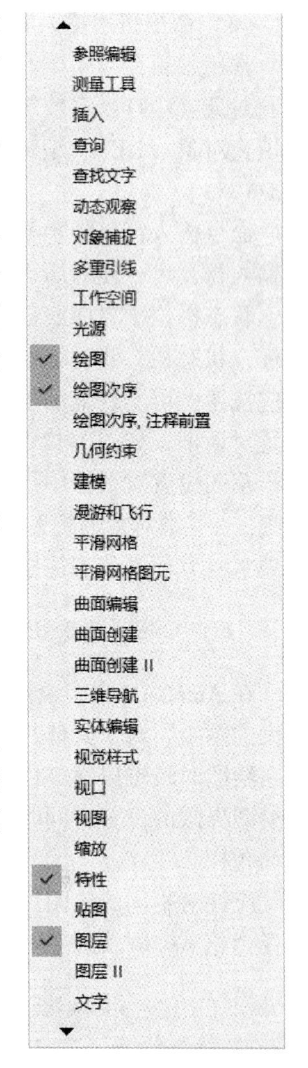

图 1-9　打开或隐藏工具栏选项

（三）AutoCAD 常用绘图命令及调用方式

AutoCAD 绘图命令有多种调用方式，其中最常用的主要包括：

（1）菜单栏中选择绘图下拉菜单中对应的绘图命令；

（2）工具栏中选择相应绘图图标进行图形的绘制；

（3）命令行中输入所绘制图形的快捷名称。

常用绘图命令主要有直线（L）、射线（R）、构造线（T）、多线（U）、多段线（P）、多边形（Y）、矩形（G）、螺旋（I）、圆弧（A）、圆（C）、圆环（D）、椭圆（E）、图案填充（H）、文字（X），如图 1-11 所示。

（四）AutoCAD 常用编辑命令及调用方式

常用编辑命令的调用有多种方法，一般有：

（1）菜单栏中选择“修改”子菜单；

（2）在右侧工具栏中选择相应编辑修改命令；

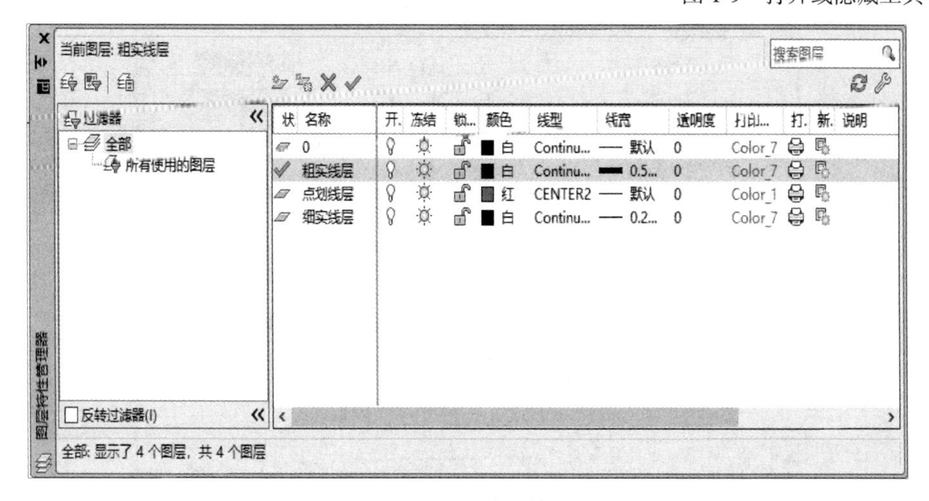

图 1-10　图层特性管理器

（3）命令行中输入相应的编辑快捷名称。

常用编辑命令主要有：偏移（O）、按比例放大或缩小（SC）、复制对象（CO）、定数等分（DIV）、拉伸（EXT）、修改现有的图案填充对象（HE）、编辑文字、标注文字、属性定义和特征控制框（ED）。

命令输入窗口中主要包括两方面：历史输入命令记录和当前命令输入行，可方便对历史命令进行查询。

状态栏位于界面底部，状态栏的左侧提供十字光标当前的三维坐标，状态栏右侧是辅助绘图工具的开关切换图标按钮，通过单击相应按钮，可实现辅助工具的开关，右击辅助绘图工具可打开草图设置对话框，如图 1-12 所示。

草图设置对话框中提供了“捕捉和栅格”“极轴追踪”“对象捕捉”“三维对象捕捉”“动态输入”“快捷特性”“选择循环”等选项卡，方便对状态栏中的辅助绘图工具进行修改和设置。

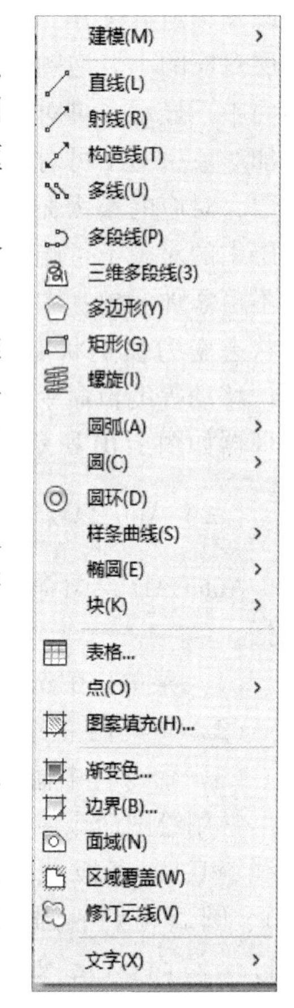

图 1-11　绘图菜单

（五）绘图界限和图框

在 AutoCAD 中，绘图区提供了无限大的作图范围，相当于无限大的图纸，对于具体尺寸的零件而言，如果没有规定作图区域，则在绘图时较难以对零件进行观察和编辑，因此有必要对绘图区进行绘图界限的设置，同时按照国家标准对零件图和装配图设置图框及标题栏。

应针对不同的绘图尺寸单位设置相应的绘图界限，在菜单栏中选择“格式”子菜单，选择“单位”命令，根据绘图需要设置绘

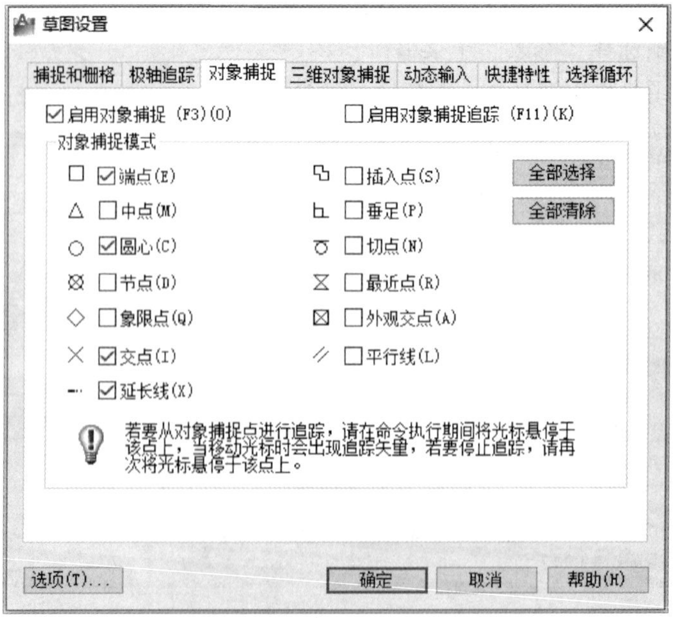

图 1-12　草图设置对话框

图单位和精度，图形单位默认为“毫米”。

常用的“绘图界限”命令的调用方法有：

(1)“格式”菜单中选择“绘图界限”命令；

(2) 命令行中输入快捷名称 limits。

绘图界限常与图框尺寸相互匹配，国家标准中对“机械制图”的图纸幅面有具体的规定，工程图样作为技术资料具有严格的规范性，相应的标准主要有强制性国家标准（文件字母为“GB”）、推荐性国家标准（文件字母为“GB/T”）以及国家标准化指导性技术文件（文件字母为“GB/Z”），常用的图幅有 A4、A3、A2、A1、A0，相应的尺寸见表 1-1 所示。

表 1-1　图幅及图框尺寸　(mm)

<table>
<tr><th rowspan="2">图幅</th><th>尺寸</th><th colspan="3">周边尺寸</th></tr>
<tr><th>B×L</th><th>a</th><th>c</th><th>e</th></tr>
<tr><td>A4</td><td>297×210</td><td rowspan="5">25</td><td rowspan="2">5</td><td rowspan="3">10</td></tr>
<tr><td>A3</td><td>420×297</td></tr>
<tr><td>A2</td><td>594×420</td><td rowspan="3">10</td></tr>
<tr><td>A1</td><td>841×594</td><td rowspan="2">20</td></tr>
<tr><td>A0</td><td>1189×841</td></tr>
</table>

在绘制过程中，为了更加清晰地显示出绘制界限和图纸的装订，图幅选用细实线绘制，图框选用粗实线绘制，图框与所设置的绘图界限间的距离（a、c、e）的设置如图 1-13 所示。

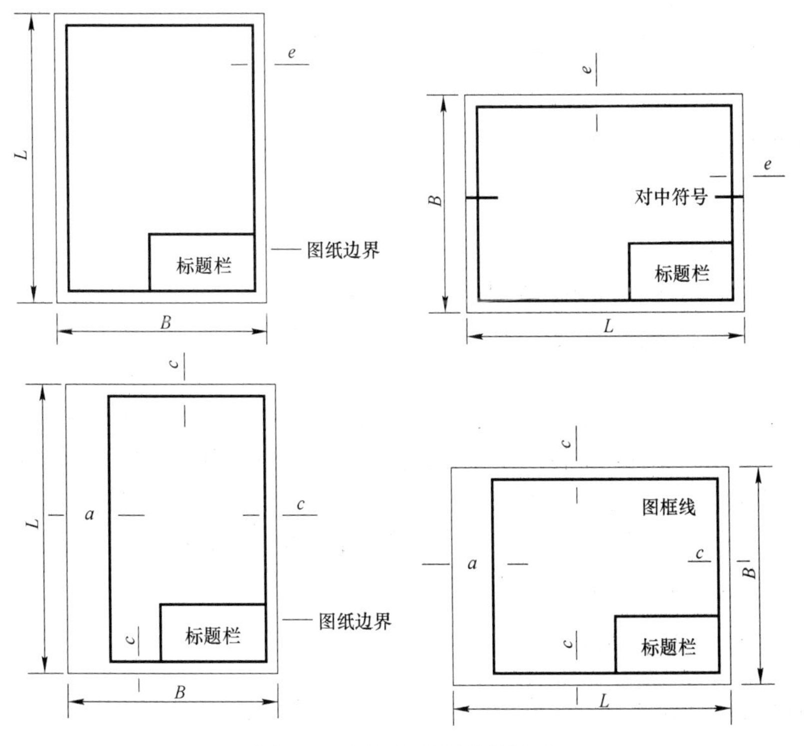

图 1-13　图框与绘图界限设置

（六）标题栏

标题栏作为图纸的标记，是必不可少的一部分，标题栏位于图纸的右下角，在国标 GB/T 10609. 1—1989 中有具体的规定，课堂学习中常采用图 1-14 所示简化标题栏。

图 1-14　标题栏

（七）二维图形的绘制步骤设置

二维图形的绘制步骤主要包括 AutoCAD 的启动、用户界面设置、绘图环境设置等操作。

【任务实施】

一、熟悉 AutoCAD2012 界面

启动 AutoCAD，观察屏幕绘图界面，熟悉标题栏、菜单栏、工具栏、绘图窗口、命令行与状态栏。

二、建立新的图形文件并保存

输入“新建”（Ctrl+N）命令，在对话框中选择 acadiso. dwt 作为样板图，建立新的图形文件，如图 1-15 所示。以图 1-16 为例，输入“存盘”（Ctrl+S）命令，把该图形文件以“练习 1. dwg”为图名存入指定的文件夹，如图 1-17 所示。

三、有关图层的建立与设置

（1）单击“图层”工具栏上的“图层”按钮，弹出“图层特性管理器”对话框，在对话框中创建绘图需要的图层，并根据图层所放置对象的内容对各图层进行命名。

（2）为了在绘图中便于区分不同图层上的实体，应对每一图层赋予不同的颜色。

（3）把粗实线的线宽设置为 0. 5mm，其他层的线型为默认线宽。

（4）设置完成后，关闭窗口，如图 1-18 所示。

四、命令的输入与选项操作使用

（1）练习命令的输入方式（常用的绘图命令和编辑命令）。

1）从键盘输入（命令行）。

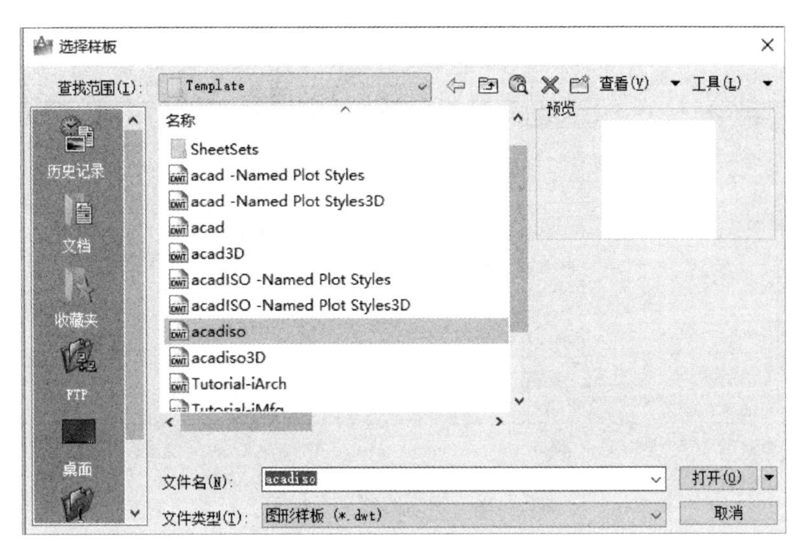

图 1-15　新建文件

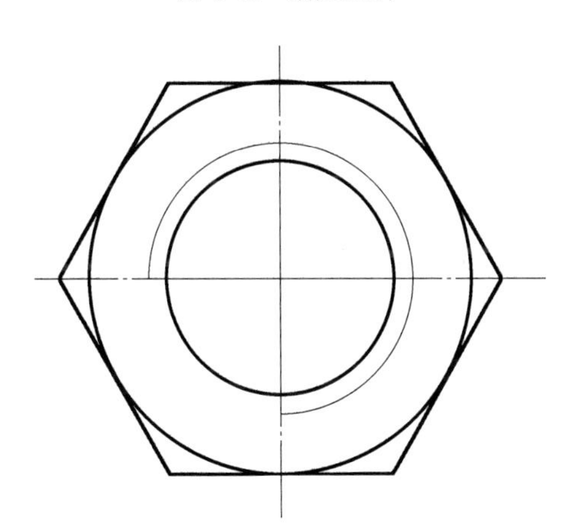

图 1-16　六角螺母

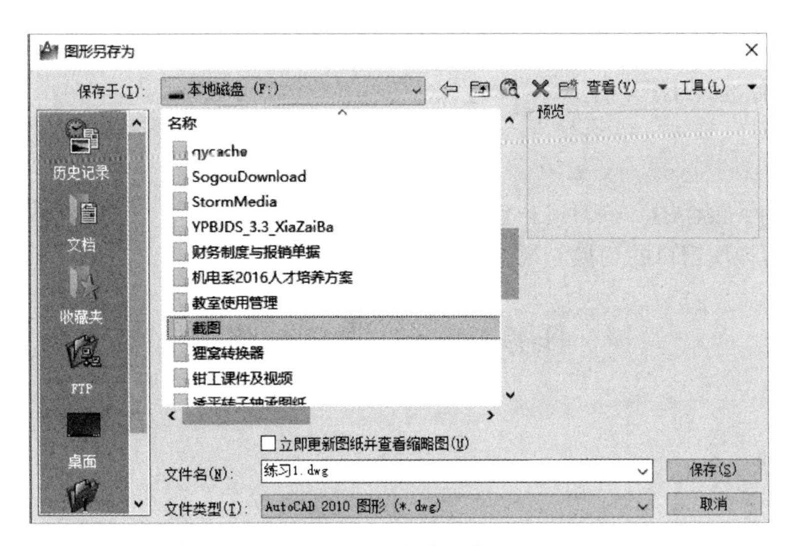

图 1-17　保存文件

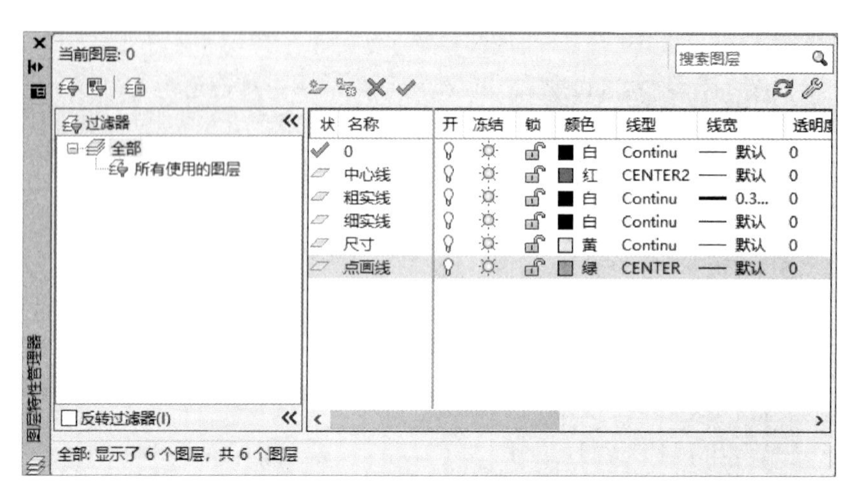

图 1-18　图层的建立与设置

2）在工具栏上单击相应的图标。

3）在菜单栏中选择对应的命令。

4）练习命令的重复操作：回车键、空格键、使用右键菜单。

（2）练习命令的选项操作（以画圆命令为例）。

1）默认选项：圆心、半径画圆。

2）“D”选项：圆心、半径画圆。

3）“2P”选项：两点画圆。

4）“3P”选项：三点画圆。

5）“T”选项：切点、切点、半径。

（3）命令的中断练习。在命令的执行中按【Esc】键。

（4）命令的取消。

1）在命令行中输入“UNDO”或“U”。

2）在“标准”工具栏上单击按钮。

（5）命令的恢复。

1）在命令行中输入“REDO”。

2）在“标准”工具栏上单击按钮。

【拓展训练】

（1）启动 AutoCAD，练习点和数值的输入。

（2）练习视图窗口的切换与视窗的缩放与平移。

任务二　台 阶 螺 丝

所谓的台阶螺丝（如图 1-19 所示）简单的理解就是有两个以上台阶的非标螺丝，一

般用于锁紧通丝外接头或其他管件。其原理是利用物体的斜面圆形旋转和摩擦力的物理学与数学原理，循序渐进地紧固器物机件。螺丝在日常生活和工业生产制造中是必不可少的，螺丝也被称为工业之米。

图 1-19　台阶螺丝

台阶螺丝的组成表面：轴、端面、台阶、螺纹、外圆，其零件构型特点：细长轴、台阶面。螺丝的制造方式：冷镦、热打、机加工（车削、铣削）。制造流程：盘元—退火—酸洗—抽线—打头—辗牙—热处理—电镀—包装。材料为 45 号钢，相对加工性为 $K_r=1$。热处理：调质。

【任务目标】

（1）掌握二维绘图环境的设置。

（2）打开并完成图层特性管理器的有关设置。

（3）熟练掌握直线的绘制及偏移、修剪、倒角命令的使用。

（4）初步掌握螺纹类零件的绘图技巧。

【任务分析】

（1）启动 AutoCAD 绘图程序，完成当前绘图环境的设置。

（2）使用直线、偏移和修剪命令绘制出台阶螺丝的外圆、端面、台阶、螺纹等组成表面，然后使用倒角命令对图形进行倒角处理，即可完成台阶螺丝整体效果的绘制。

【相关知识】

一、绘制直线

通过指定两端点完成直线的绘制，主要调用命令如下。

通过菜单栏：“绘图”子菜单选中直线。

通过绘图工具栏：选中直线图标（如图 1-20 所示）。

通过命令行输入 Line 或快捷名称 L。

调用命令后，命令行提示如下：

命令：_ line 指定第一点：

指定下一点或［放弃（U）］：

指定下一点或［放弃（U）］：

指定下一点或［闭合（C）/放弃（U）］：

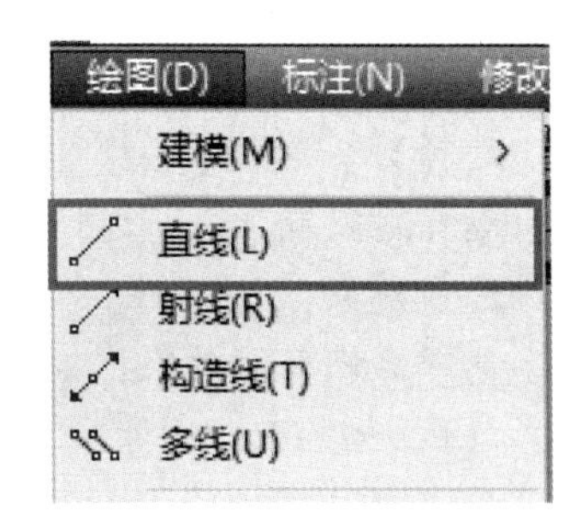

图 1-20　“绘图”菜单

二、偏移命令

可以在指定距离或通过一个点偏移对象，偏移后，可以
使用修剪和延伸这种有效的方式来创建包含多条平行线和曲线的图形。常用调用方法如下。

通过菜单栏：“修改”子菜单（如图 1-21 所示）选择“偏移命令”。

通过修改工具栏：单击偏移图标。

通过命令行：输入 offset。

调用命令后，命令行提示：

命令：_ offset

当前设置：删除源=否　图层=源　OFFSETGAPTYPE=0

指定偏移距离或［通过（T）/删除（E）/图层（L）］<通过>：20

选择要偏移的对象，或［退出（E）/放弃（U）］<退出>：

指定要偏移的那一侧上的点，或［退出（E）/多个（M）/放弃（U）］<退出>：

选择要偏移的对象，或［退出（E）/放弃（U）］<退出>：

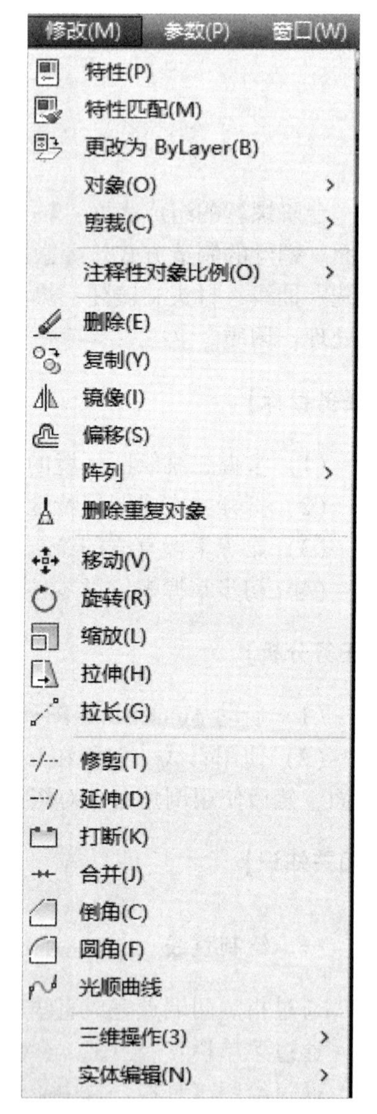

图 1-21　通过“修改”菜单调用

三、修剪命令

修剪命令常用于将直线或者圆弧中多余的部分去除，通常借助于参照图形进行修剪，同时要求所要修剪的图形为封闭的图形，常用的调用方法如下。

通过菜单栏：“修改”子菜单中选择“修剪”命令。

通过命令行：输入 trim。

通过“修改”工具栏：单击“修剪”图标。

调用命令后，命令行提示：

命令：_ trim

当前设置：投影=UCS，边=无

选择剪切边...

选择对象或 <全部选择>：　找到 1 个

选择对象：

选择要修剪的对象，或按住 Shift 键选择要延伸的对象，或［栏选（F）/窗交（C）/投影（P）/边（E）/删除（R）/放弃（U）］：

四、倒角命令

倒角通常又称为倒直角，可指定倒角的距离和角度，常用的调用方法如下。

通过菜单栏：“修改”子菜单中选择“倒角”。

通过命令行：输入 chamfer。

通过“修改”工具栏：单击“倒角”图标。

调用命令后，命令行提示：

命令：_ chamfer

（“修剪”模式）当前倒角距离 1 = 0.0000，距离 2 = 0.0000

选择第一条直线或［放弃（U）/多段线（P）/距离（D）/角度（A）/修剪（T）/方式（E）/多个（M）］：d 指定第一个倒角距离 <0.0000>：2.5 指定第二个倒角距离<2.5000>：

选择第一条直线或［放弃（U）/多段线（P）/距离（D）/角度（A）/修剪（T）/方式（E）/多个（M）］：

选择第二条直线，或按住 Shift 键选择直线以应用角点或［距离（D）/角度（A）/方法（M）］：

选择第二条直线，或按住 Shift 键选择直线以应用角点或［距离（D）/角度（A）/方法（M）］：

【任务实施】

一、创建“台阶螺丝.dwg”图形文件

单击“标准”工具栏的“新建”按钮，新建一张图，打开“acadiso.dwt”文件，以“台阶螺丝.dwg”为图名保存图形文件。

二、创建图层

单击“图层”工具栏上的“图层”按钮，弹出“图层特性管理器”对话框，在对话框中创建绘图需要的图层，设置各个图层的线型和线宽，如图 1-22 所示。

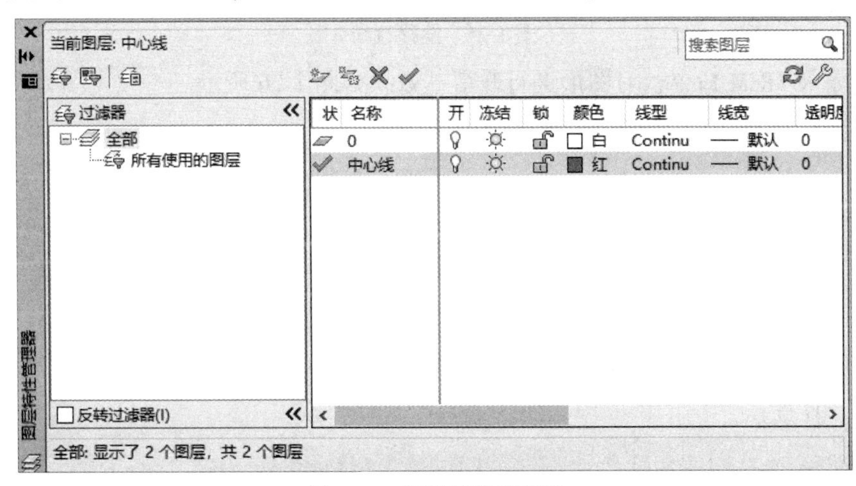

图 1-22　图层特性管理器

三、绘制视图

（1）将“中心线”层置为当前层，按 F8 键开启正交模式，打开“对象捕捉”“对象追踪”功能。

（2）输入 LINE 命令，绘制两条任意长度且互相垂直的中心线 a、b，将垂直线 b 移至 0 图层中，如图 1-23 所示。

（3）执行 OFFSET 命令，将直线 b 向右分别偏移 17、57、68 和 107，如图 1-24 所示。

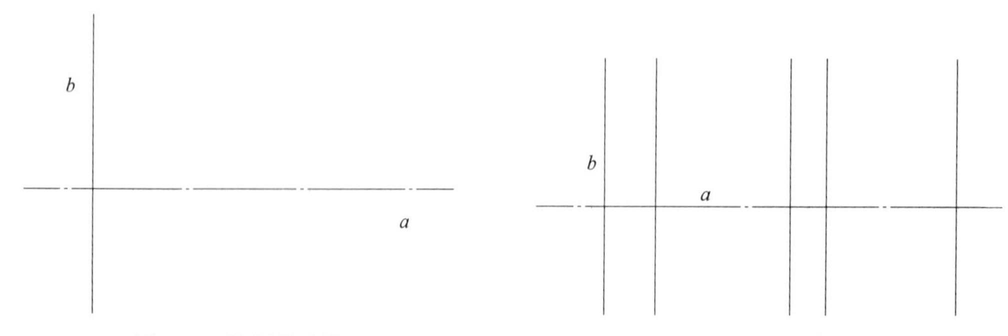

图 1-23　绘制辅助线　　　　图 1-24　偏移直线 b

（4）执行 OFFSET 命令，将中心线 a 向上和向下分别偏移 8、10、14.5 和 22，把偏移后的中心线移至 0 图层中，如图 1-25 所示。

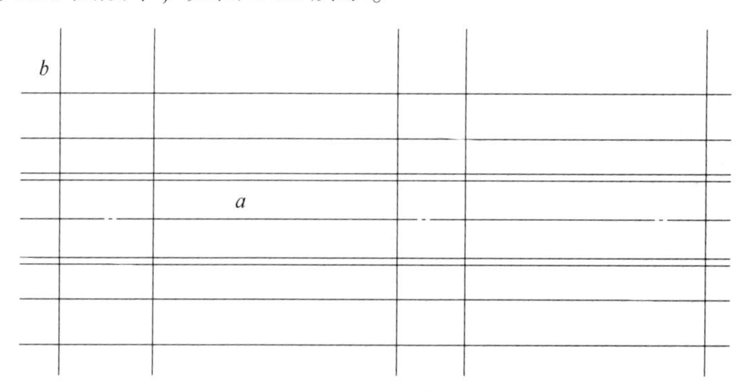

图 1-25　偏移直线 a

（5）输入 TRIM 命令，对图形进行修剪，效果如图 1-26 所示。

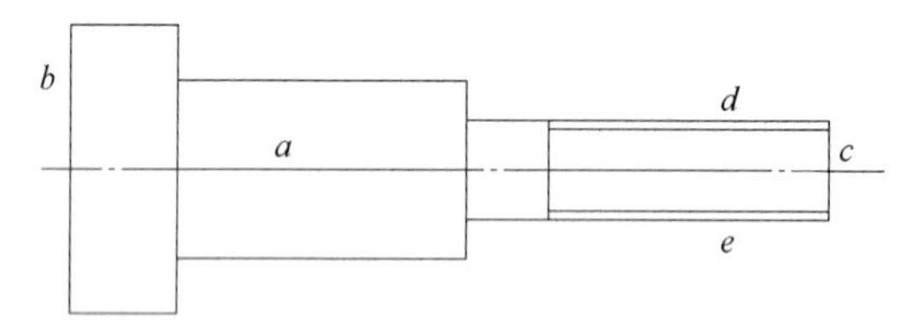

图 1-26　修剪图形

（6）输入 CHAMFER 命令，设置倒角距离为 2，对线段 c、d 和线段 c、e 进行倒角，效果如图 1-27 所示。

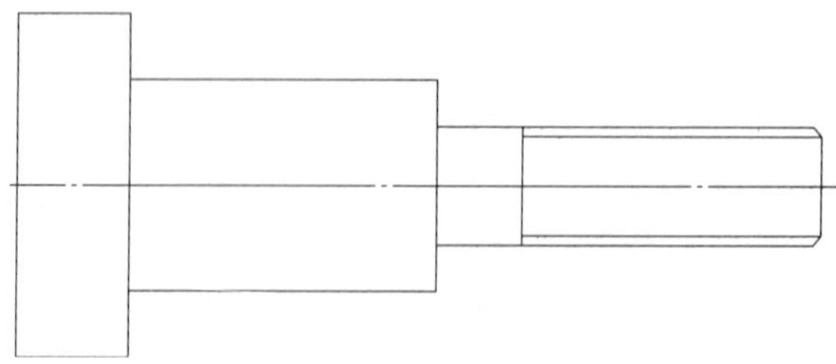

图 1-27　最终效果

【拓展训练】

按照尺寸画出如图 1-28 所示的锥头螺丝。

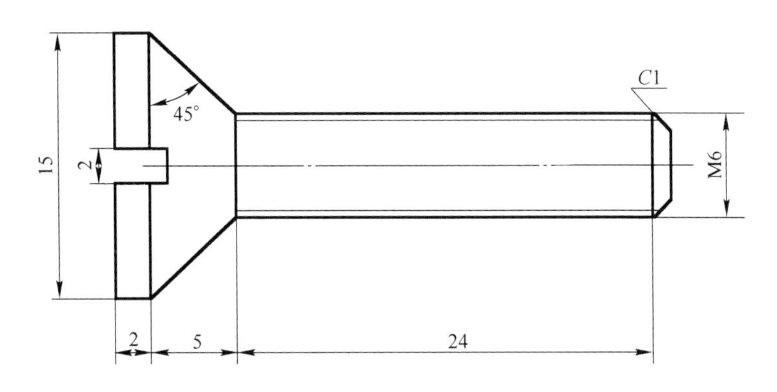

图 1-28　锥头螺丝

要求：

（1）尺寸不用标注。

（2）中心线：CENTER2；实线：默认；粗实线：0. 3mm；细实线：默认。

任务三　法　　兰

导入案例

法兰（如图 1-29 和图 1-30 所示），又叫法兰凸缘盘或突缘。法兰是轴与轴之间相互连接的零件，用于管端之间的连接；也有用在设备进出口上的法兰，主要用于两个设备之间的连接，如减速机法兰。法兰连接是管道施工的重要连接方式。法兰连接使用方便，能够承受较大的压力。在工业管道中，法兰连接的使用十分广泛。

图 1-29　平焊法兰

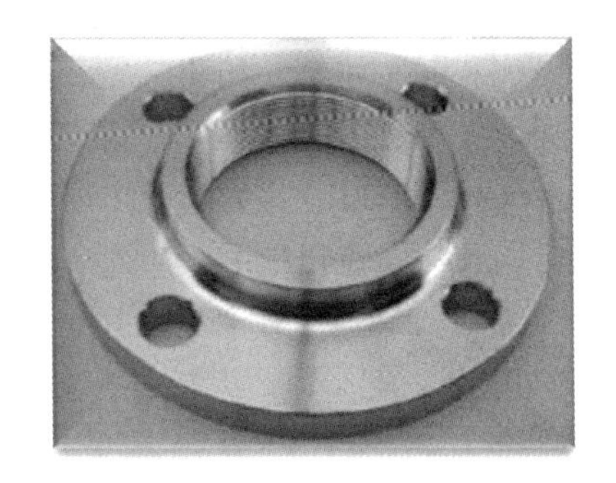

图 1-30　螺纹法兰

传统解决法兰渗漏的方法为更换密封元件和涂抹密封胶或者更换法兰及管道，现可以采用高分子复合材料进行现场堵漏，其中应用比较成熟的有福世蓝的体系。

【任务目标】

（1）掌握图层中相关线型的加载与设置。
（2）熟练掌握构构造线、圆、复制、阵列、修剪等命令。
（3）初步掌握盘盖类零件的设计方法和操作步骤。

【任务分析】

（1）启动 AutoCAD 绘图程序，完成当前绘图环境的设置。
（2）使用 CIRCLE 命令绘制出同心圆，然后使用 COPY 命令复制同心圆。
（3）利用 ARRAY 和 TRIM 命令绘制出整体效果。

【相关知识】

一、构造线的绘制

构造线常用做辅助线，以完成三视图的绘制，调用构造线指令后，可选定通过点、水平、垂直、角度、二等分、偏移等方式完成。

常用调用方法：

通过菜单栏："绘图"子菜单中选择"构造线"。

通过绘图工具栏：选中构造线图标。

通过命令行输入：XL。

调用命令后，命令行提示：

命令：_xline 指定点或［水平（H）/垂直（V）/角度（A）/二等分（B）/偏移（O）］：h

指定通过点：

指定通过点：

二、圆的绘制

圆的绘制常用的条件主要有"圆心、半径""圆心、直径""两点""三点""相切、相切、半径""相切、相切、相切"，调用方法主要有：

通过菜单栏："绘图"子菜单中选择"圆"。

通过命令行：输入 C。

通过绘图工具栏：单击圆图标。

调用命令后，命令行提示：

命令：_circle 指定圆的圆心或［三点（3P）/两点（2P）/切点、切点、半径（T）］：

指定圆的半径或［直径（D）］：

三、复制命令

复制命令是将选中的对象进行不同位置的复制，可重复进行多次的复制。常用调用方法主要有：

通过菜单栏："修改"子菜单中选择"复制"命令。

通过命令行：输入 COPY。

通过修改工具栏：单击复制图标。

调用复制命令后，命令行提示：

命令：_copy

选择对象：指定对角点：找到 5 个

选择对象：

当前设置：复制模式 = 单个

指定基点或 [位移 (D)/模式 (O)/多个 (M)] <位移>：

指定第二个点或 [阵列 (A)] <使用第一个点作为位移>：

四、阵列命令

阵列命令可使被编辑对象以同样的尺寸进行复制，同时按照任意行或列的组合来分布对象，常用的调用方法有：

通过菜单栏："修改"子菜单中选择"阵列"。

通过命令行：输入 array。

通过"修改"工具栏：单击"阵列"图标。

调用命令后，界面弹出阵列对话框，如图 1-31 所示，根据对话框选项进行阵列的设置。

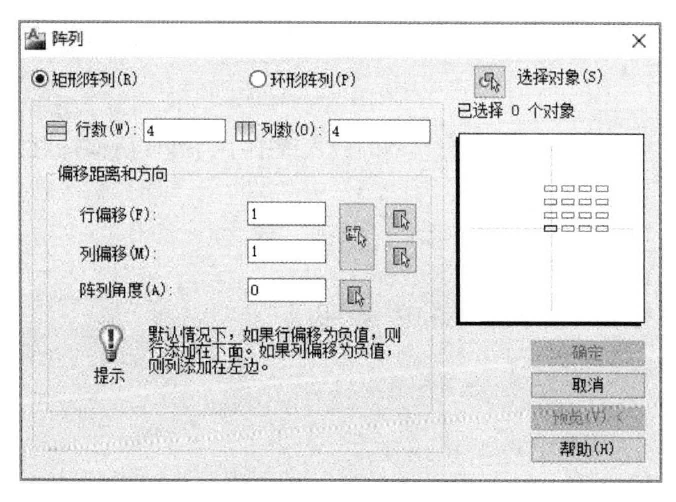

图 1-31　阵列对话框

根据绘图需要可选择阵列形式，如矩形阵列或环形阵列。矩形阵列中可对行数和列数进行设置；环形阵列中，根据中心点的位置以及项目总数和填充角度进行阵列的设置。

五、移动命令

移动命令可改变编辑对象的位置，是最为常用的命令。常用调用方法如下。

通过菜单栏："修改"子菜单中选择"移动"命令。

通过命令行：输入 move。

通过修改工具栏：单击“移动”图标。

调用命令后，命令行提示：

命令：_ move

选择对象：指定对角点：找到 20 个

选择对象：

指定基点或［位移（D）］<位移>：

指定第二个点或 <使用第一个点作为位移>：

六、旋转命令

旋转命令可以将对象按照指定的基点进行旋转，常用的调用方法如下。

通过菜单栏：“修改”子菜单中选择“旋转”命令。

通过命令行：输入 rotate。

通过修改工具栏：单击“旋转”图标。

调用命令后，命令行提示：

命令：_ rotate

UCS 当前的正角方向：ANGDIR = 逆时针　ANGBASE = 0

选择对象：指定对角点：找到 20 个

选择对象：

指定基点：

指定旋转角度，或［复制（C）/参照（R）］<0>：90

七、缩放命令

缩放命令可将所指定对象进行定比例的放大或缩小，缩放后保持对象的比例不变，常用的调用方法如下。

通过菜单栏：“修改”子菜单中选择“缩放”命令。

通过命令行：输入 scale。

通过“修改”工具栏：单击“缩放”图标。

调用命令后，命令行提示：

命令：_ scale

选择对象：指定对角点：找到 18 个

选择对象：

指定基点：

指定比例因子或［复制（C）/参照（R）］：1

【任务实施】

一、创建“法兰.dwg”图形文件

单击“标准”工具栏的“新建”按钮，新建一张图，打开“acadiso.dwt”文件，以“法兰.dwg”为图名保存图形文件。

二、创建图层

单击“图层”工具栏上的“图层”按钮，弹出“图层特性管理器”对话框，在对话框中创建绘图需要的图层，设置各个图层的线型和线宽，如图 1-32 所示。

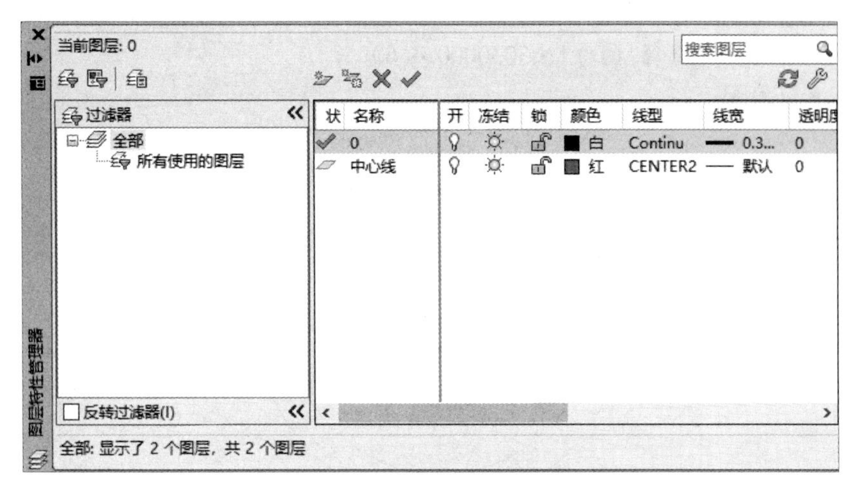

图 1-32　图层特性管理器

三、绘制视图

(1) 设“中心线”图层为当前图层，按 F8 键开启正交模式，打开“对象捕捉”“对象追踪”功能。

(2) 绘制互相垂直的直线 a、b，如图 1-33 所示。

命令：_ LINE

指定第一点：

指定下一点或［放弃 (U)］：

指定下一点或［放弃 (U)］：

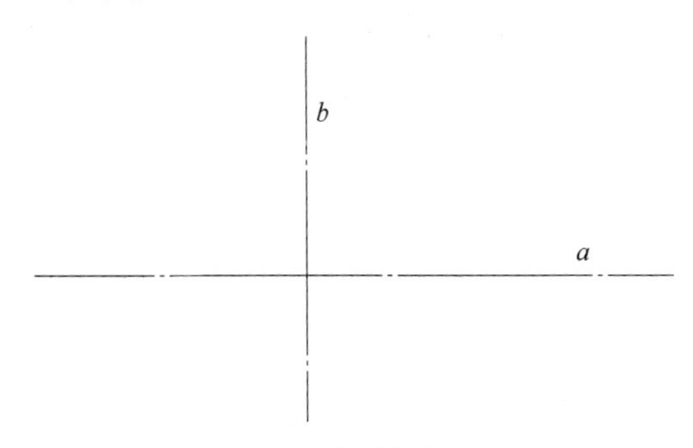

图 1-33　绘制直线 a、b

(3) 将绘制的同心圆全部移至 0 图层，选择半径为 50 的圆，在“特性”选项板中设置其线型为 DIVIDE，如图 1-34 所示。

命令：_CIRCLE 指定圆的圆心或［三点 (3P)/两点 (2P)/切点、切点、半径 (T)］：

指定圆的半径或［直径 (D)］：10

命令：CIRCLE 指定圆的圆心或 [三点 (3P)/两点 (2P)/切点、切点、半径 (T)]:
指定圆的半径或 [直径 (D)] <10.0000>: 20
命令：CIRCLE 指定圆的圆心或 [三点 (3P)/两点 (2P)/切点、切点、半径 (T)]:
指定圆的半径或 [直径 (D)] <20.0000>: 50
命令：CIRCLE 指定圆的圆心或 [三点 (3P)/两点 (2P)/切点、切点、半径 (T)]:
指定圆的半径或 [直径 (D)] <50.0000>: 60
命令：* 取消 *

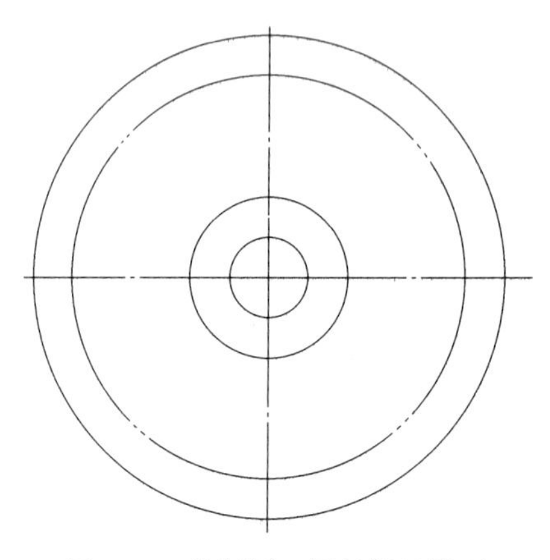

图 1-34　绘制同心圆并设置线型

(4) 复制半径为 10、20 的圆，如图 1-35 所示。
命令：_ COPY。
选择对象：找到 1 个
选择对象：找到 1 个，总计 2 个
选择对象：
当前设置：复制模式 = 多个
指定基点或 [位移 (D)/模式 (O)] <位移>:
指定第二个点或 [阵列 (A)] <使用第一个点作为位移>:
指定第二个点或 [阵列 (A)/退出 (E)/放弃 (U)] <退出>:

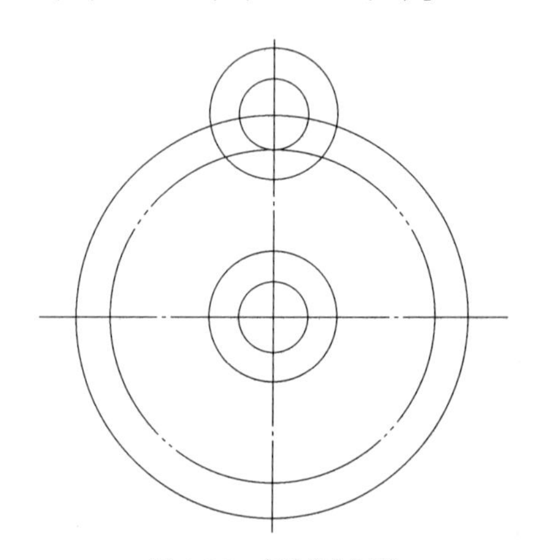

图 1-35　复制同心圆

（5）阵列图形，如图 1-36 所示。

命令：_ ARRAYPOLAR。

选择对象：找到 1 个

选择对象：找到 1 个，总计 2 个

选择对象：

类型 = 极轴　关联 = 是

指定阵列的中心点或［基点（B）/旋转轴（A）］：

输入项目数或［项目间角度（A）/表达式（E）］<4>：6

指定填充角度（+=逆时针、-=顺时针）或［表达式（EX）］<360>：

按【Enter】键接受或［关联（AS）/基点（B）/项目（I）/项目间角度（A）/填充角度（F）/行（ROW）/层（L）/旋转项目（ROT）/退出（X）］

<退出>：

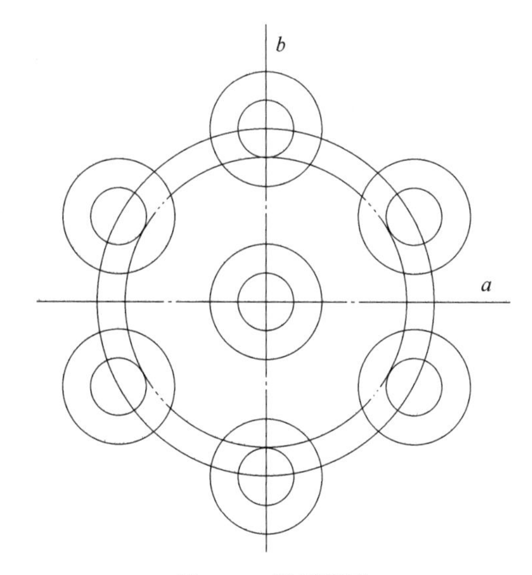

图 1-36　阵列图形

（6）执行 TRIM，对图形进行修剪，最终效果如图 1-37 所示。

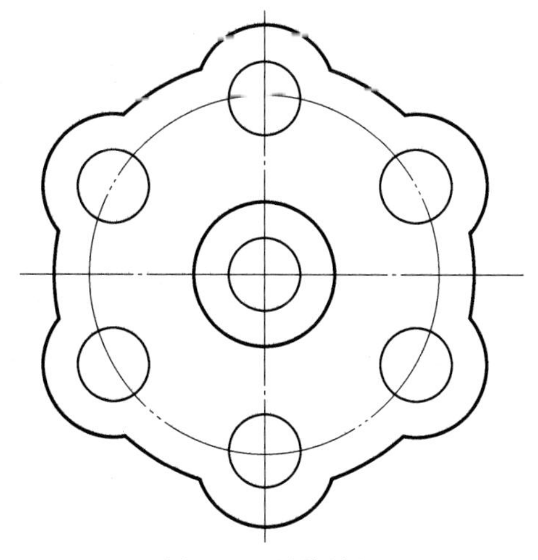

图 1-37　最终效果

【拓展训练】

按照尺寸画出如图 1-38 所示的 V 形带轮。

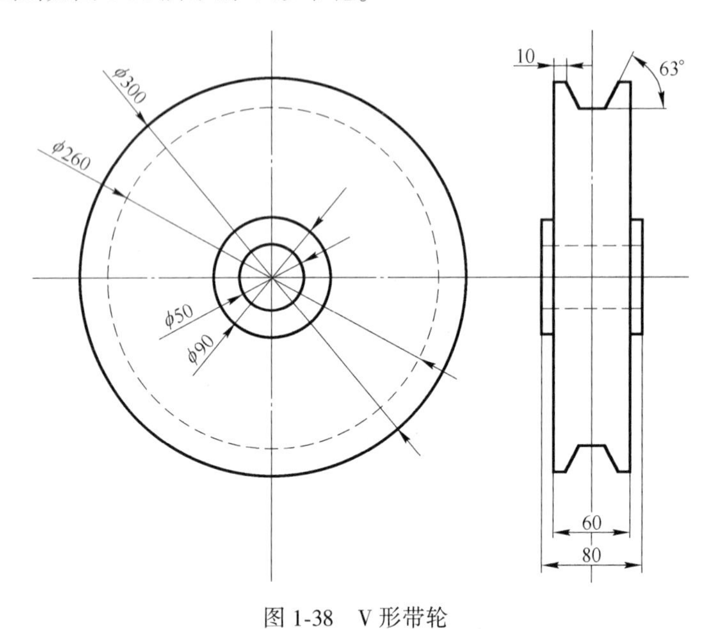

图 1-38 V 形带轮

要求：

（1）尺寸不用标注。

（2）中心线：CENTER2；实线：默认；粗实线：0.3mm；细实线：默认。

任务四 齿 轮 轴

齿轮轴（如图 1-39 和图 1-40 所示）指支承转动零件并与之一起回转以传递运动、扭矩或弯矩的机械零件。一般为金属圆杆状，各段可以有不同的直径。机器中作回转运动的零件就安装在轴上。

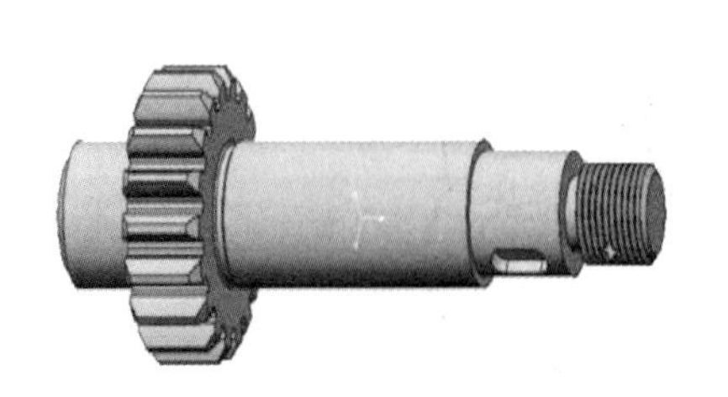

图 1-39 齿轮轴（一）

图 1-40 齿轮轴（二）

齿轮机构因为具有传动效率高、结构紧凑、传动平稳等优点，被广泛地应用于各类机器设备上，尤其是重载传动方面。齿轮传动机构更是占据着举足轻重的地位，因而对齿轮传动机构提出了高转速、大载荷、长寿命、低噪声等要求。常采用42CrMo钢经正火、调质、感应加热淬火加低温回火的热处理工艺。

【任务目标】

（1）掌握虚线、中心线及实线的加载与设置。

（2）熟练掌握构直线及圆、圆弧、椭圆等基本绘图命令的使用。

（3）熟练掌握镜像及偏移、修剪等编辑命令的使用。

（4）初步掌握轴类零件的设计方法和相应技巧。

【任务分析】

（1）启动AutoCAD绘图程序，完成当前绘图环境的设置。

（2）使用直线、偏移命令绘制出齿轮轴上半部分，然后使用镜像命令对图形进行镜像，即可获得齿轮轴的下半部分。

（3）利用偏移、圆和修剪命令绘制出整体效果。

【相关知识】

一、弧线的绘制

常用的绘制圆弧的条件主要有“三点”“起点、圆心、端点”“起点、圆心、角度”“起点、圆心、长度”“起点、端点、角度”“起点、端点、方向”“起点、端点、半径”“圆心、起点、端点”“圆心、起点、角度”“圆心、起点、长度”等十余种，主要调用方法如下。

通过菜单栏：“绘图”子菜单选择“圆弧”（如图1-41所示）。

通过命令行：输入ARC。

通过绘图工具栏：单击圆弧图标。

调用命令后，命令行提示：

命令：_arc 指定圆弧的起点或［圆心（C）］：

指定圆弧的第二个点或［圆心（C）/端点（E）］：_c 指定圆弧的圆心：

指定圆弧的端点或［角度（A）/弦长（L）］：

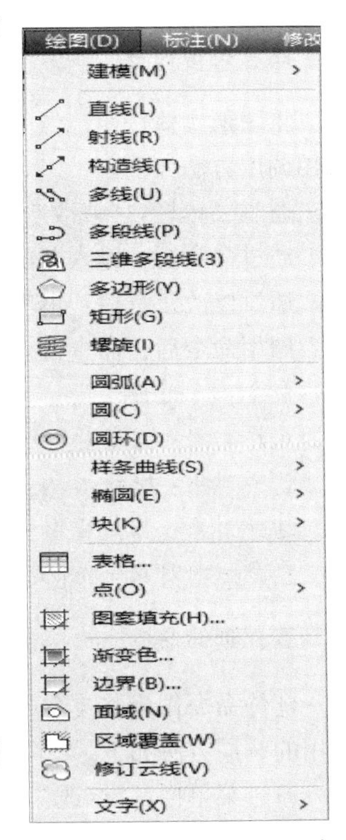

图1-41　通过“绘图”菜单选择“圆弧”

二、圆角命令

圆角命令可将两相交线的夹角变为一段圆弧，常用的调用方法如下。

通过菜单栏：“修改”子菜单中选择“圆角”。

通过命令行：输入fillet。

通过“修改”工具栏：单击“圆角”图标。

调用命令后，命令行提示：

命令：_fillet

当前设置：模式 = 修剪，半径 = 25.0000

选择第一个对象或 [放弃 (U)/多段线 (P)/半径 (R)/修剪 (T)/多个 (M)]：r

指定圆角半径 <25.0000>：5

选择第一个对象或 [放弃 (U)/多段线 (P)/半径 (R)/修剪 (T)/多个 (M)]：

选择第二个对象，或按住 Shift 键选择对象以应用角点或 [半径 (R)]：

三、椭圆的绘制

绘制椭圆常用条件有“圆心”“轴、端点”“圆弧”，调用方法如下。

通过菜单栏：“绘图”子菜单中选“椭圆”。

通过命令行：输入 ELL。

通过绘图工具栏：单击椭圆图标。

调用命令后，命令行提示：

命令：_ ellipse

指定椭圆的轴端点或 [圆弧 (A)/中心点 (C)]：

指定轴的另一个端点：

指定另一条半轴长度或 [旋转 (R)]：

四、镜像命令

将图形实体按照镜像的方式进行复制，可以通过半个图形通过指定的轴线进行复制，常用调用方法如下。

通过菜单栏：“修改”子菜单选择“镜像命令”。

通过命令行：输入 MIRROR 或 MI。

通过修改工具栏：单击镜像图标。

调用命令后，命令行提示：

命令：_ mirror

选择对象：指定对角点：找到 5 个

选择对象：找到 1 个，总计 6 个

选择对象：指定镜像线的第一点：<对象捕捉 关> 指定镜像线的第二点：

要删除源对象吗？[是 (Y)/否 (N)] <N>：

五、延伸命令

延伸命令作为修改命令中的一种，常用于将所绘制图形进行延伸以与其他边相适合，常用的调用方法如下。

通过菜单栏：“修改”子菜单中选择“延伸”命令。

通过命令行：输入 extend。

通过“修改”工具栏：单击“延伸”图标。

调用命令后，命令行提示：

命令：_ extend

当前设置：投影=UCS，边=无

选择边界的边...

选择对象或 <全部选择>：找到 1 个

选择对象：

选择要延伸的对象，或按住 Shift 键选择要修剪的对象，或 [栏选 (F)/窗交 (C)/投影 (P)/边 (E)/放弃 (U)]：

六、打断命令

打断适用于在一点打断选定的对象，有效对象包括直线、开放的多段线和圆弧，但不能在一点打断封闭的对象。常用的调用方法如下。

通过菜单栏："修改"子菜单选择"打断"命令。

通过命令行：输入 break。

通过"修改"工具栏：单击"打断"图标。

调用命令后，命令行提示：

命令：_ break 选择对象：

指定第二个打断点 或 [第一点 (F)]：_ f

指定第一个打断点：

指定第二个打断点：@

七、打断于点

"打断于点"命令适用于在两点之间打断选定对象，可以在对象上的两个指定点之间创建间隔，从而将对象打断为两个对象。如果这些点不在对象上，则会自动投影到该对象上。常用的调用方法如下。

通过菜单栏："修改"子菜单中选择"打断于点"命令。

通过命令行：输入_ break。

通过"修改"工具栏：单击"打断于点"命令。

调用命令后，命令行提示：

命令：_ break 选择对象：

指定第二个打断点 或 [第一点 (F)]：

八、合并

合并命令与常用图形处理组合功能类似，通常适用于合并相似对象以形成完整的对象，常用的调用方法如下。

通过菜单栏："修改"子菜单中选择"合并"命令。

通过命令行：输入 join。

通过"修改"工具栏：单击"合并"图标。

调用命令后，命令行提示：

命令：_ join 选择源对象或要一次合并的多个对象：找到 1 个

选择要合并的对象：找到 1 个，总计 2 个
选择要合并的对象：找到 1 个，总计 3 个
选择要合并的对象：找到 1 个，总计 4 个
选择要合并的对象：找到 1 个，总计 5 个
选择要合并的对象：找到 1 个，总计 6 个
选择要合并的对象：
6 个对象已转换为 1 条多段线

九、分解

分解命令适用于将复合对象分解为其部件对象，在希望单独修改复合对象的部件时，可分解复合对象，包括块、多段线和面域等，常用的调用命令如下。

通过菜单栏：“修改”子菜单选择“分解”命令。

通过命令行：输入 explode。

通过“修改”工具栏：单击“分解”图标。

调用命令后，命令行提示：

命令：_ explode
选择对象：找到 1 个
选择对象：

【任务实施】

一、创建“齿轮轴 . dwg”图形文件

单击“标准”工具栏的“新建”按钮，新建一张图，打开“acadiso. dwt”文件，以“齿轮轴 . dwg”为图名保存图形文件。

二、创建图层

单击“图层”工具栏上的“图层”按钮，弹出“图层特性管理器”对话框，在对话框中创建绘图需要的图层，设置各个图层的线型和线宽，如图 1-42 所示。

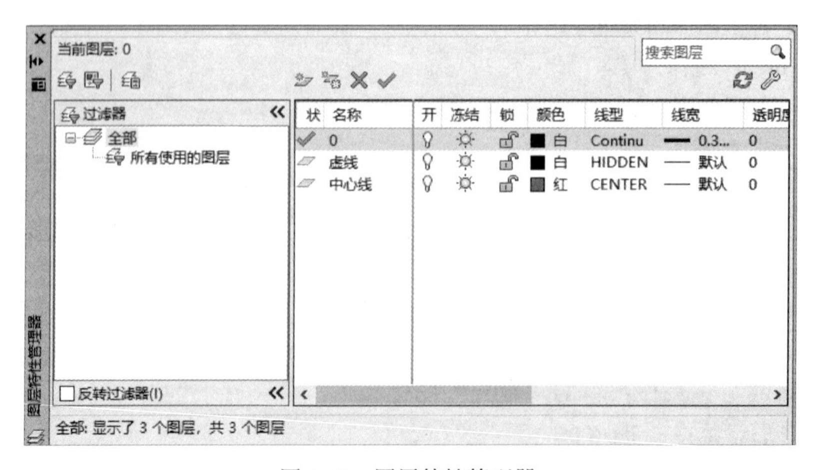

图 1-42　图层特性管理器

三、绘制视图

（1）将“中心线”层置为当前层，按 F8 键开启正交模式，打开“对象捕捉”“对象追踪”功能。

（2）输入 LINE 命令，绘制两条任意长度且互相垂直的中心线 a、b，将水平线 a 移至“中心线”图层中，如图 1-43 所示。

图 1-43　绘制辅助线

（3）执行 OFFSET 命令，水平线 a 向上分别偏移 12.5、15、25，将偏移后的直线移至 0 图层；重复操作，把垂直线 b 向左偏移 25、35、75，如图 1-44 所示。

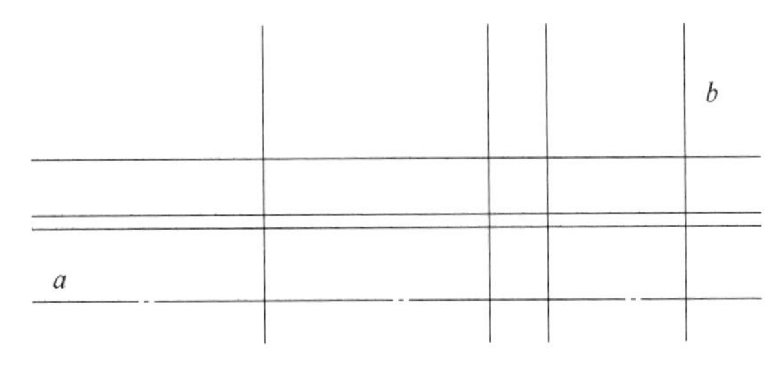

图 1-44　偏移后的直线

（4）执行 TRIM 命令，对图形进行修剪，如图 1-45 所示。

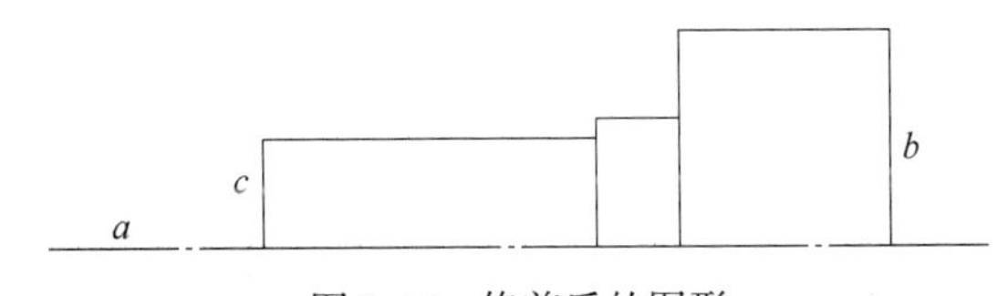

图 1-45　修剪后的图形

（5）执行 OFFSET 命令，线段 c 向右偏移 2，如图 1-46 所示。

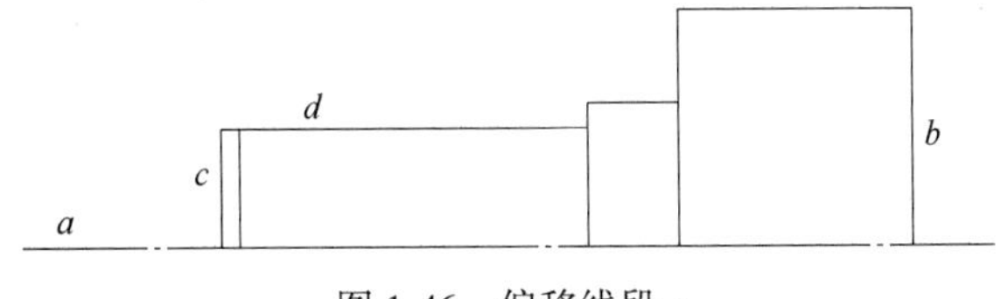

图 1-46　偏移线段 c

（6）执行 CHAMFER 命令，设置倒角距离为 2，对线段 c 和 d 进行倒角，如图 1-47 所示。

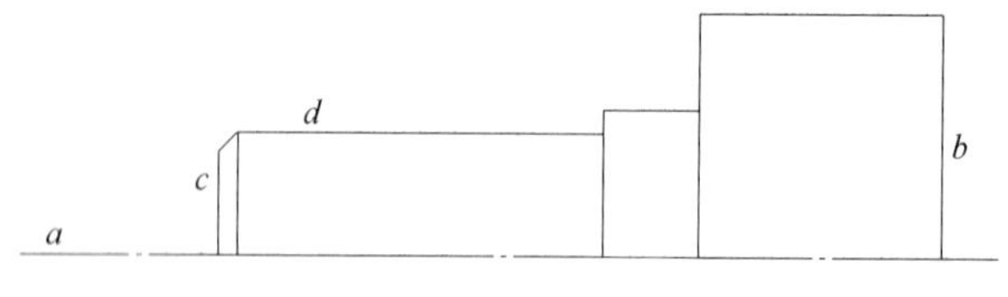

图 1-47　倒角处理

（7）执行 OFFSET 命令，中心线 *a* 向上偏移 20、22，偏移 20 的直线移至“虚线”图层中，如图 1-48 所示。

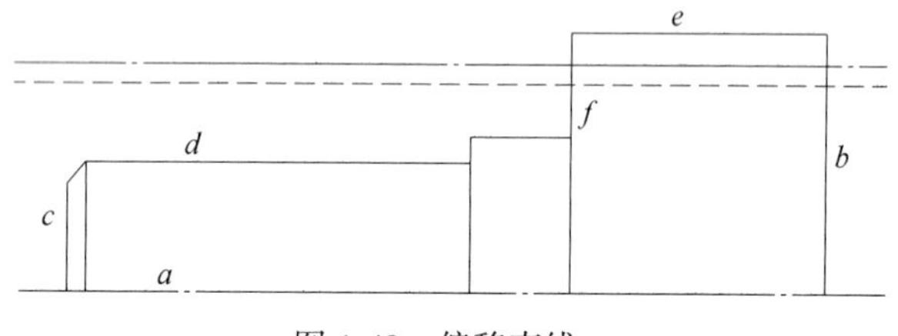

图 1-48　偏移直线 *a*

（8）执行 TRIM 命令，对图形进行修剪，如图 1-49 所示。

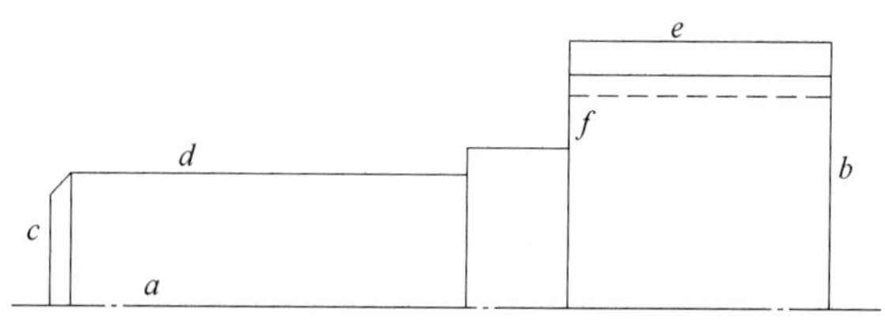

图 1-49　修剪后的图形

（9）执行 CHAMFER 命令，设置倒角距离为 2，对线段 *e*、*f* 和 *e*、*b* 分别进行倒角处理，如图 1-50 所示。

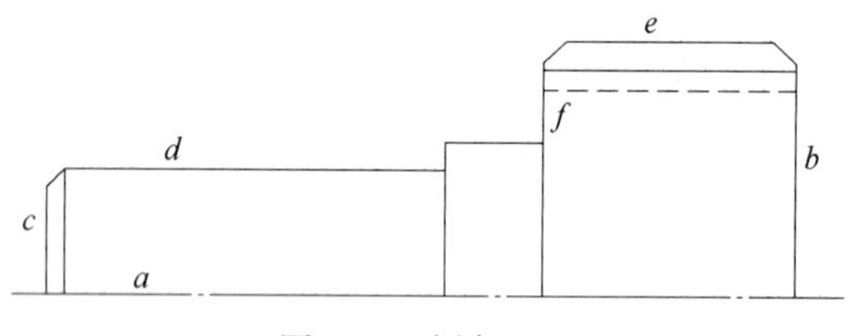

图 1-50　倒角处理

（10）执行 MIRROR 命令，选择中心线 *a* 上方的所有图形，捕捉中心线左右端点对图形进行镜像处理，如图 1-51 所示。

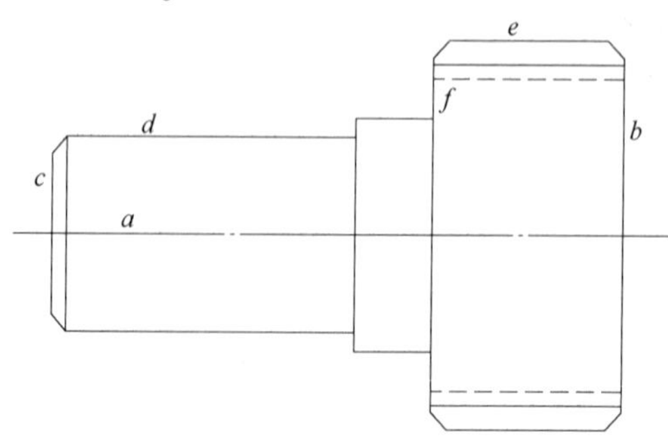

图 1-51　镜像图形

（11）执行 OFFSET 命令，将中心线 a 分别向上、向下各偏移 5，并将偏移后的直线移至 0 图层中；选择左垂线 c 分别向右偏移 10、25，并将偏移后的直线移至“虚线”图层中，如图 1-52 所示。

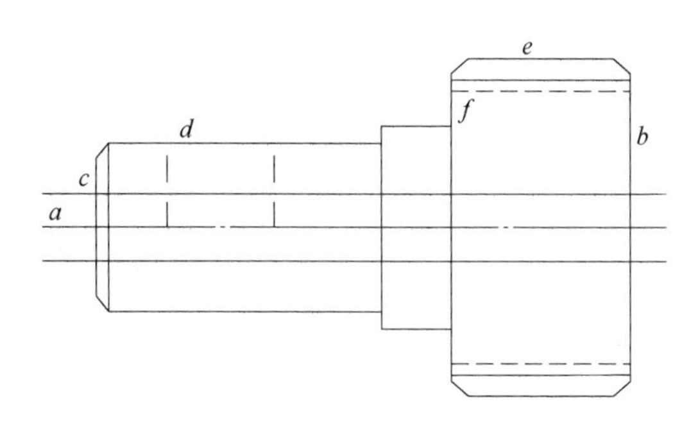

图 1-52　偏移直线 a、c

（12）执行 CIRCLE 命令，捕捉偏移直线与中心线的焦点 A、B，绘制两个半径为 5 的圆，如图 1-53 所示。

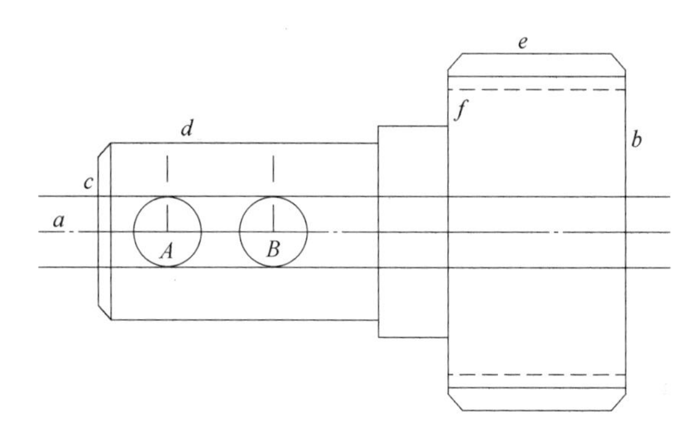

图 1-53　绘制圆

（13）执行 TRIM 命令，对图形进行修剪，如图 1-54 所示。

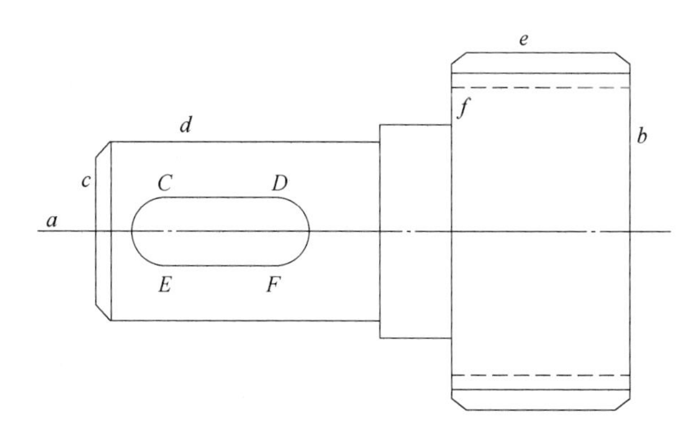

图 1-54　修剪图形

（14）执行 LINE 命令，连接端点 C 和 E、D 和 F，绘制线段，将其移至“虚线”图层中，最终效果如图 1-55 所示。

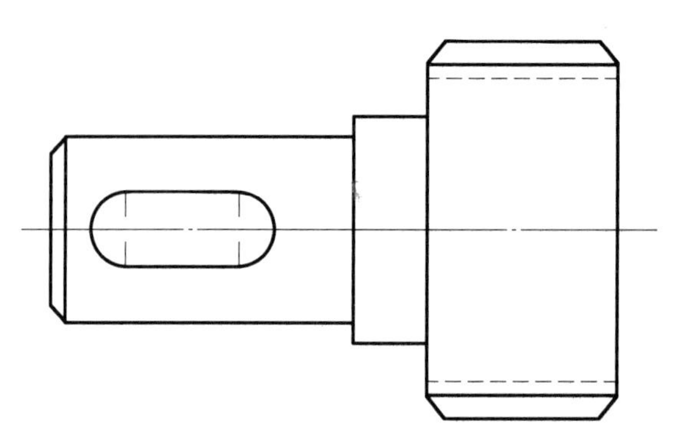

图 1-55　最终效果

【拓展训练】

按照尺寸画出如图 1-56 所示的阶梯轴。

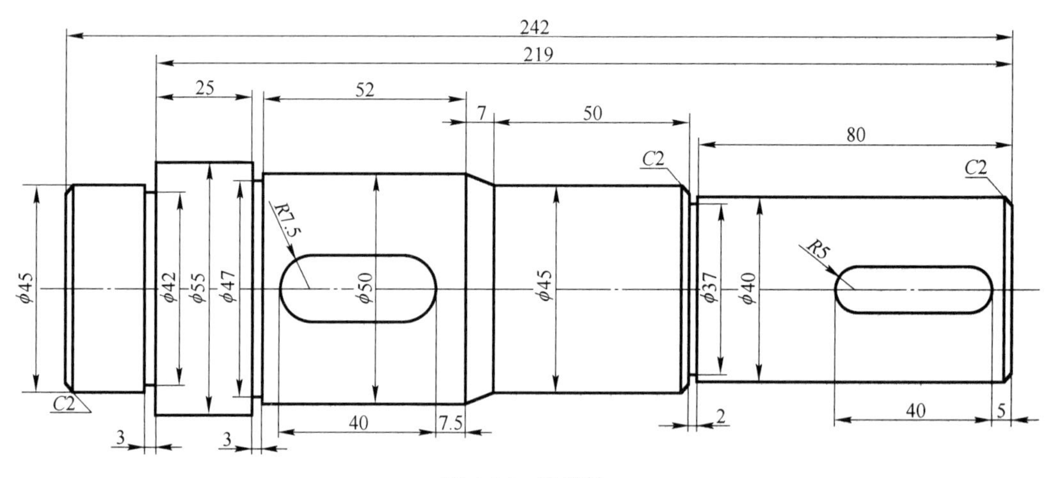

图 1-56　阶梯轴

要求：

（1）尺寸不用标注。

（2）中心线：CENTER2；实线：默认；粗实线：0. 3mm；细实线：默认。

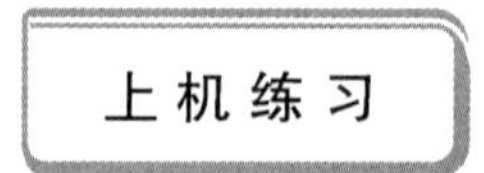

1-1　创建图层，设置图层的对象图形。

（1）使用样板 acadiso. dwt 建立新图形文件，在 U 盘或移动硬盘上创建文件夹“模块—练习”，把新建图形另存为“1-1. dwg”图形文件。

（2）打开“图层特性管理器”对话框，按表 1-2 的要求设置图层。

表 1-2　按照要求设置图层

图层命名	线型	颜色	线宽
粗实线	Continuous	黑色	0. 5mm

续表 1-2

图层命名	线型	颜色	线宽
细实线	Continuous	黑色	默认
中心线	Center	红色	默认
虚线	Hidden	蓝色	默认
双点划线	Phantom	粉红	默认
剖面线	Continuous	黑色	默认

1-2　图层与对象特性设置完成后，把图形文件“1-1.dwg”另存为“样板图形文件”（文件名为 * .dwt）。存盘的路径、目录与文件名自己指定。

1-3　常用实体绘图命令调用（键盘命令、工具栏命令、菜单命令）与练习。

1-4　常用图形编辑命令调用（键盘命令、工具栏命令、菜单命令）与练习。

1-5　按照表 1-2 要求设置图层，根据图形大小设置合理的图形界限，用 1∶1 的比例绘制如图 1-57～图 1-76所示的平面图形（只画图形，不标尺寸）。

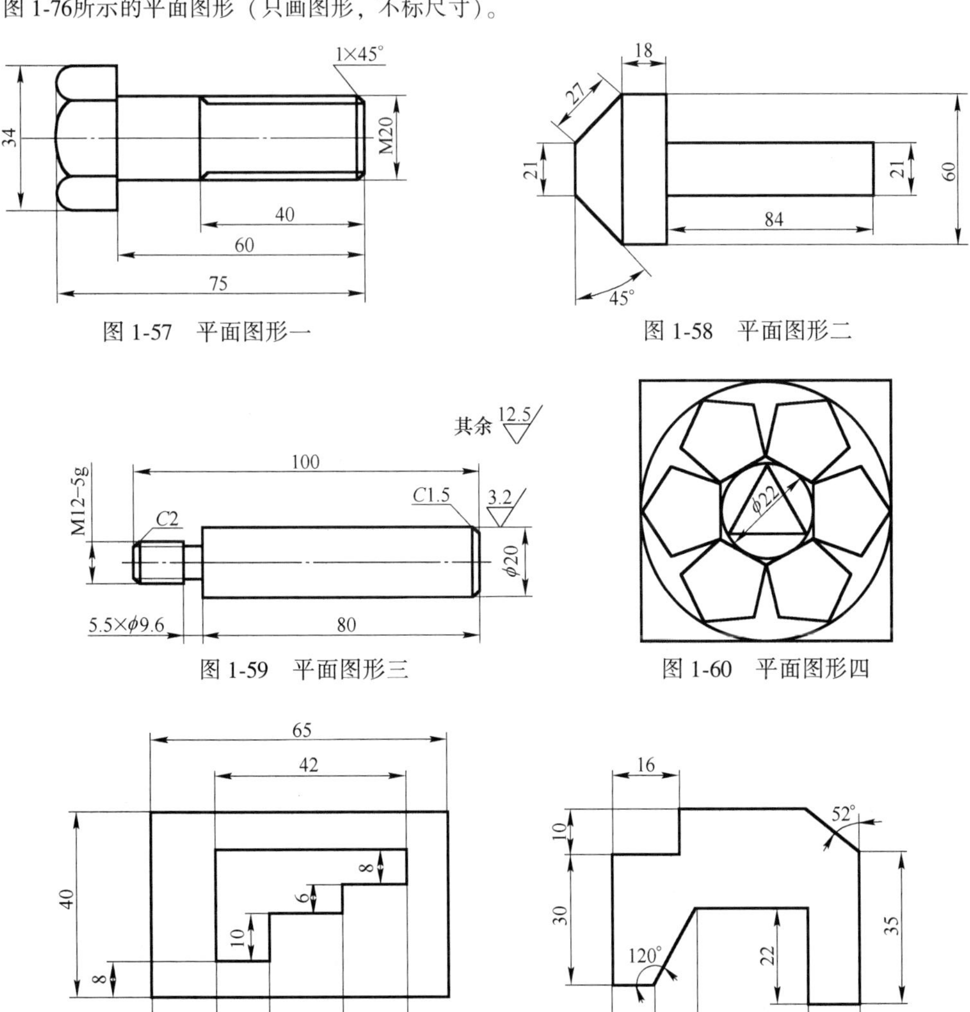

图 1-57　平面图形一　　图 1-58　平面图形二

图 1-59　平面图形三　　图 1-60　平面图形四

图 1-61　平面图形五　　图 1-62　平面图形六

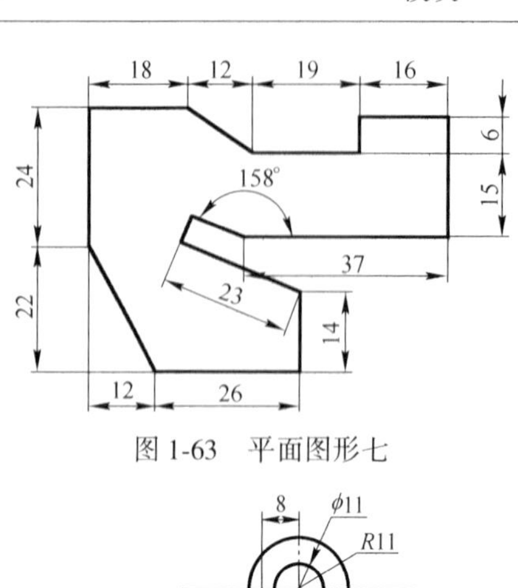

图 1-63　平面图形七

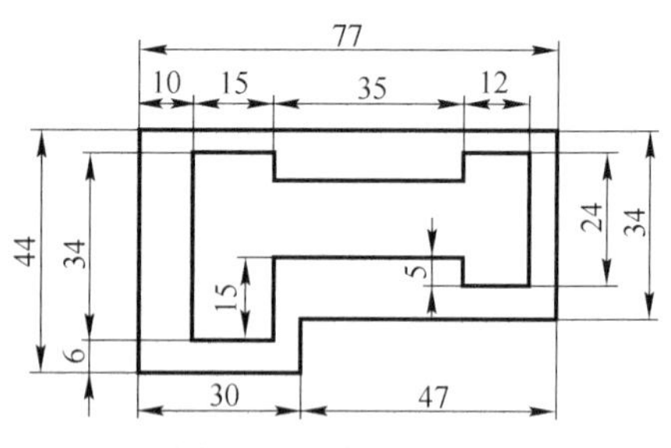

图 1-64　平面图形八

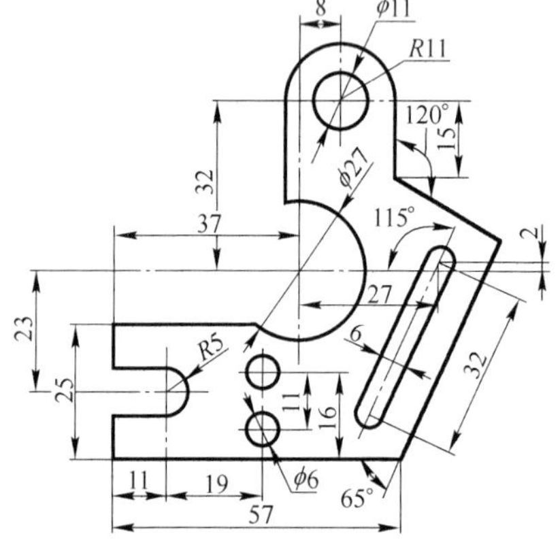

图 1-65　平面图形九

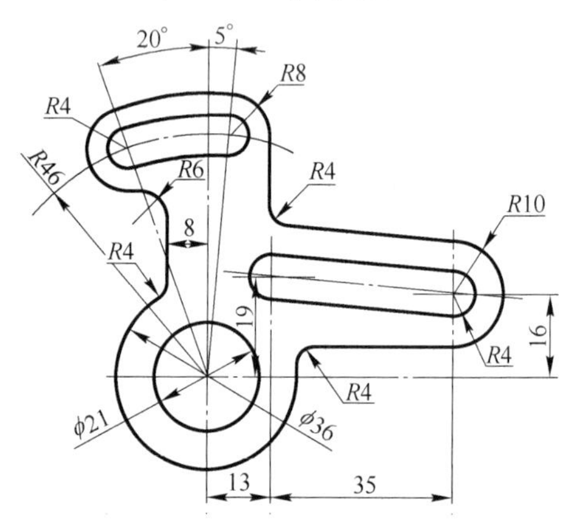

图 1-66　平面图形十

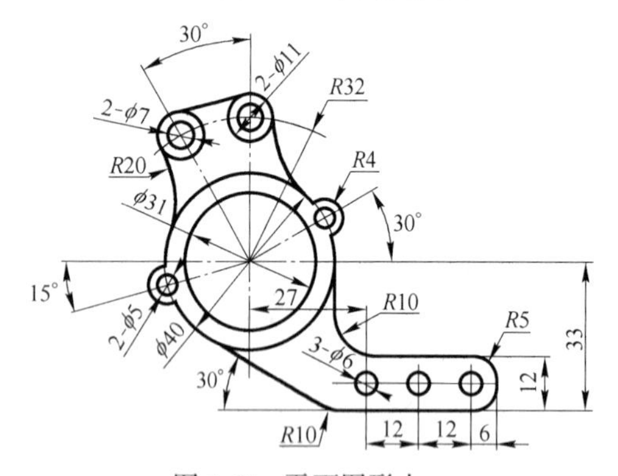

图 1-67　平面图形十一

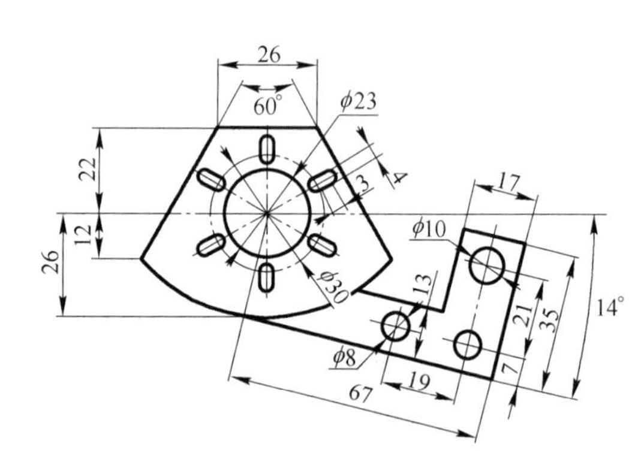

图 1-68　平面图形十二

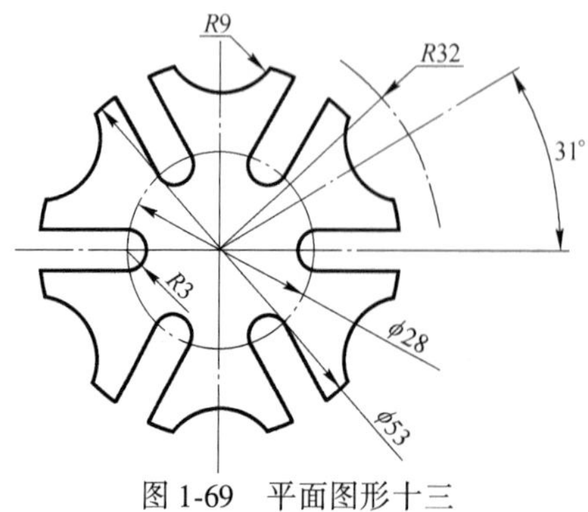

图 1-69　平面图形十三

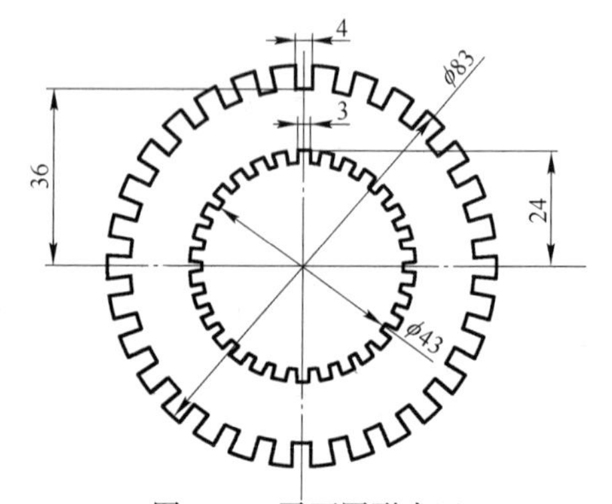

图 1-70　平面图形十四

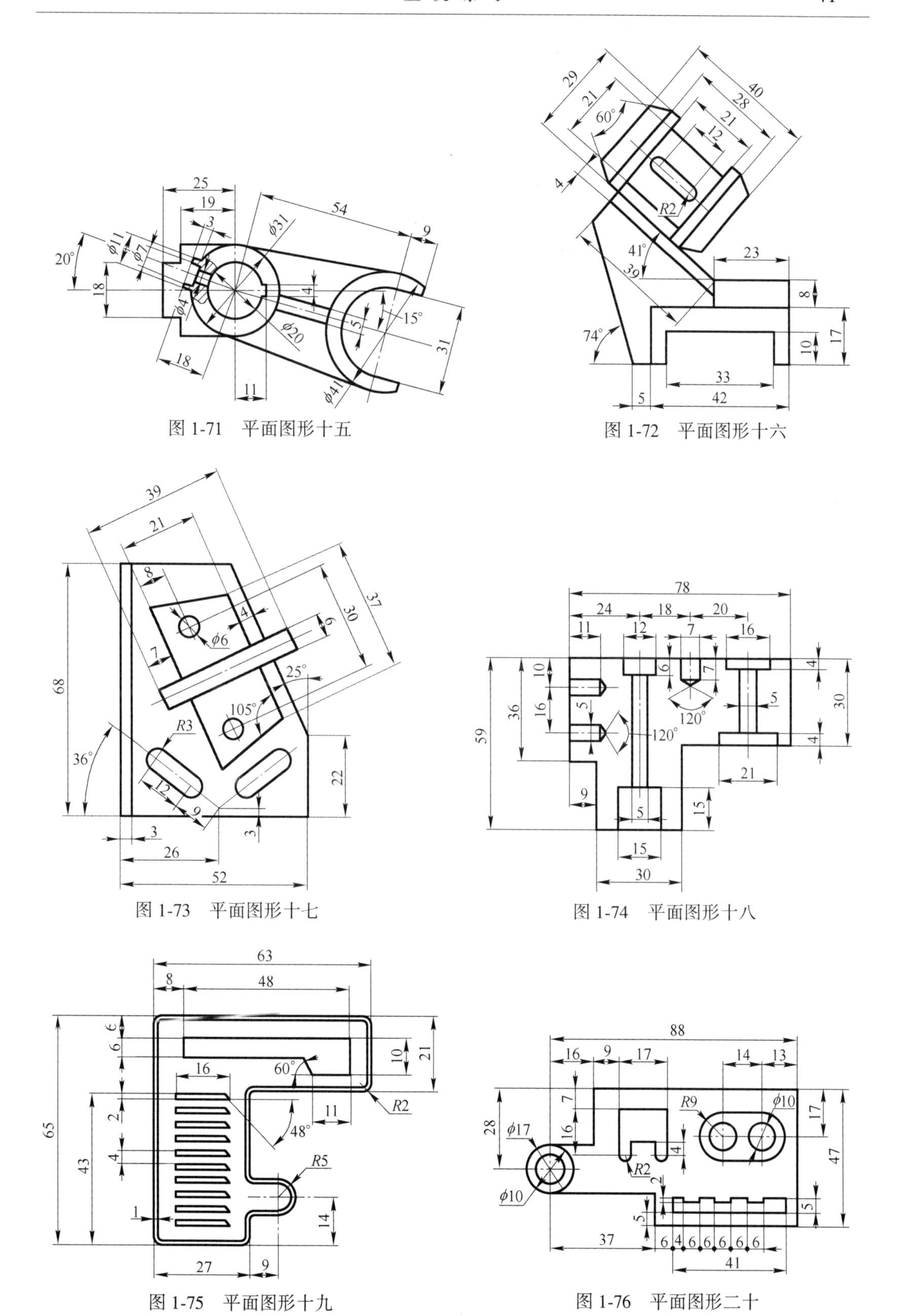

图 1-71　平面图形十五

图 1-72　平面图形十六

图 1-73　平面图形十七

图 1-74　平面图形十八

图 1-75　平面图形十九

图 1-76　平面图形二十

1-6　按照表 1-2 要求设置图层，绘制下列各组视图（如图 1-77~图 1-86 所示，只画视图，不标尺寸）。

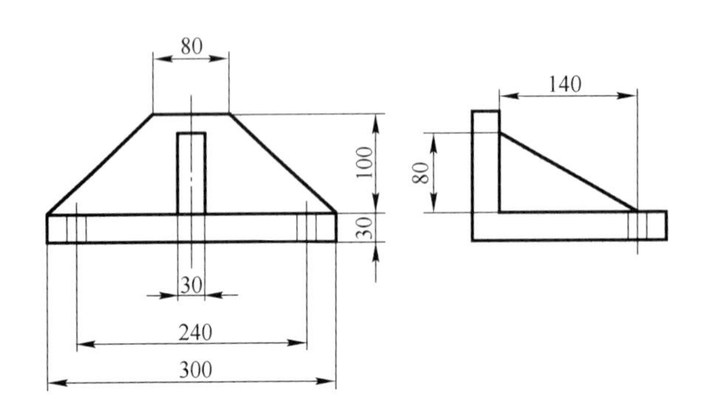

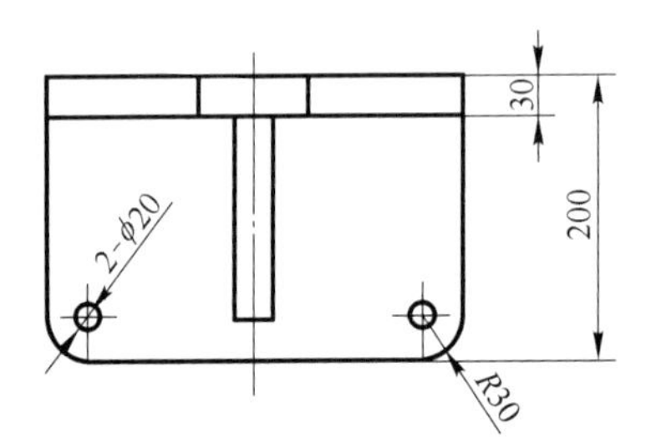

图 1-77　视图一

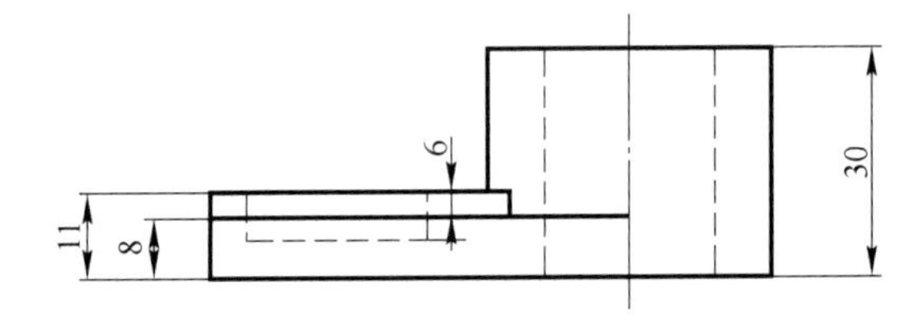

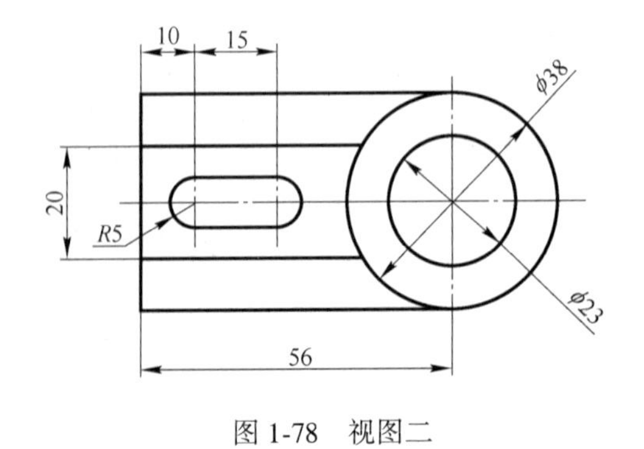

图 1-78　视图二

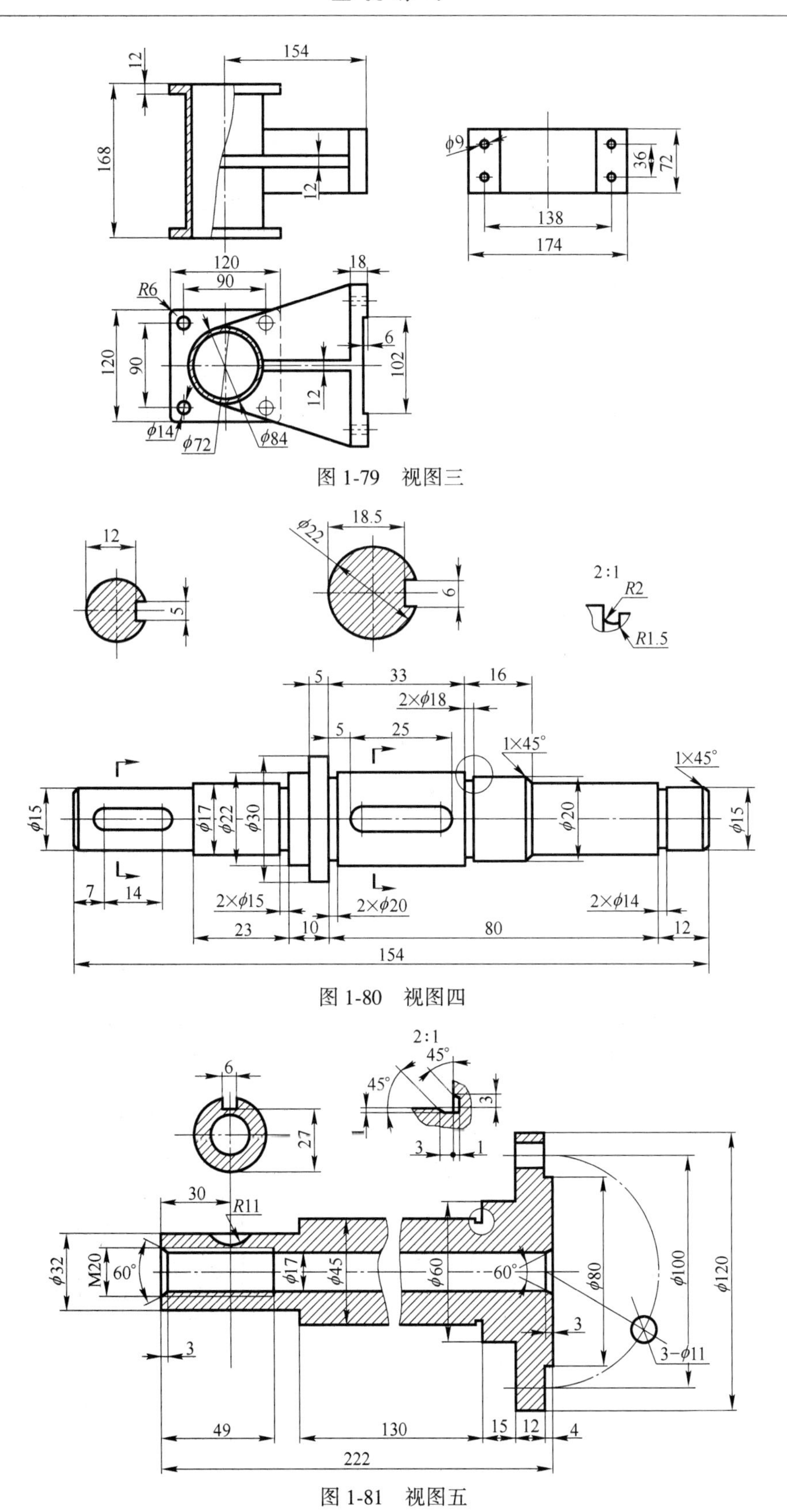

图 1-79 视图三

图 1-80 视图四

图 1-81 视图五

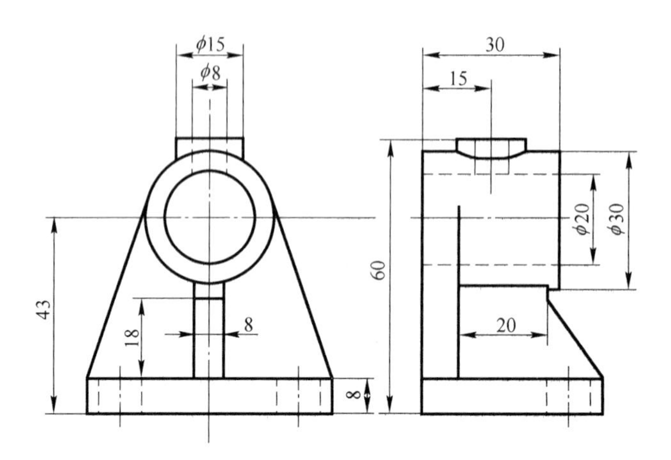

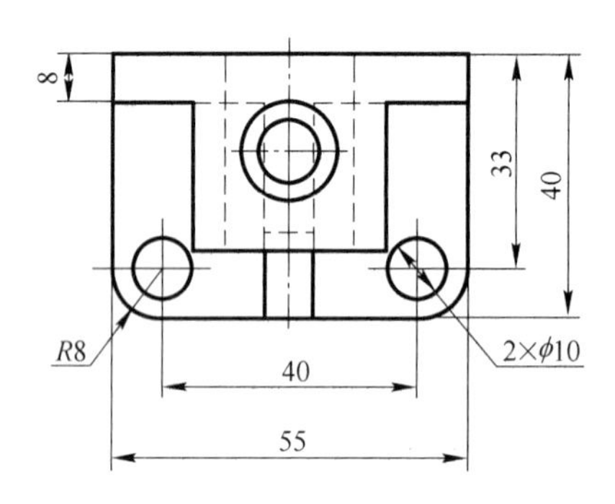

图 1-82　视图六

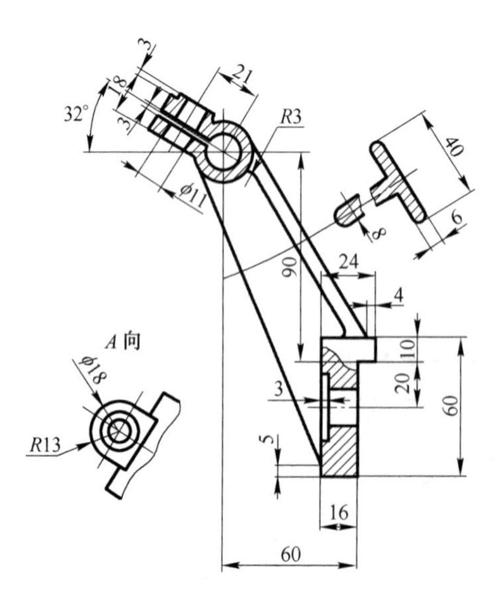

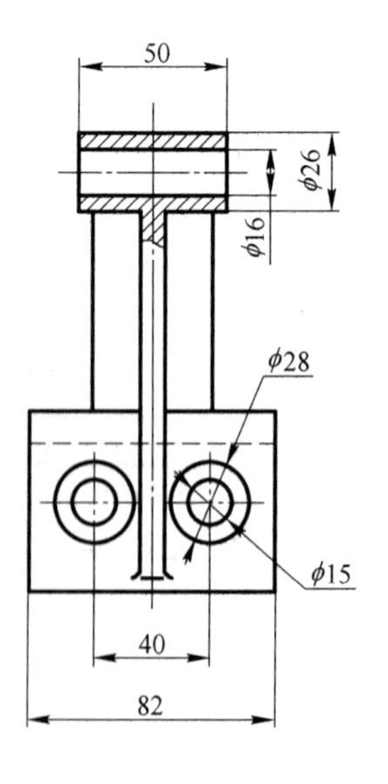

图 1-83　视图七

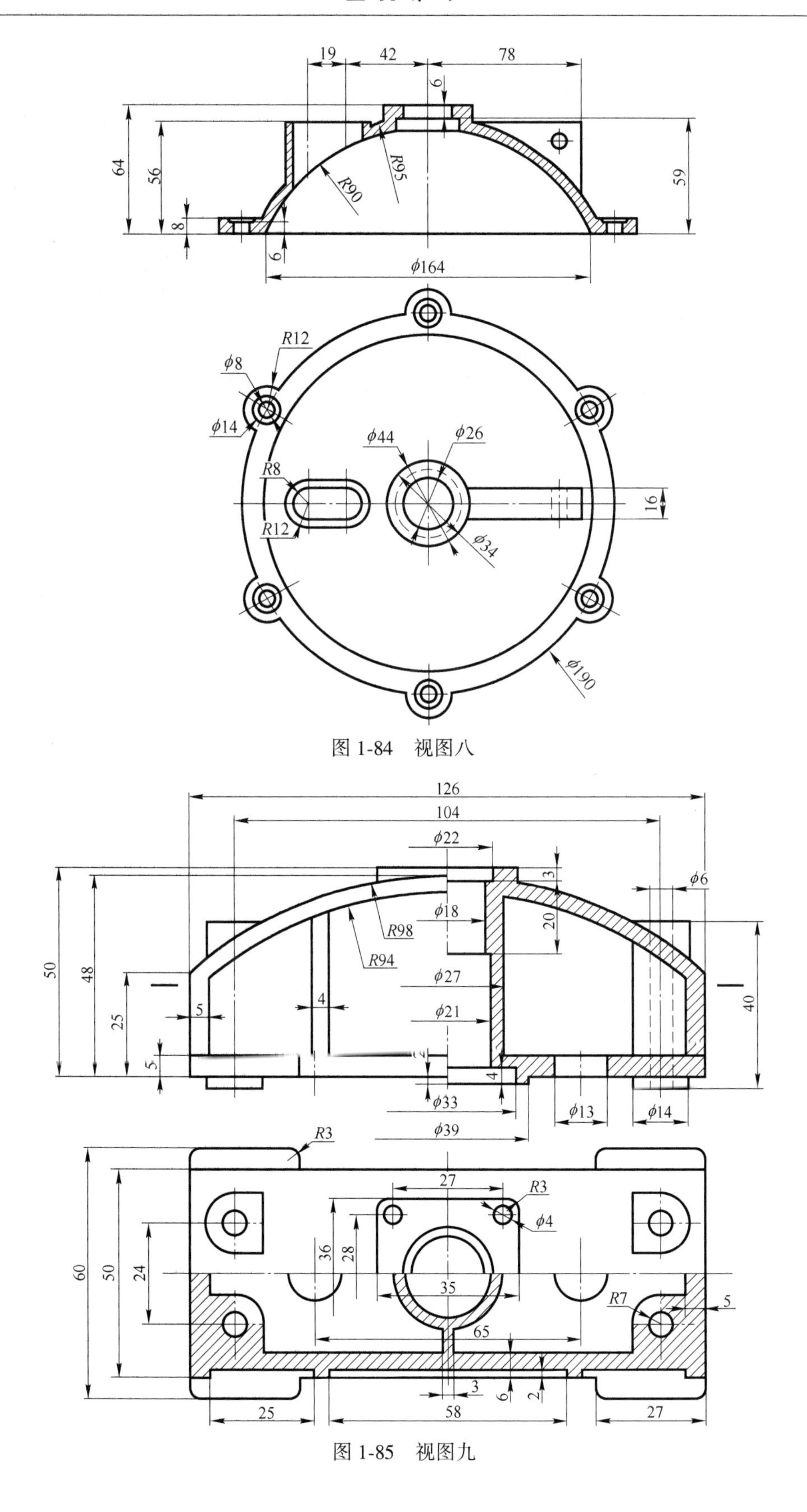

图 1-84 视图八

图 1-85 视图九

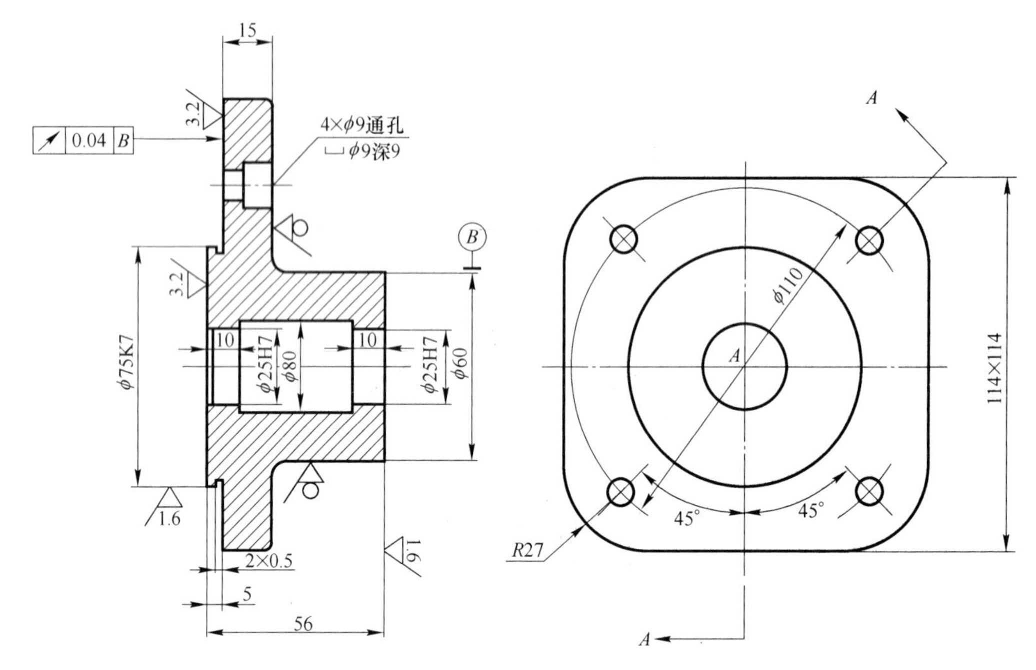

技术要求:
1.未注圆角R3~R5;
2.未注倒角C1

图 1-86　视图十

模块二　典型机械零件的二维绘制

学习目标

知识目标	（1）熟练 CAD 基本绘图命令； （2）了解支持圆柱齿轮的基本参数、主要结构尺寸，以及加工技术要求； （3）熟练内部块和外部块的创建方法； （4）熟悉蜗轮蜗杆的主要参数及各部分尺寸的计算； （5）掌握台虎钳零件块定义的画法。
能力目标	（1）熟悉标准直齿圆柱齿轮的测绘步骤； （2）掌握绘制基本图形的思路； （3）掌握阅读与绘制蜗轮蜗杆的方法和步骤； （4）掌握阅读与绘制零件图的方法和步骤； （5）通过案例，掌握零件图与装配图的衔接方法。

任务一　直齿圆柱齿轮

导入案例

齿轮作为传动零件的一种，广泛运用于各种机械设备中，根据传动方式的不同，可将齿轮分为圆柱齿轮传动、圆锥齿轮传动及蜗轮蜗杆传动等。其中圆柱齿轮齿廓形状常用渐开线形，圆柱齿轮主要由轮体和轮齿组成，轮齿根据形状的不同又可分为直齿、斜齿和人字形轮齿，常用的为直齿圆柱齿轮（如图 2-1 所示）。

图 2-1　直齿圆柱齿轮

【任务目标】

（1）了解直齿圆柱齿轮的主要结构尺寸，主要包括齿顶圆、齿根圆、分度圆、齿距、齿数及模数等基本参数。

（2）掌握直齿圆柱齿轮的规定画法，主要包括单个齿轮的画法和一对标准齿轮的啮合画法。

（3）熟悉标准直齿圆柱齿轮的测绘步骤，主要包括齿轮齿数的统计、齿顶圆直径的测量。

【任务分析】

（1）完成对直齿圆柱齿轮的基本测绘，统计齿轮齿数，测量齿顶圆直径。

（2）通过公式计算齿轮的模数、分度圆直径和齿根圆直径等。

（3）CAD 软件中新建文件，建立图框和图层，按照测绘所得计算尺寸绘制齿轮，添加标题栏和明细栏，对齿轮参数和加工技术要求进行标注。

【相关知识】

一、直齿圆柱齿轮各部分计算公式

直齿圆柱齿轮各部分计算公式，见表 2-1。

表 2-1　直齿圆柱齿轮各部分计算公式

名　称	计算公式	名　称	计算公式
齿顶高 h_a	$h_a=m$	齿数 Z	统计值
齿根高 h_f	$h_f=1.25m$	齿顶圆直径 d_a	偶数齿测量值； 奇数齿 $d_a=2H+D_1$
齿高 h	$h=h_a+h_f=2.25m$	模数 m	$m=d_a/(Z+2)$
齿距 P	$P=\pi m$	分度圆直径 d	$d=mZ$
齿宽 b	$b=2P\sim3P$	齿根圆直径 d_f	$d_f=d-2h_f$
中心距		齿顶圆直径 d_a	$d_a=d+2h_a$

二、直齿圆柱齿轮规定画法

齿顶圆和齿顶线用粗实线绘制，分度圆和分度线用点画线绘制，齿根圆和齿根线用细实线绘制，可以省略。在剖视图中，当剖切面通过齿轮的轴线时，齿轮一律按不剖绘制，齿根线用粗实线绘制。

三、内部块的创建

CAD 在绘图中提供了大量的辅助工具，对于常用的相同内容，可以把要重复绘制的图形创建成块，在需要时插入块；同时，用户还可以根据需要，为块创建属性，用来指定块的名称、用途、设计者等信息，CAD中的块分为内部块和外部块两种，可通过“块定义”对话框精确设置创建块时的图形基点和对象取舍。

创建内部块，内部块是数据保存在当前文件中，只能被当前图形所访问的块。创建内部块的方法如下。

通过工具栏：单机“创建块”图标。

键盘输入命令：block。

通过菜单栏：“绘图”—“块”—“创建”。

调用命令后，弹出“块定义”对话框，如图2-2所示。

图2-2　“块定义”对话框

“名称”文本框：用于输入块的名称。

“基点”选项区：用于设置块插入的基点位置，根据需要可直接在X、Y、Z文本框中输入坐标值，也可以单击“拾取点”按钮，切换到绘图窗口并选择基点。一般基点选定在块的中心，或者有明显特征的点的位置。

“对象”选项区：用于设置组成块的对象。单击“选择对象”按钮，切换到绘图窗口选择组成块的对象，也可以单击右侧的“快速选择”按钮，表示创建块后仍在绘图窗口保留组成块的各对象；选择“转换为块”单选按钮，表示创建块后将组成块的各对象保留并把他们转换为块；选择“删除”按钮，表示创建块后射出绘图窗口上组成块的原对象。

“方式”选项区：包含“注释性”“按统一比例缩放”“允许分解”三个选项。在“按统一比例缩放”复选框，设置块与设计中心拖放的块缩放比例相同。选择“允许分解”复选框选项，创建的块允许分解。

“设置”选项区：“块单位”下拉列表框，用于设置从CAD设计中心拖放块时的缩放单位，调用“超链接”后，弹出“插入超链接”对话框，可以插入超级链接文档。

“说明”文本框：用于输入当前块的说明部分。

“在块编辑器中打开”复选框：该命令允许创建的块在块编辑器中打开并编辑。

四、外部块的创建

将所定义的块作为单独文件进行保存，可以将所定义的块插入到所有的图形文件中。调用命令为：键盘输入“wblock”，回车后弹出“写块”对话框，如图 2-3 所示。

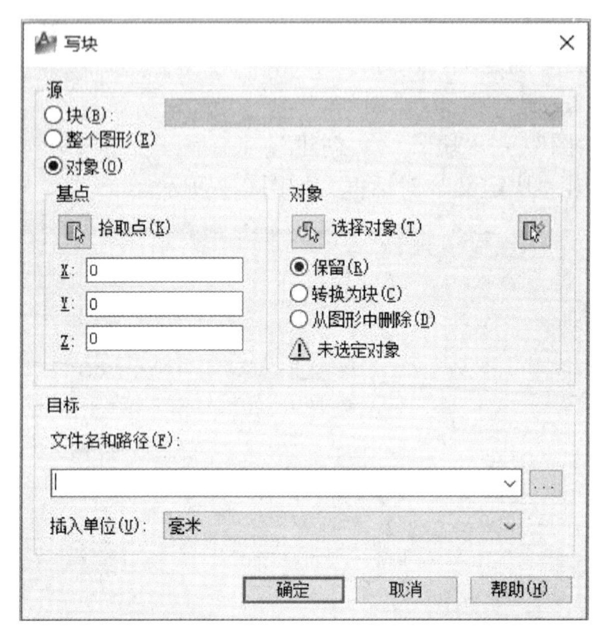

图 2-3　“写块”对话框

各选项区的功能主要如下：

(1)“源”文本框：可从“块”“整个图形”“对象”中选择定义为块的来源。

(2)“目标”文本框：通过“目标”文本框可对块的文本名和路径进行选定，“插入单位”下拉菜单可选择指定的缩放单位。

五、插入块操作

块定义完成后，可将所定义的块插入到文件的指定位置，同时根据需要对块的属性进行定义。

插入块命令的调用方法：

通过工具栏：单击绘图栏图标。

键盘输入命令：insert，回车确定。

通过菜单栏：“插入”—“块”。

调用命令后，弹出“插入”对话框，如图 2-4 所示。

对话框中各主要选项的功能包括：

(1)“名称”文本框：通过文本框的下拉菜单可选择已定的块作为插入对象，也可以通过“浏览”选项选择具体的文件位置，指定块的来源。

(2)“插入点”选项区：提供两种插入点选择方式，根据需要可以通过勾选“在屏幕上指定”选项，通过鼠标指定绘图界面的任意位置；也可以通过输入三维坐标点的具体

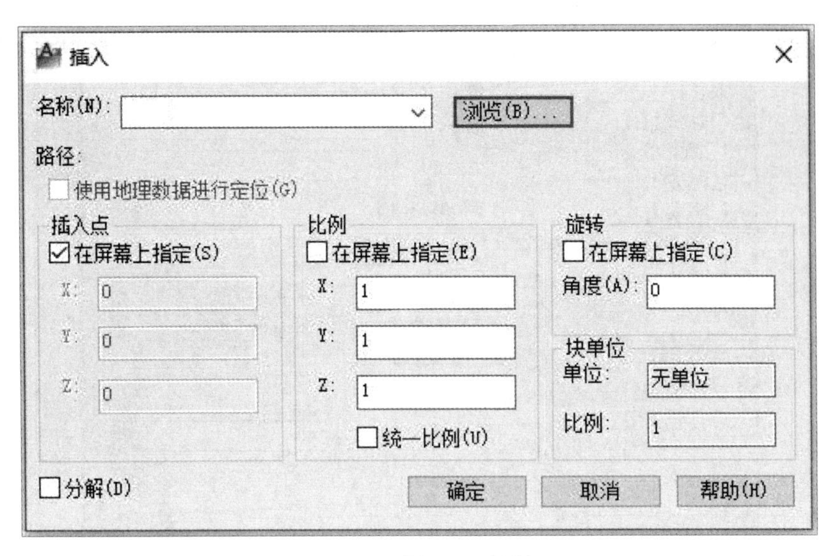

图 2-4　“插入”对话框

数值来指定块的插入点位置。

(3)“比例”选项区：与“插入点”类似，同样可通过“在屏幕上指定”或直接在文本框中输入块在 3 个方向的比例。与此同时，若块在 3 个方向上的缩放比例相同，则可通过选中“统一比例”复选框，在 X 方向文本框中输入指定比例值。

(4)“旋转”选项区：根据块的旋转方向，指定旋转角度。可通过勾选“在屏幕上指定”复选框或者输入角度值来实现块的旋转。

(5)“块单位”选项区：“单位”根据所选定的块的定义，默认为“无单位”，比例为 1。

(6)“分解”选项：在“插入”文本框右下角的分解选项提供将块分解的功能，可通过块的分解对块重新进行编辑。

创建并使用带有属性的块：

块属性是附属于块的非图形信息，是块的组成部分，是特定的可包含在块定义中的文字对象，并且在定义一个块时，属性必须预先定义。通常属性用于在块的插入过程进行自动注释。

创建带有属性的块调用命令方式。

键盘输入：attdef。

通过菜单栏：“绘图”—“块”—“定义属性”命令。

确定命令后，弹出“属性定义”对话框，如图 2-5 所示。

【任务实施】

一、创建“圆柱齿轮.dwg”图形文件

单击“标准”工具栏的“新建”按钮，新建一张图，打开“acadiso.dwt”文件，以“圆柱齿轮.dwg”为图名保存图形文件。

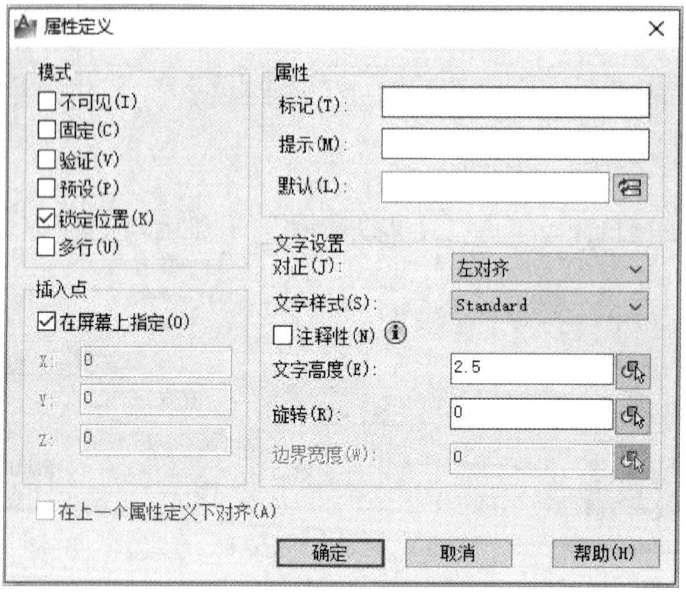

图 2-5　“属性定义”对话框

二、创建图层

单击“图层”工具栏上的“图层”按钮，弹出“图层特性管理器”对话框，在对话框中创建绘图需要的图层，设置各个图层的线型和线宽，如图 2-6 所示。

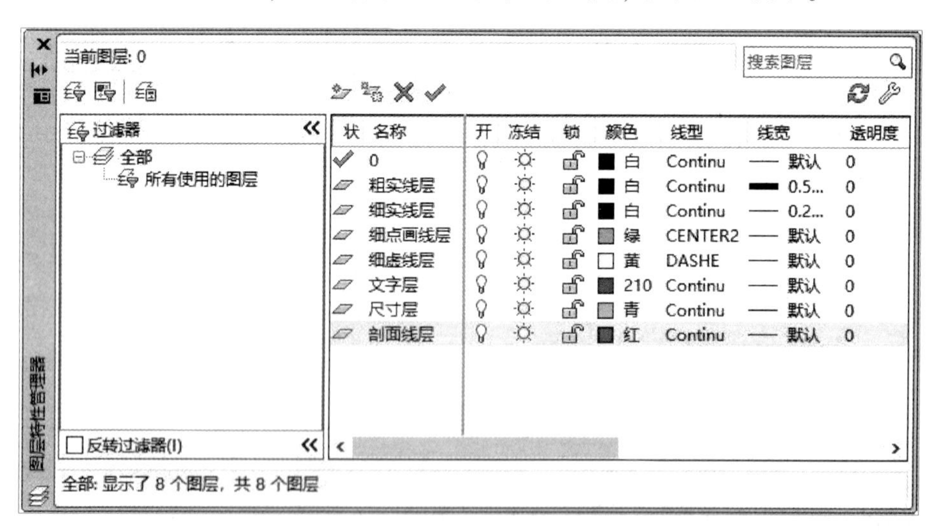

图 2-6　“图层特性管理器”对话框

三、绘制视图

（1）将点画线设置为当前图层，绘制中心线，确定作图基准，如图 2-7 所示。

（2）选择粗实线层为当前图层，绘制齿轮零件，单个齿轮通常用两个视图来表示，轴向放成水平，表示分度线的点画线应超出轮廓线，剖视图中，当剖切面通过齿轮轴线时，齿轮按不剖绘制，齿根线用粗实线绘制。

1）键盘输入C，调用绘制圆命令，以交点为圆心，做圆柱齿轮内圆，如图2-8所示。

图2-7　绘制中心线　　图2-8　绘制内圆

2）选择偏移命令，将垂直辅助线向两侧各偏移3个单位，确定槽宽，选用粗实线层完成键槽的绘制，如图2-9所示。

3）选择直线命令，做长度为25的垂线，将垂线向左偏移16个单位，绘制齿轮侧面剖视图的上半部分轮廓线，如图2-10所示。

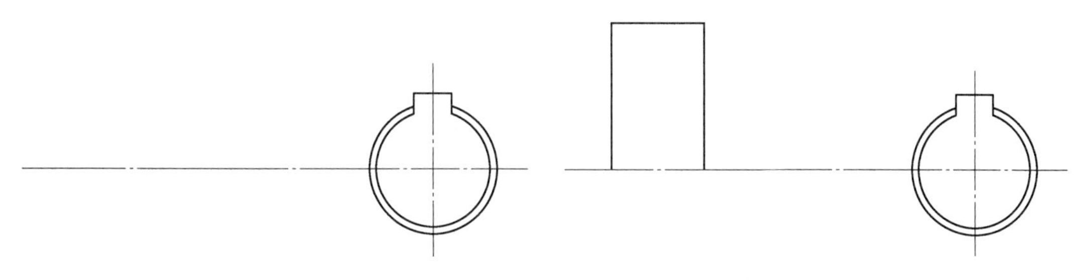

图2-9　绘制键槽　　图2-10　绘制剖视图1

4）将侧面剖视图的顶端水平线向下分别偏移6个单位和13个单位，完成齿轮轮毂剖面的绘制，如图2-11所示。

5）以右侧键槽高度为基准，做水平辅助线，做出侧视图键槽的高度位置，如图2-12所示。

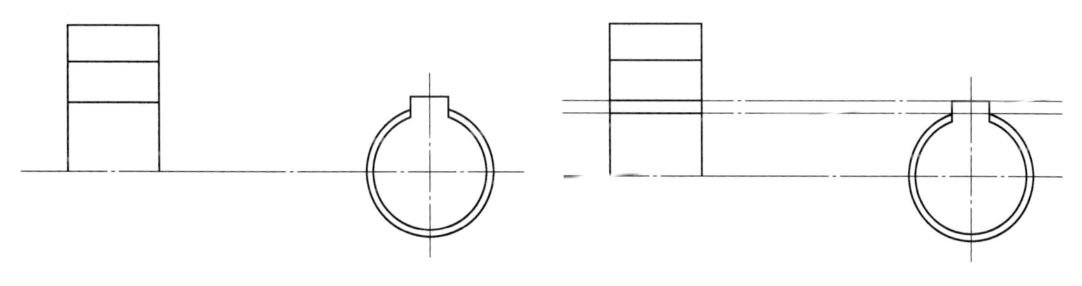

图2-11　绘制剖视图2　　图2-12　绘制剖视图3

6）分别将左右轮廓线向内偏移1个单位，完成侧视图键槽的绘制，如图2-13所示。

7）改变图层为细虚线层，将侧视图的顶端水平线向下偏移2.5个单位，做分度圆线，如图2-14所示。

8）工具条中调用“倒直角”命令，将侧视图上端两直角开倒直角，如图2-15所示。

9）通过镜像功能完成齿轮剖视图的绘制，如图2-16所示。

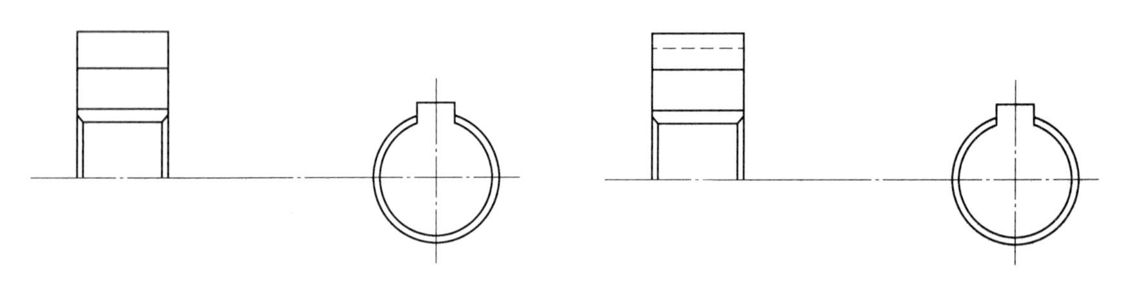

图 2-13　绘制剖视图 4　　　　图 2-14　绘制剖视图 5

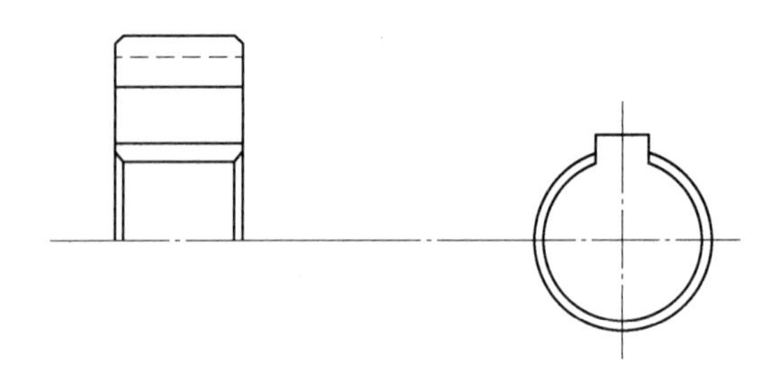

图 2-15　绘制剖视图 6

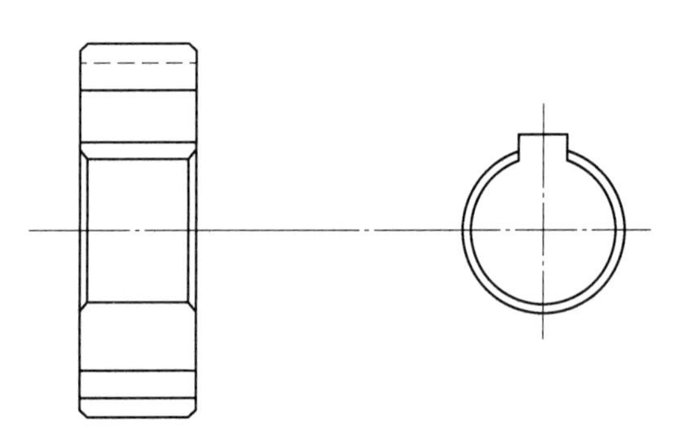

图 2-16　绘制剖视图 7

10）更改当前图层，添加图案填充，设置填充比例为 0. 8，完成剖切面的绘制，如图 2-17 所示。

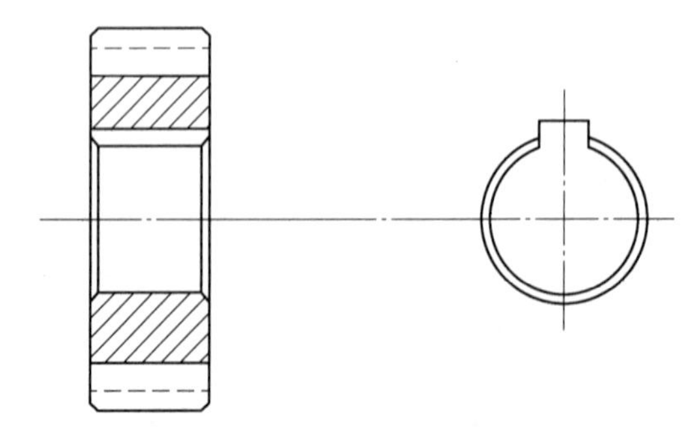

图 2-17　绘制剖视图 8

（3）打开标注样式管理器，设置标注样式，添加齿轮剖视图直径符号，设置公差的上下偏差精度，完成尺寸的标注，如图 2-18 所示。

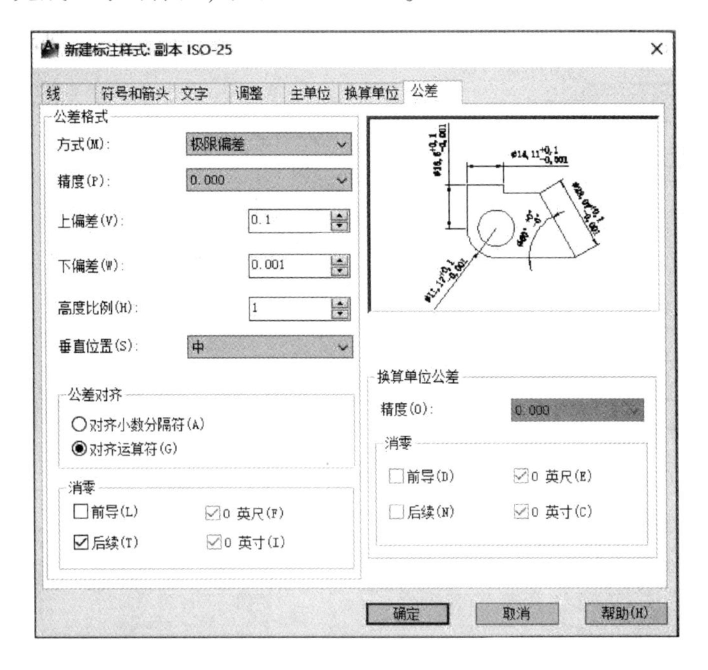

图 2-18　设置标注样式

修剪多余中心线，完成尺寸标注，如图 2-19 所示。

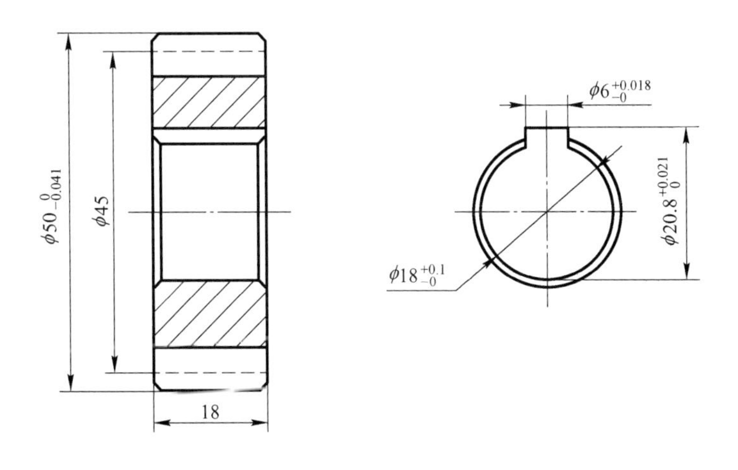

图 2-19　标注尺寸

（4）定义表面粗糙度符号为块，同时标注形位公差基准面及形位公差，填写技术要求，绘制图框和标题栏，完成零件图纸的绘制，如图 2-20 所示。

【拓展训练】

结合直齿圆柱齿轮的绘制方法，绘制如图 2-21 所示齿轮零件图，按绘图需要设置图层，不标注尺寸。

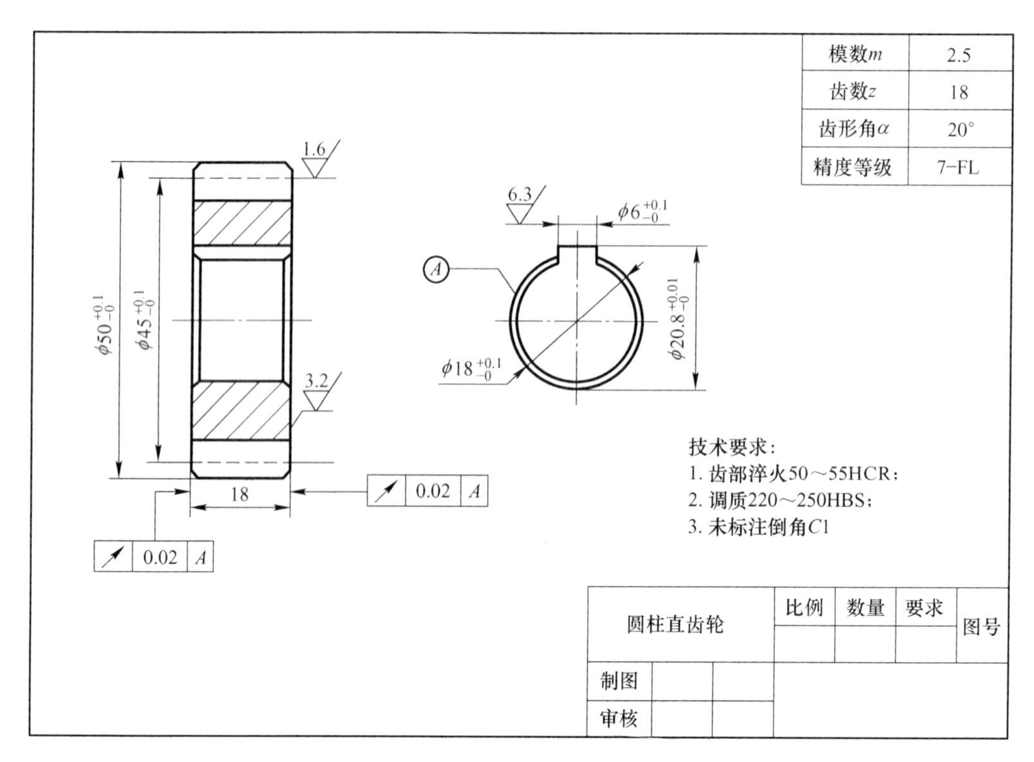

图 2-20　圆柱直齿轮零件图

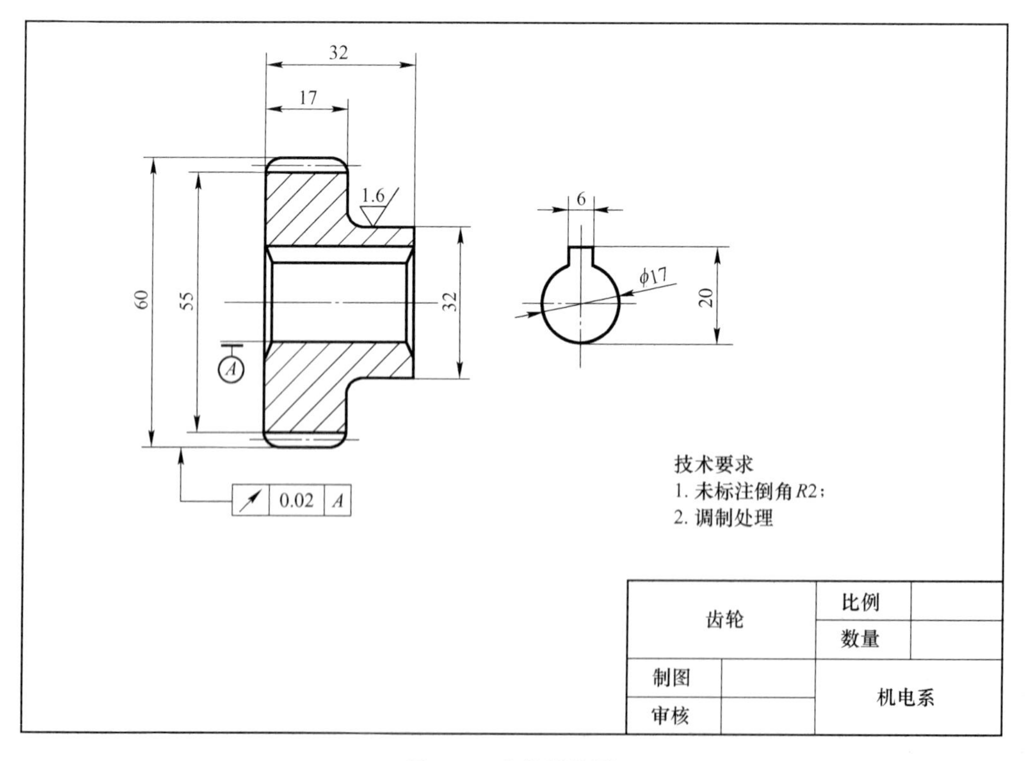

图 2-21　齿轮零件图

任务二　蜗 轮 蜗 杆

导入案例

蜗轮蜗杆（如图 2-22 所示）传动由于其自身的特点，常用于需要减速作用的场合，其传动比大，结构紧凑，蜗杆输入，蜗轮输出，反向传动具有自锁性，常用于需要传动比大的场合或者需要自锁的工作环境。

【任务目标】

（1）熟悉蜗轮蜗杆的主要参数及各部分尺寸的计算。

（2）掌握蜗轮蜗杆的规定画法，主要包括单蜗杆的画法、单蜗轮的画法和蜗轮蜗杆的啮合画法。

（3）结合实际能够熟练绘制蜗轮蜗杆。

图 2-22　蜗轮蜗杆

【任务分析】

（1）通过公式表格计算蜗轮蜗杆各部分参数。

（2）按照蜗轮、蜗杆的规定画法按要求分别绘制图形。

【相关知识】

文本标注：CAD 提供了一套完整的尺寸标注命令和工具，根据标注需要可以有针对性地对标注样式进行修改，所有的尺寸标注都有与之相关联的标注样式。系统默认的标注样式为 ISO-25，调用标注样式的方法如下。

（1）通过工具栏：在“样式”或“标注”工具栏中单击“标注样式”图标。

（2）通过键盘输入：DDIM，按回车键确定。

（3）通过菜单栏：选中“格式”下拉菜单中的“标注样式”命令。

弹出的“标注样式管理器”，如图 2-23 所示。

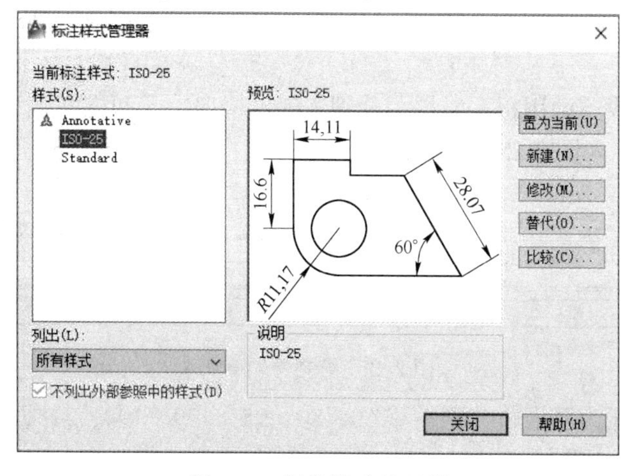

图 2-23　标注样式管理器

在弹出的标注样式管理器的右侧栏里分别包含“置为当前”“新建”“修改”“替换”和“比较”功能。

“置为当前”用于将修改或新建标注样式置为当前尺寸标注样式。

“新建”用于新建尺寸标注。

【任务实施】

一、创建“圆柱齿轮.dwg”图形文件

单击“标准”工具栏的“新建”按钮，新建一张图，打开“acadiso.dwt”文件，以“圆柱齿轮.dwg”为图名保存图形文件。

二、创建图层

单击“图层”工具栏上的“图层”按钮，弹出“图层特性管理器”对话框，在对话框中创建绘图需要的图层，设置各个图层的线型和线宽，如图 2-24 所示。

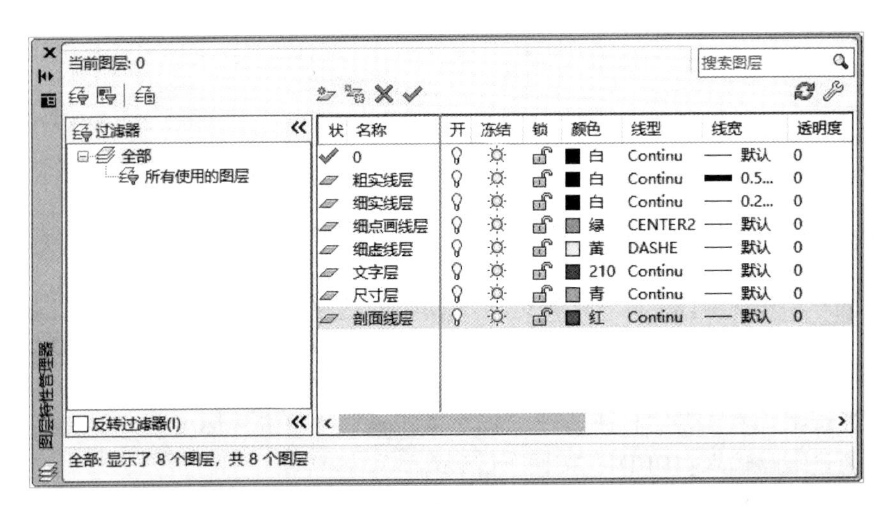

图 2-24　图层特性管理器

三、绘制视图

(1) 绘制水平线，调用粗实线层，分别将辅助线向上下两端各偏移 10、11、15、26，完成外轮廓的绘制，如图 2-25 所示。

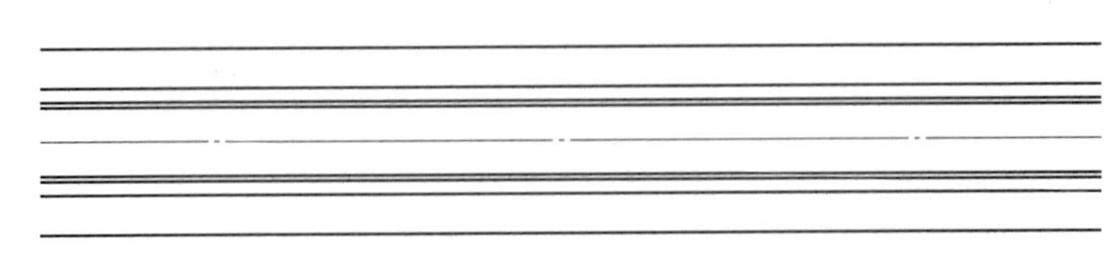

图 2-25　绘制外轮廓 1

(2) 以左侧垂线为基准，分别偏移 60、80、95、179、194、215，修剪后完成蜗杆外轮廓的绘制，如图 2-26 所示。

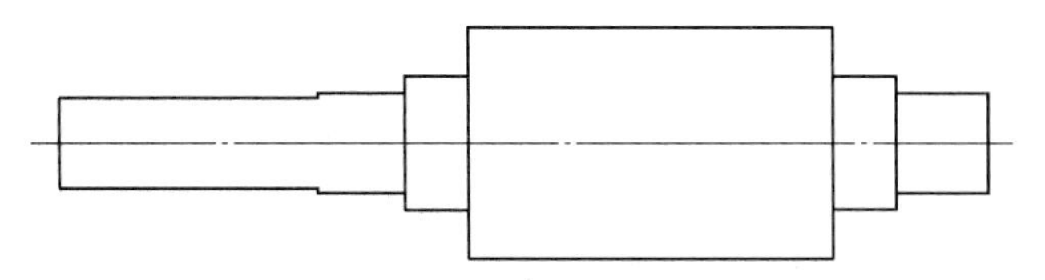

图 2-26　绘制外轮廓 2

（3）中心线分别向上下两端偏移 22，完成蜗杆分度圆的绘制，如图 2-27 所示。

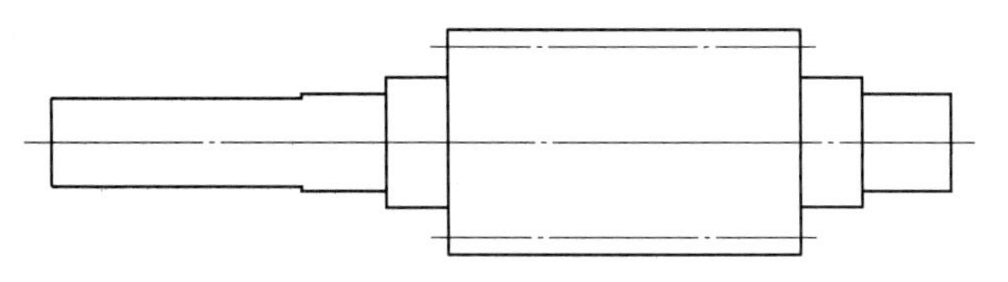

图 2-27　绘制外轮廓 3

（4）将左侧垂线向右分别偏移 8 和 40，做出键槽的两边界线，以 3 为半径，两端圆弧，如图 2-28 所示。

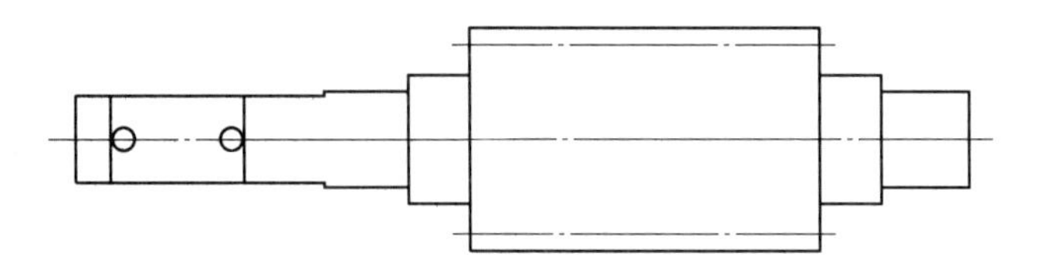

图 2-28　绘制外轮廓 4

（5）绘制左侧两圆的水平公切线，修剪多余线段，完成键槽的绘制，如图 2-29 所示。

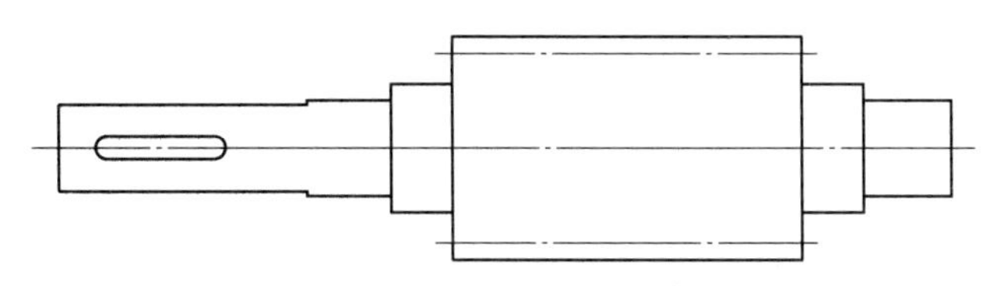

图 2-29　绘制外轮廓 5

（6）将左侧垂线向右偏移 1，调用“倒角”编辑命令，选择“距离（D）”选项，输入倒角距离值 2，开左侧上下两端倒角，如图 2-30 所示。

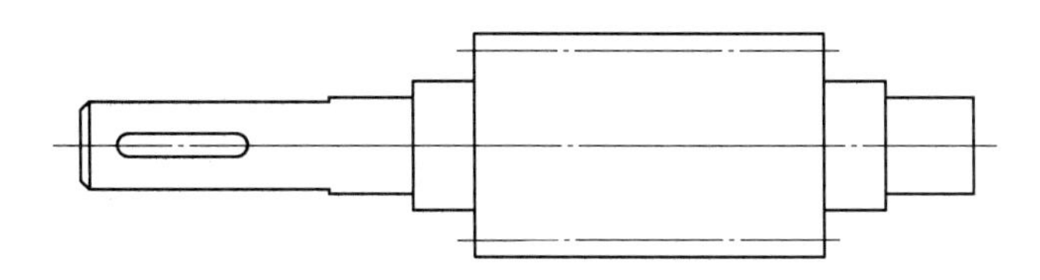

图 2-30　绘制外轮廓 6

（7）选用线性标注，对基本长度尺寸进行标注，如图 2-31 所示。

（8）调用菜单栏“标注”下拉菜单中的“公差”命令，以 A 为基准面对形位公差进行标注，如图 2-32 所示。

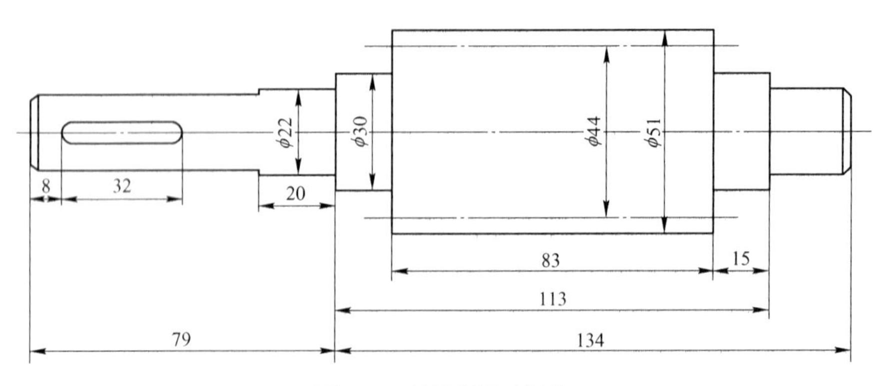

图 2-31　外轮廓尺寸标注

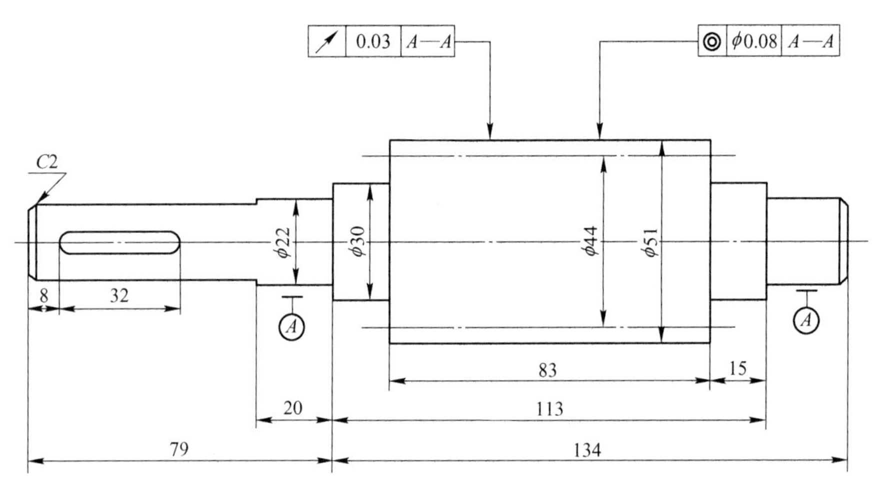

图 2-32　形位公差标注

（9）做左侧键槽任意处界面，完成剖视图绘制，如图 2-33 所示。

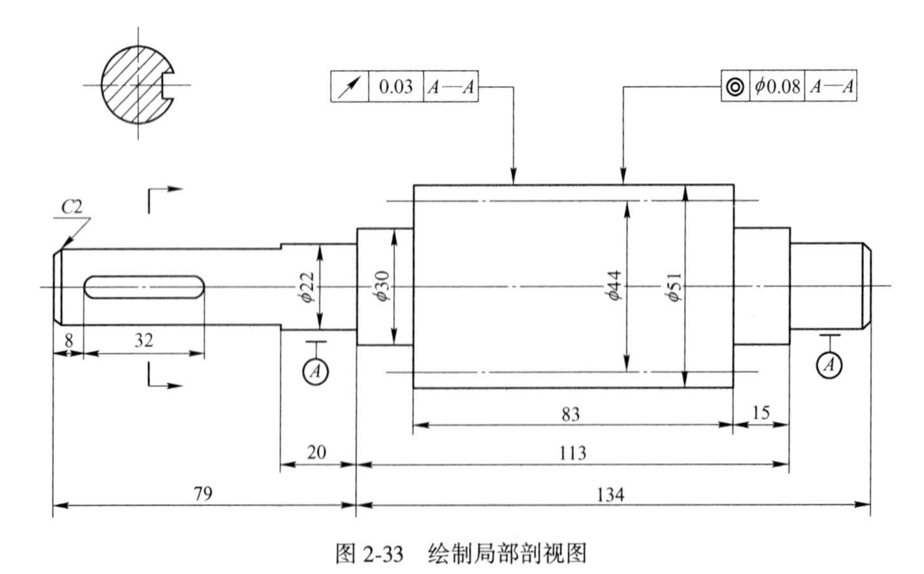

图 2-33　绘制局部剖视图

（10）标注标题栏，绘制蜗杆齿形剖面图，完成零件图的绘制，如图 2-34 所示。

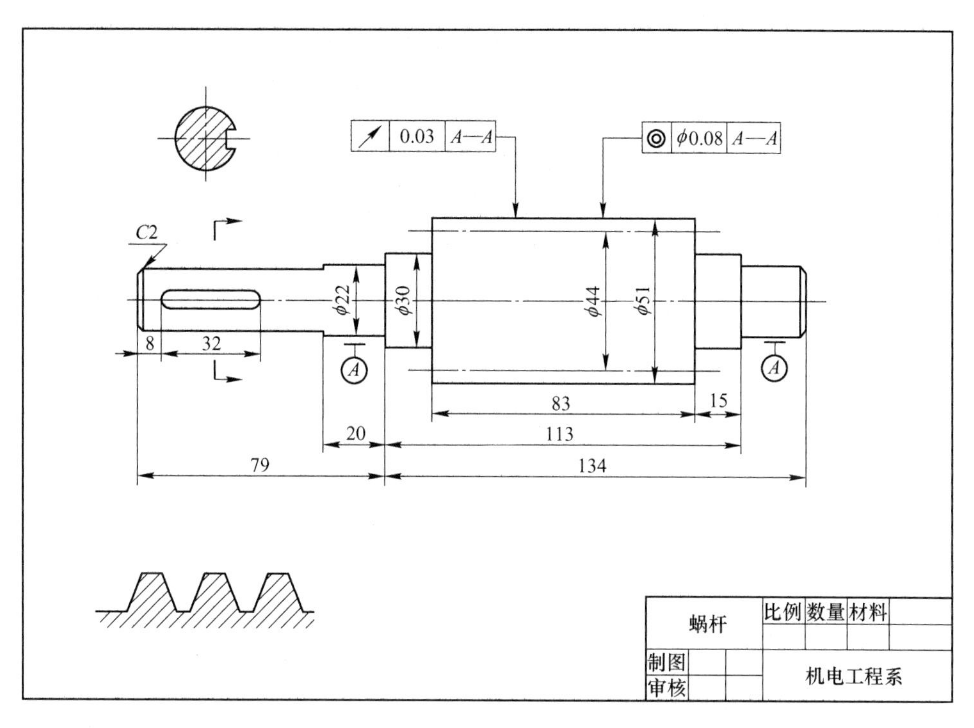

图 2-34　蜗杆零件图

【拓展训练】

结合蜗杆的绘制方法，绘制如图 2-35 所示轴类零件，按照需要设置图层，标注主要尺寸。

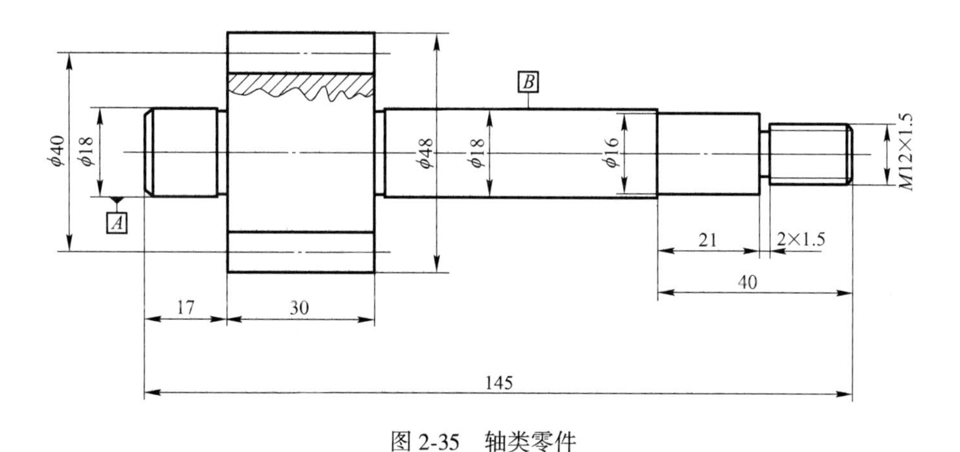

图 2-35　轴类零件

任务三　台虎钳装配图

导入案例

台虎钳（如图 2-36 所示）是专门夹持工件用的。台虎钳的规格指钳口的宽度，其类型有固定式和回转式两种。两者的主要构造和工作原理基本相同。由于回转式台虎钳的钳身可以相对于底座回转，能满足各种不同方位的加工需要，因此使用方便、应用广泛。

台虎钳的结构是由钳体、底座、导螺母、丝杠、钳口体等组成。活动钳身通过导轨与台虎钳固定钳身的导轨作滑动配合。丝杠装在活动钳身上，可以旋转，并与安装在固定钳身内的丝杠螺母配合，但不能轴向移动。

图 2-36　台虎钳

【任务目标】

（1）熟悉台虎钳的主要参数。

（2）掌握台虎钳零件块定义的画法，主要包括螺杆的画法、压板的画法、活动钳身以及固定钳身的画法。

（3）结合实际能够熟练绘制多零件装配图。

【任务分析】

（1）参考台虎钳实际尺寸确定各零件参数。

（2）按照块定义的画法按要求分别绘制零件。

（3）按正确位置完成台虎钳装配图绘制。

【相关知识】

外部块的创建：

（1）将定义的块作为单独文件进行保存，可以将所定义的块插入到所有的图形文件中。

（2）调用命令为：键盘输入“wblock”，回车后弹出“写块”对话框，如图 2-37 所示。

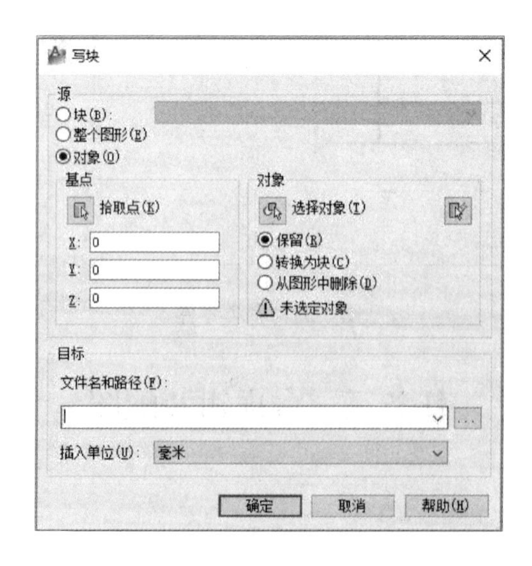

图 2-37　“写块”对话框

各选项区的功能主要如下：

1）“源”文本框：可从“块”“整个图形”“对象”中选择定义块的来源。

2）“目标”文本框：通过“目标”文本框可对块的文本名和路径进行选定，“插入单位”下拉菜单可选择指定的缩放单位。

【任务实施】

一、绘制固定钳身图块

（一）创建“固定钳身 . dwg”图形文件

单击“标准”工具栏的“新建”按钮，新建一张图，打开“acadiso. dwt”文件，以“固定钳身 . dwg”为图名保存图形文件。

（二）创建图层

单击“图层”工具栏上的“图层”按钮，弹出“图层特性管理器”对话框，在对话框中创建绘图需要的图层，设置各个图层的线型和线宽，如图 2-38 所示。

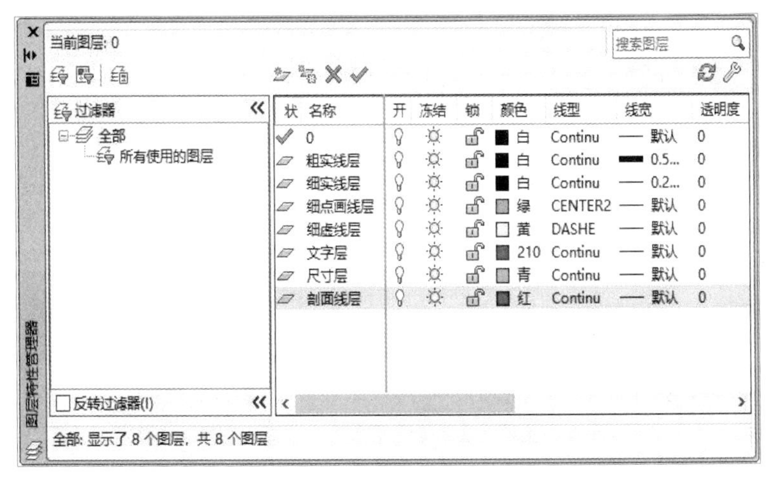

图 2-38　图层特性管理器

（三）绘制视图

（1）调用点画线层为当前图层，绘制两条相交的垂线，确定基准。选择粗实线层绘制固定钳身外轮廓，按照固定钳身的尺寸完成主视图的绘制，如图 2-39 所示。

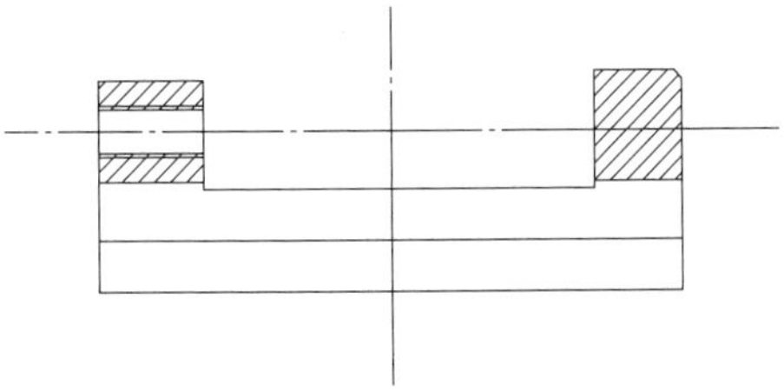

图 2-39　绘制固定钳身主视图

（2）以水平线为基准，绘制固定钳身左视图，如图 2-40 所示。

（3）以垂直点画线为基准线，绘制固定钳身俯视图，如图 2-41 所示。

固定钳身三视图绘制完成后，分别做 3 个块文件保存，便于装配图三视图的绘制。

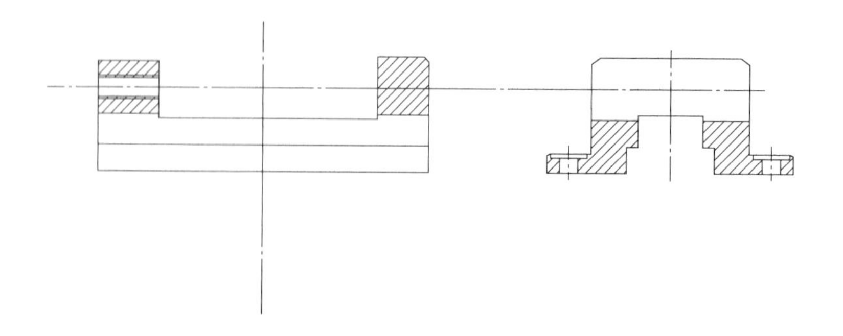

图 2-40　绘制固定钳身左视图

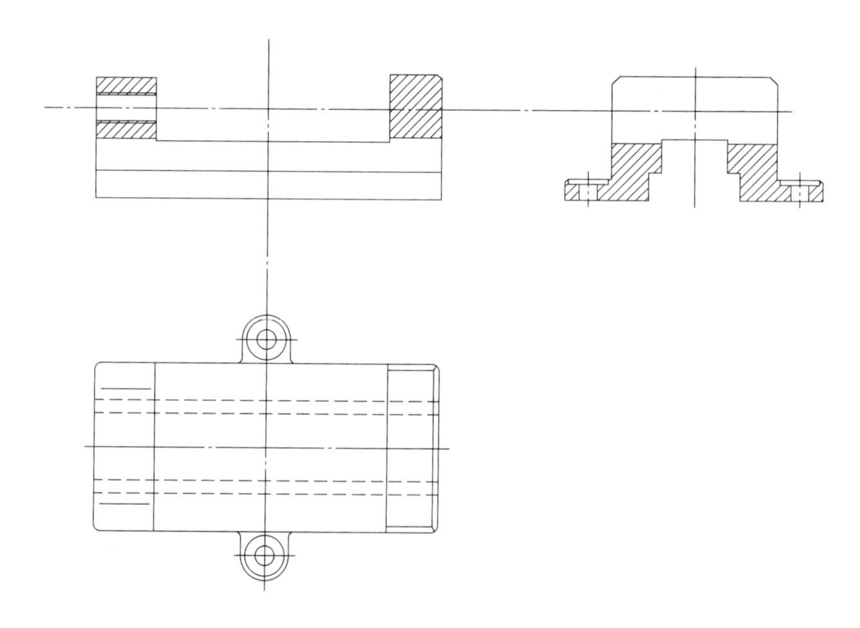

图 2-41　绘制固定钳身俯视图

二、活动钳身的绘制

（一）创建“活动钳身.dwg”图形文件

单击“标准”工具栏的“新建”按钮，新建一张图，打开“acadiso.dwt”文件，以“活动钳身.dwg”为图名保存图形文件。

（二）创建图层

单击“图层”工具栏上的“图层”按钮，弹出“图层特性管理器”对话框，在对话框中创建绘图需要的图层，设置各个图层的线型和线宽，如图 2-42 所示。

（三）绘制视图

（1）调用点划线层为当前图层，选择直线绘制命令，打开正交模式，绘制两条垂线，确定活动钳身主视图基准线。按照活动钳身尺寸绘制活动钳身主视图，如图 2-43 所示。

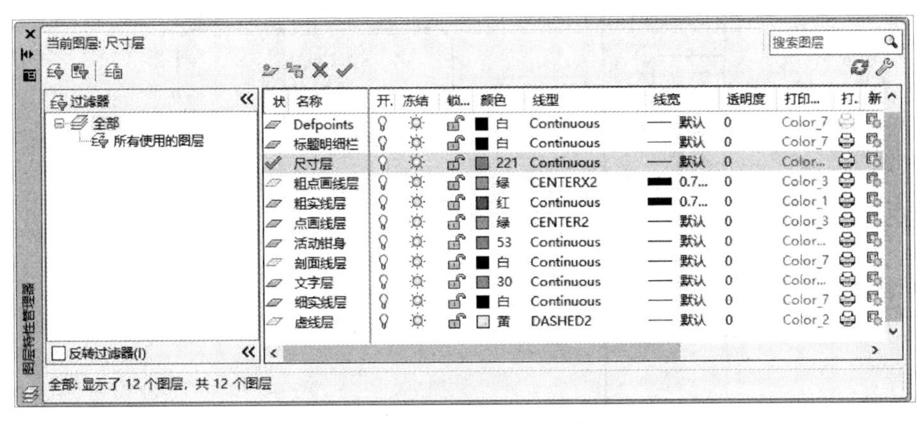

图 2-42　图层特性管理器

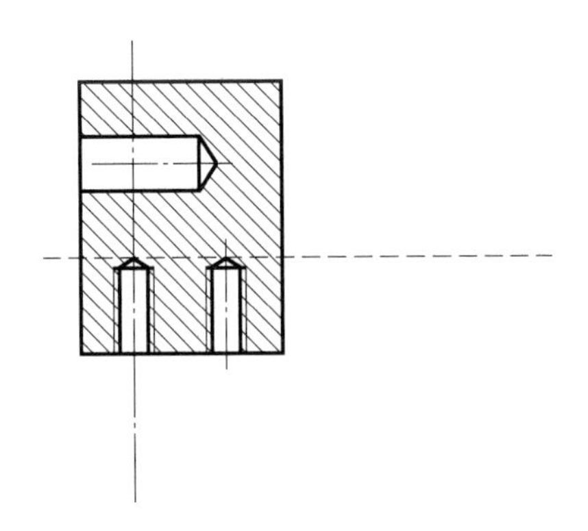

图 2-43　绘制活动钳身主视图

（2）以水平点画线为基准，绘制活动钳身左视图，如图 2-44 所示。

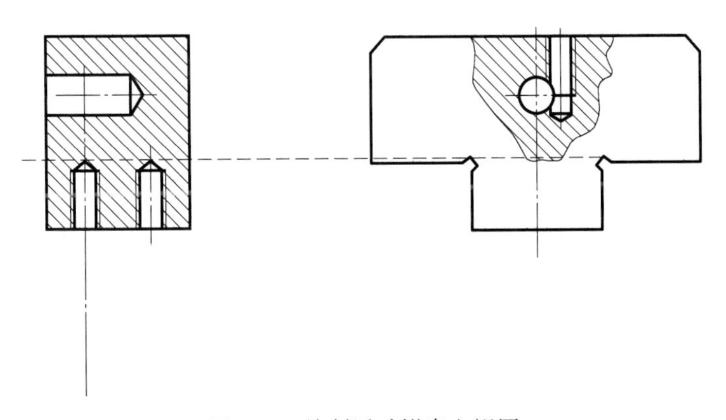

图 2-44　绘制活动钳身左视图

（3）以垂直点画线为基准，绘制活动钳身俯视图，如图 2-45 所示。

活动钳身三视图绘制完成后，分别做 3 个块文件保存，便于装配图三视图的绘制。

三、螺杆的绘制

调用粗实线层，完成螺杆的绘制，如图 2-46 所示。

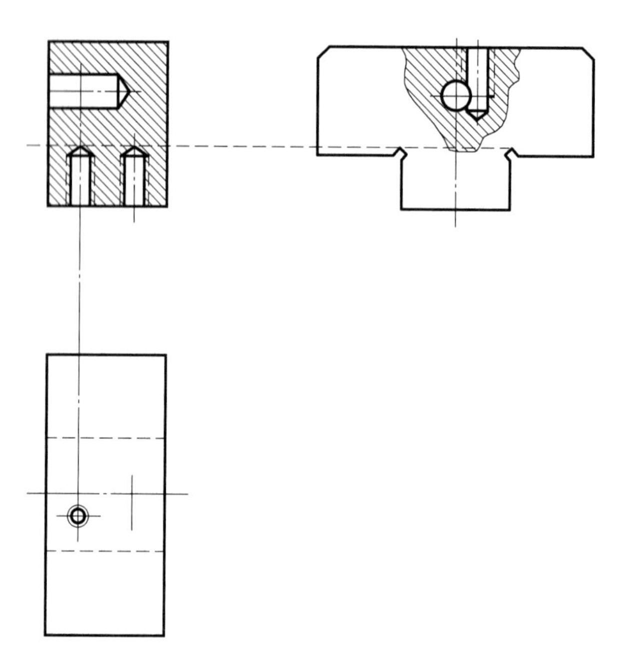

图 2-45　绘制活动钳身俯视图

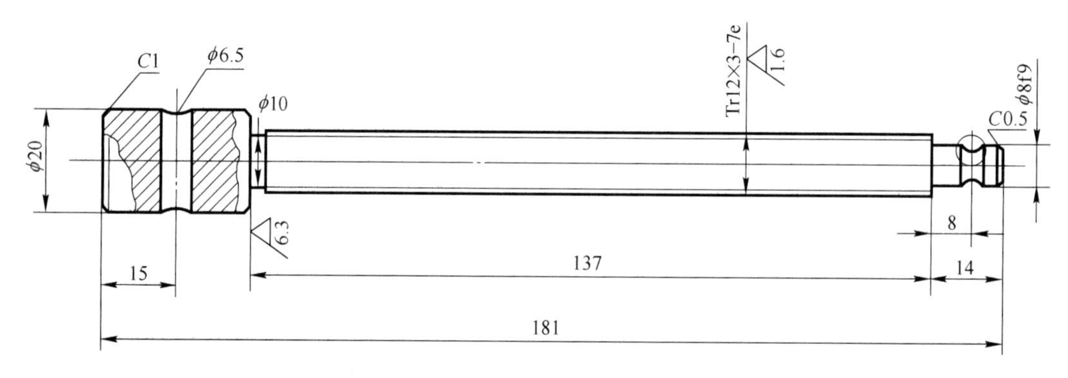

图 2-46　绘制螺杆

四、手柄的绘制

选用点画线层为当前图层，调用直线绘制命令，确定制水平辅助线，完成手柄的绘制，如图 2-47 所示。

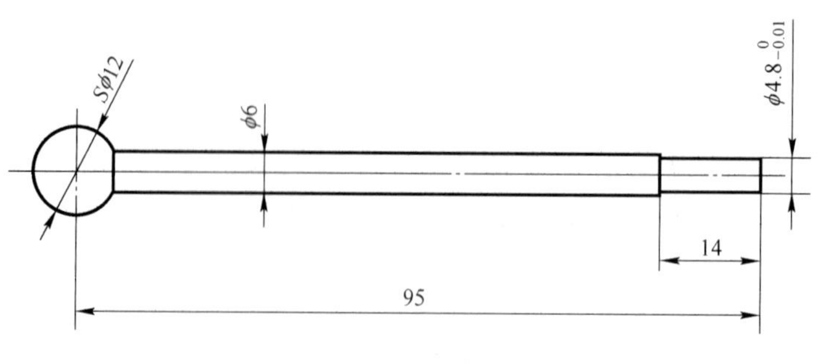

图 2-47　绘制手柄

五、完成压板三视图的绘制

按尺寸完成压板三视图的绘制，如图 2-48 所示。

六、绘制与手柄相连的球头

绘制与手柄相连的球头，如图 2-49 所示。

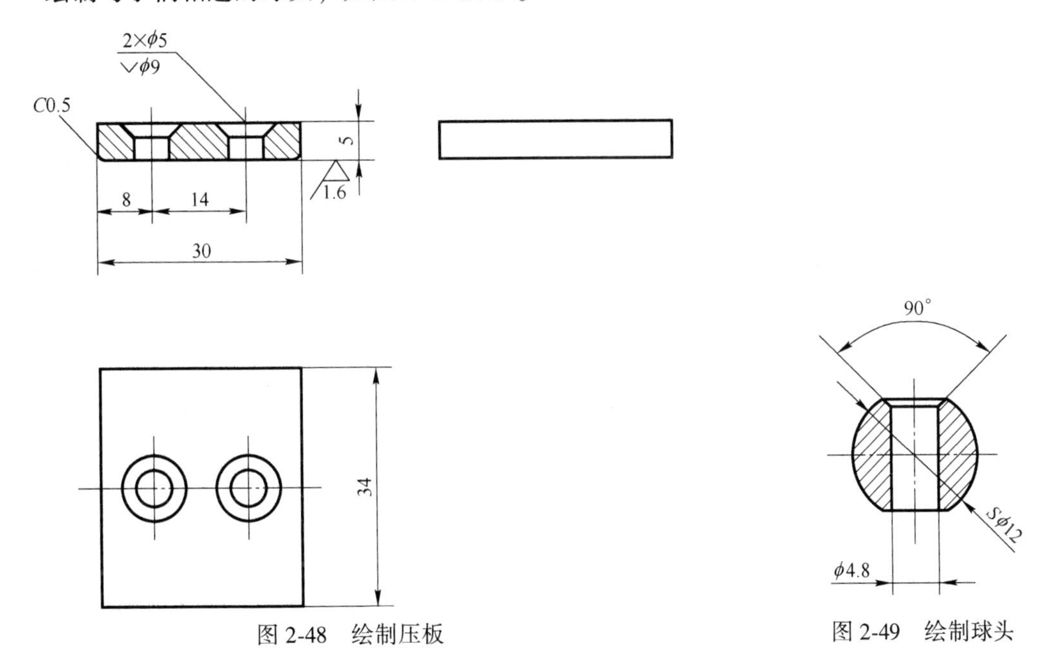

图 2-48　绘制压板　　　图 2-49　绘制球头

七、完成视图的装配

各零件绘制完成并以外部块的形式保存后，按照装配示意图依次完成主视图、左视图和俯视图的装配，如图 2-50～图 2-52 所示。

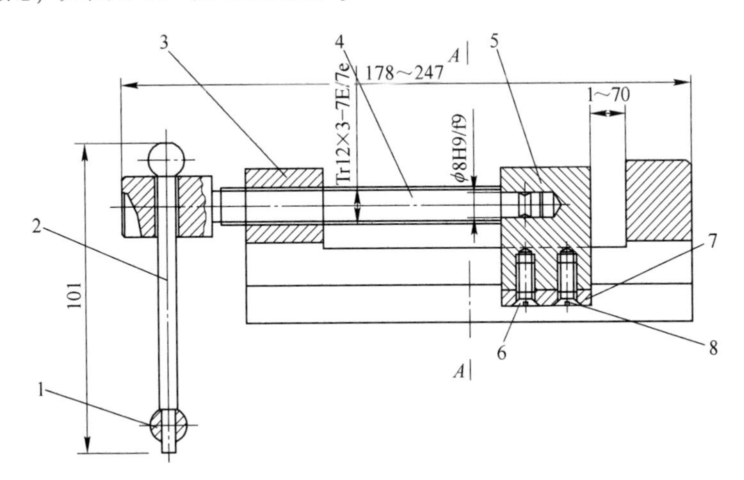

图 2-50　台虎钳装配主视图

1—球头；2—手柄；3—固定钳身；4—螺杆；5—活动钳身；6，8—螺钉；7—压板

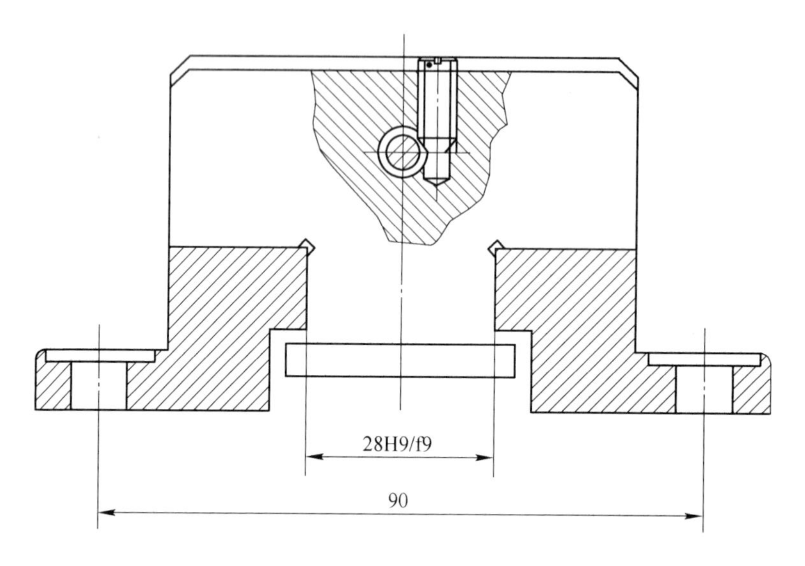

图 2-51　台虎钳装配左视图

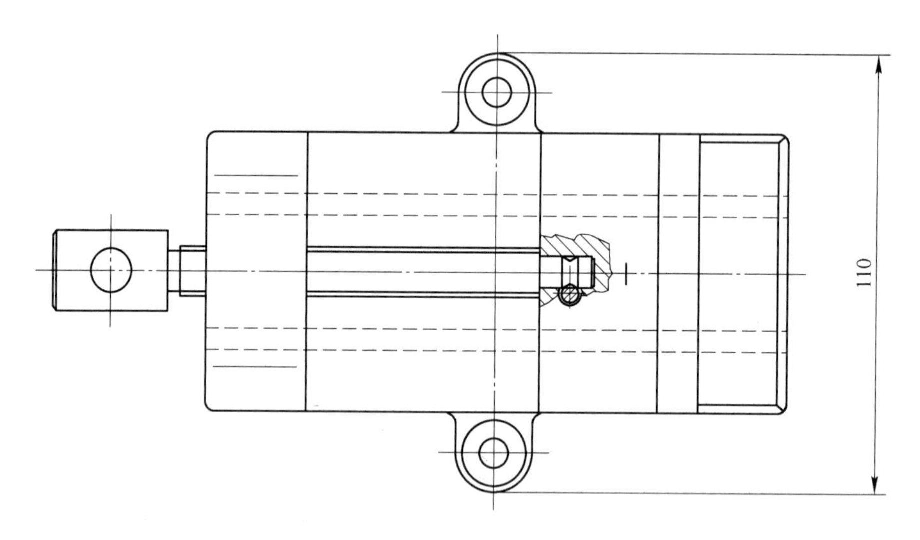

图 2-52　台虎钳装配俯视图

【拓展训练】

结合台虎钳装配图的绘制方法，绘制齿轮泵装配图（如图 2-53～图 2-59 所示），按照需要设置图层。

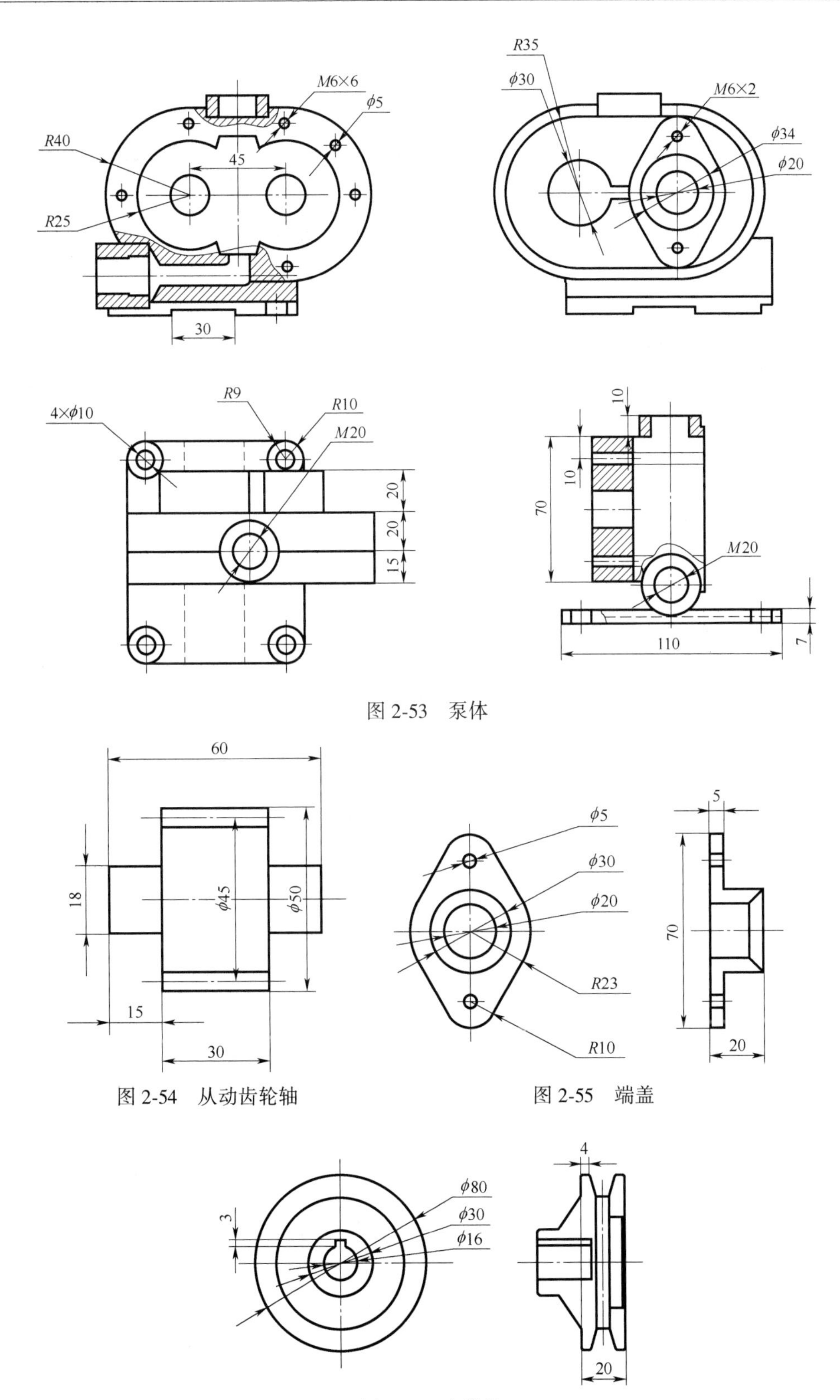

图 2-53　泵体

图 2-54　从动齿轮轴

图 2-55　端盖

图 2-56　皮带轮

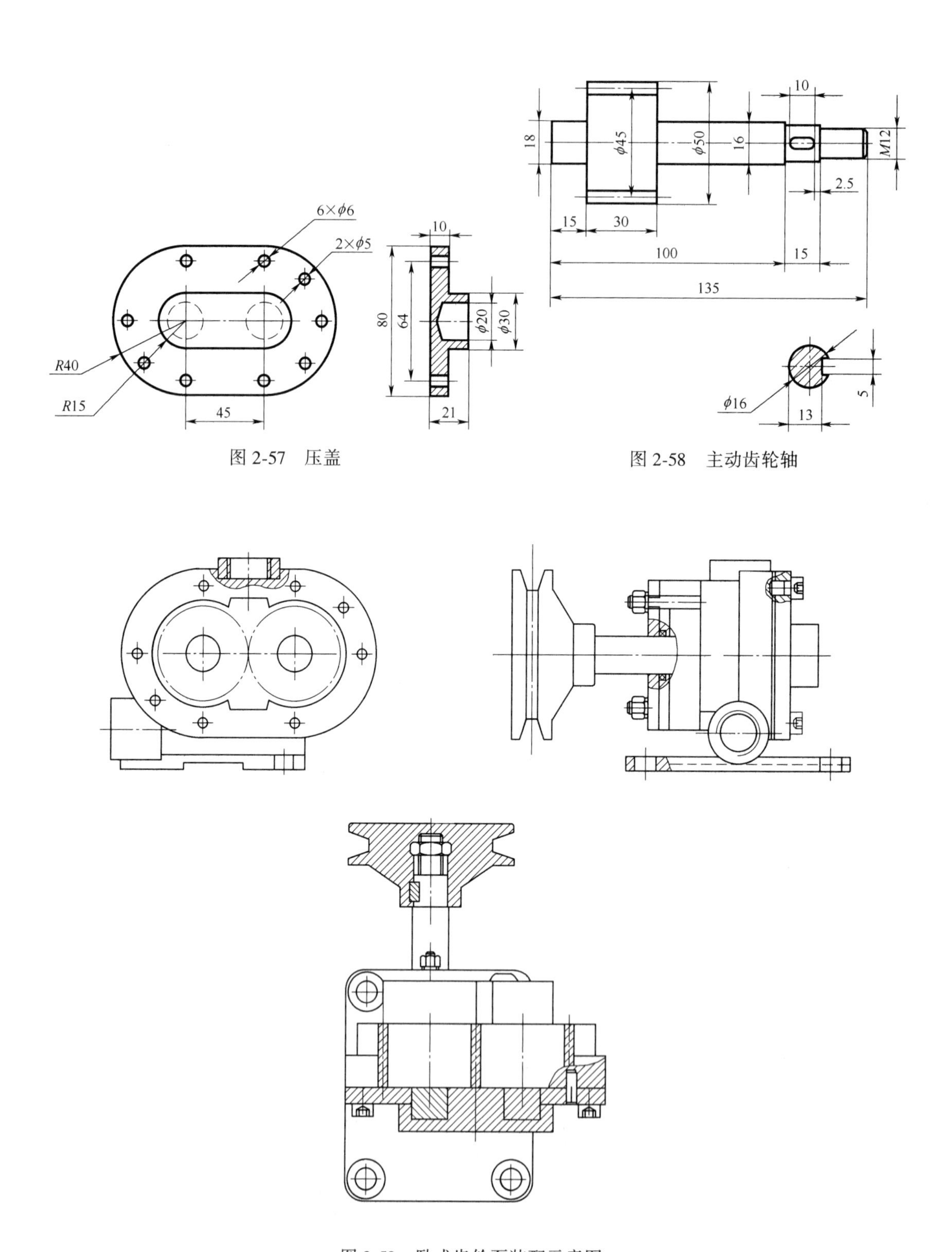

图 2-57　压盖

图 2-58　主动齿轮轴

图 2-59　卧式齿轮泵装配示意图

上机练习

2-1　设置绘图环境。

（1）图幅设置要求：根据图形大小绘制 A4（竖放）或 A3（横放）图框，按照如图所示图形尺寸，按 1∶1绘图并标注尺寸。

（2）图层设置要求：将轮廓线、中心线、虚线、标注以及图案填充等用适当的颜色、线型和线宽区分。

（3）尺寸标注样式中字体用“isocp. shx”，倾斜 15°。

（4）将图形文件以“模块二练习”为文件名保存在指定目录下。

2-2　按要求绘制图 2-60～图 2-66 常见平面图。

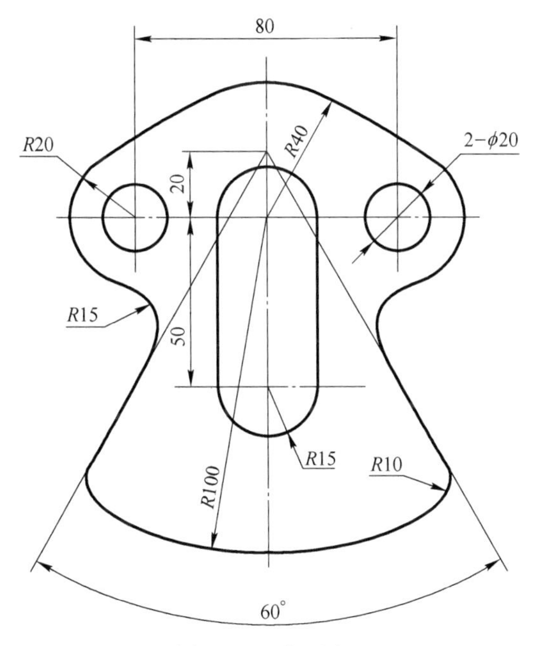

图 2-60　平面图一

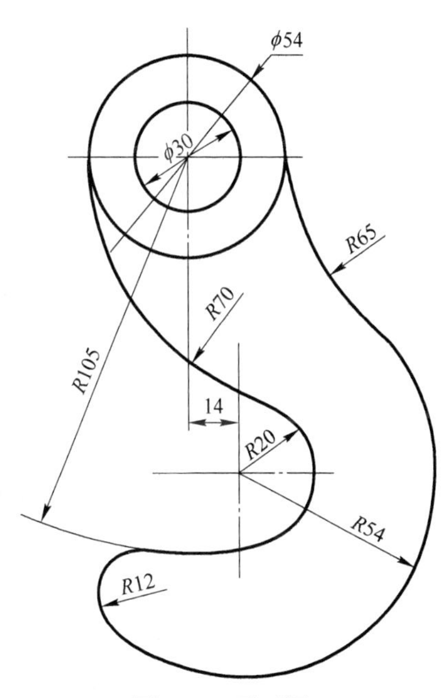

图 2-61　平面图二

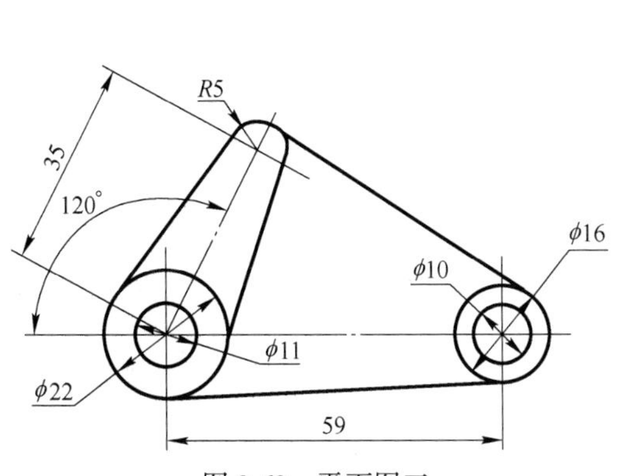

图 2-62　平面图三

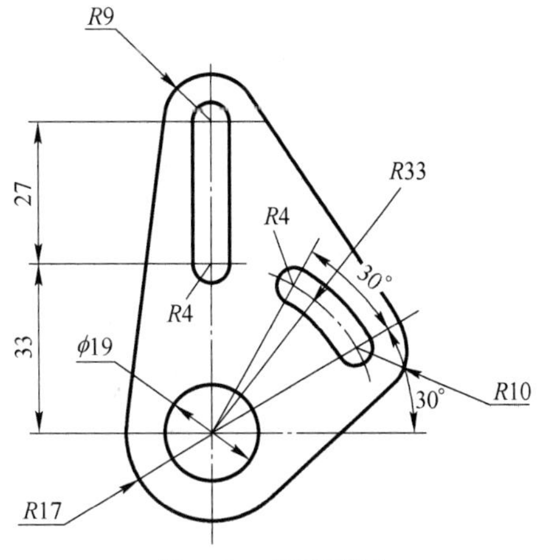

图 2-63　平面图四

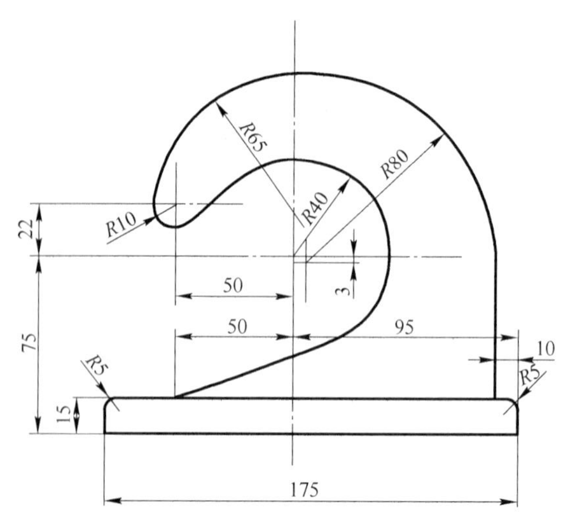

图 2-64　平面图五

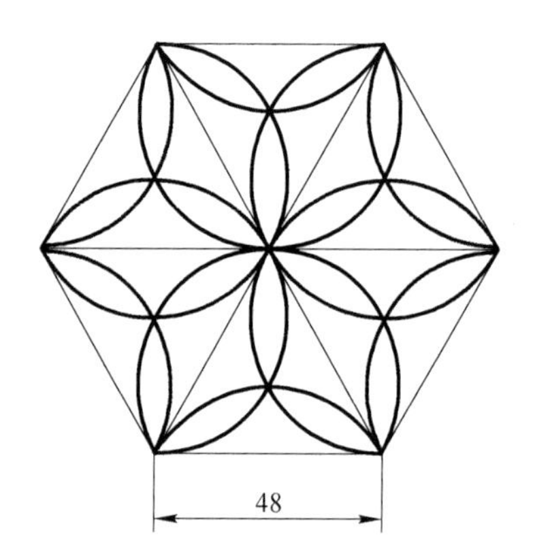

图 2-65　平面图六

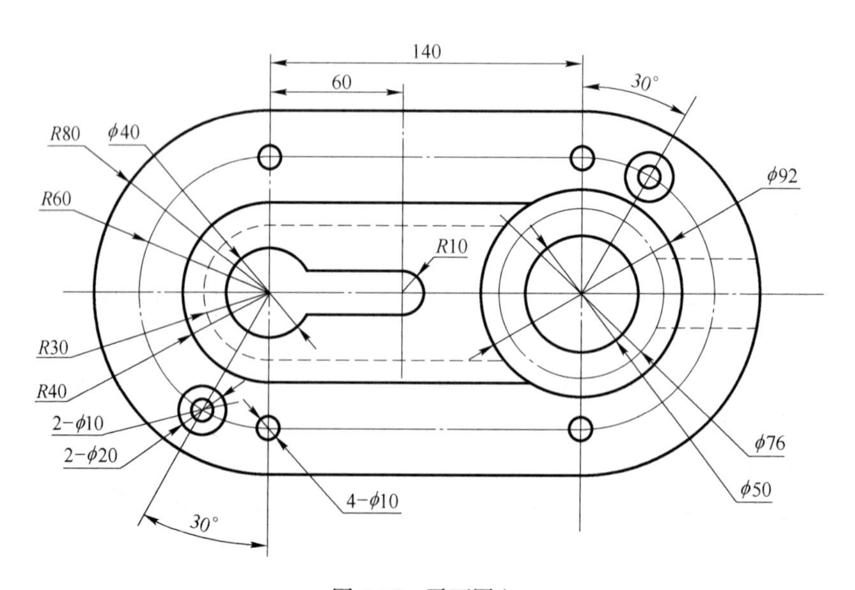

图 2-66　平面图七

2-3 按要求绘制图 2-67~图 2-73 零件图。

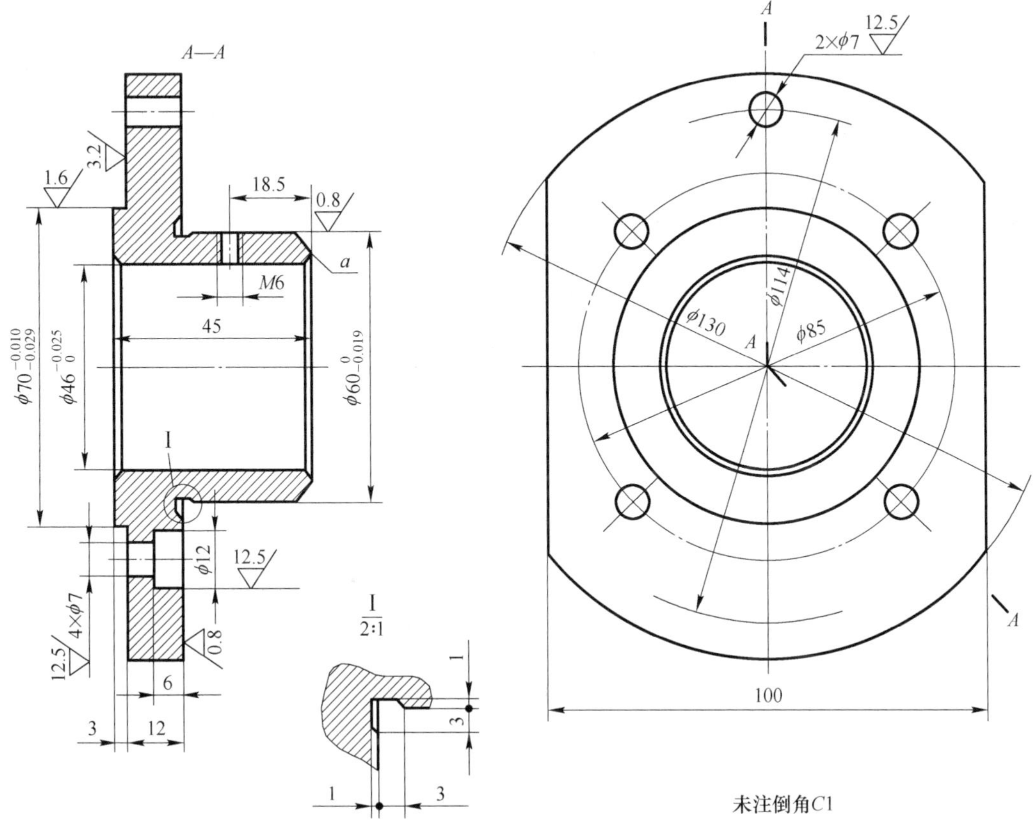

图 2-67 零件图一

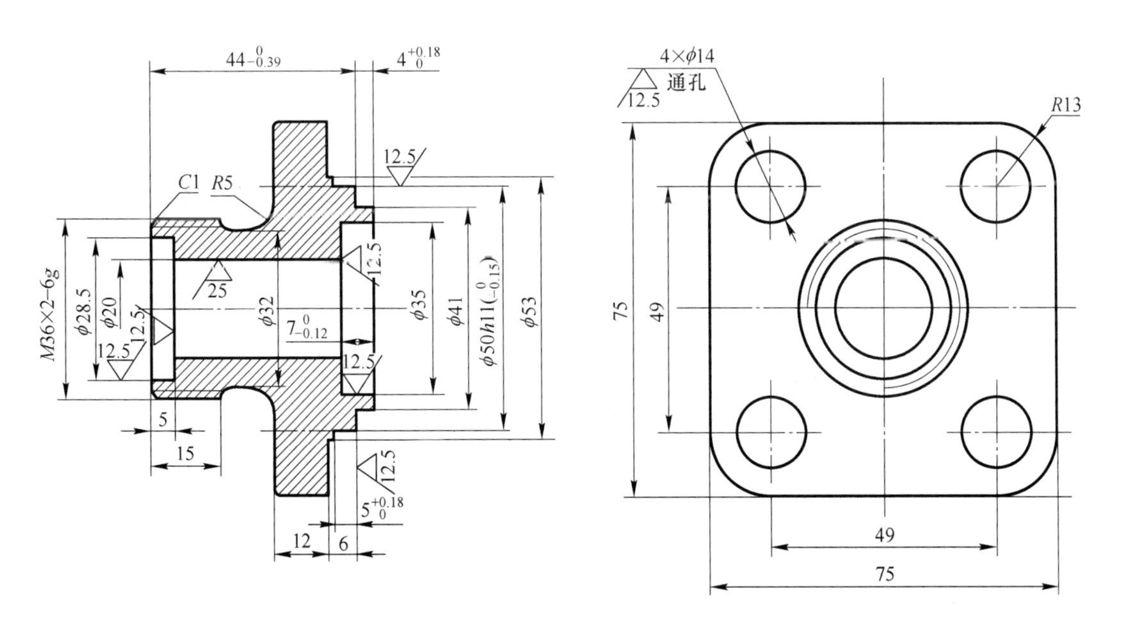

图 2-68 零件图二

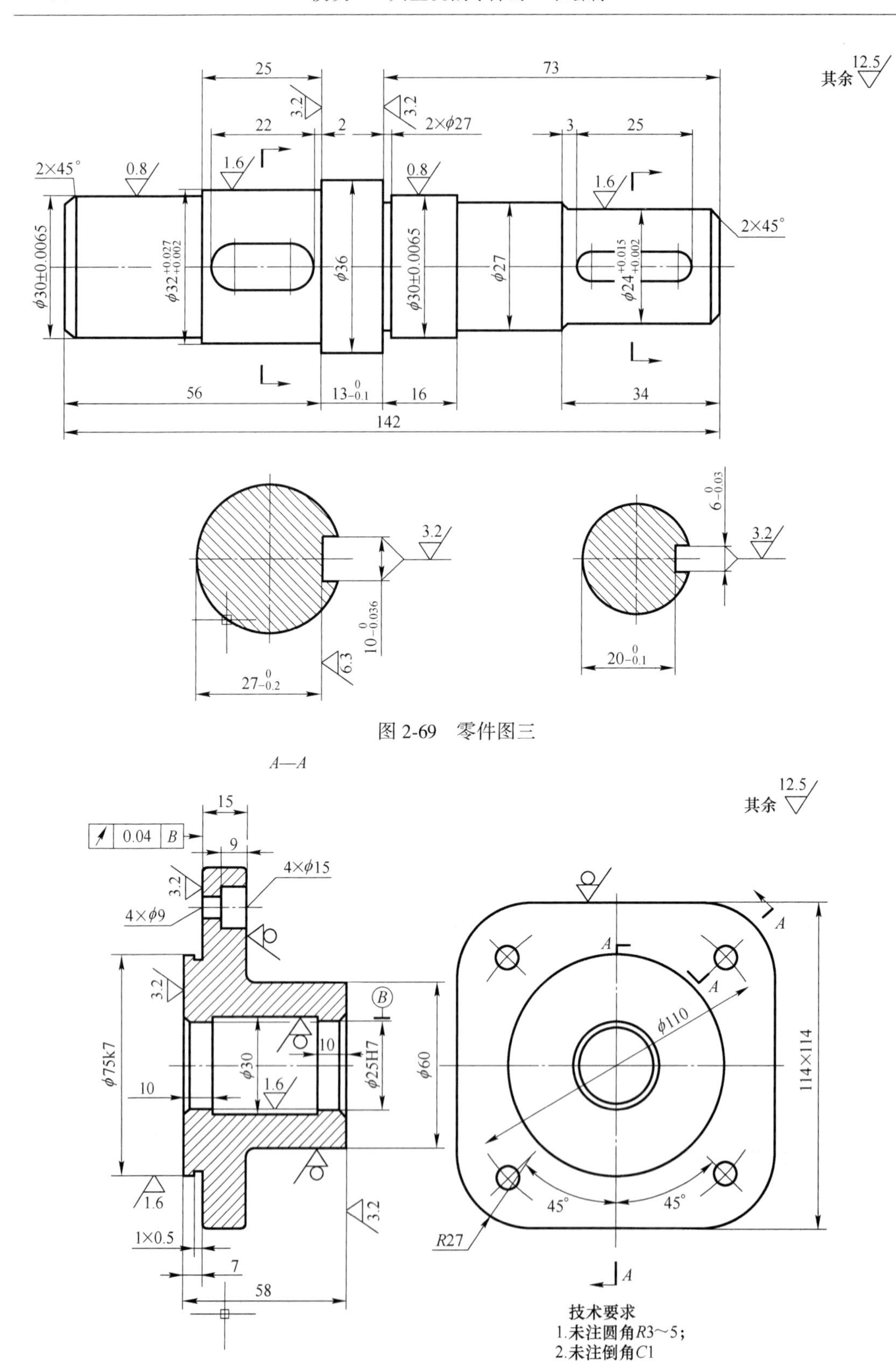

图 2-69　零件图三

图 2-70　零件图四

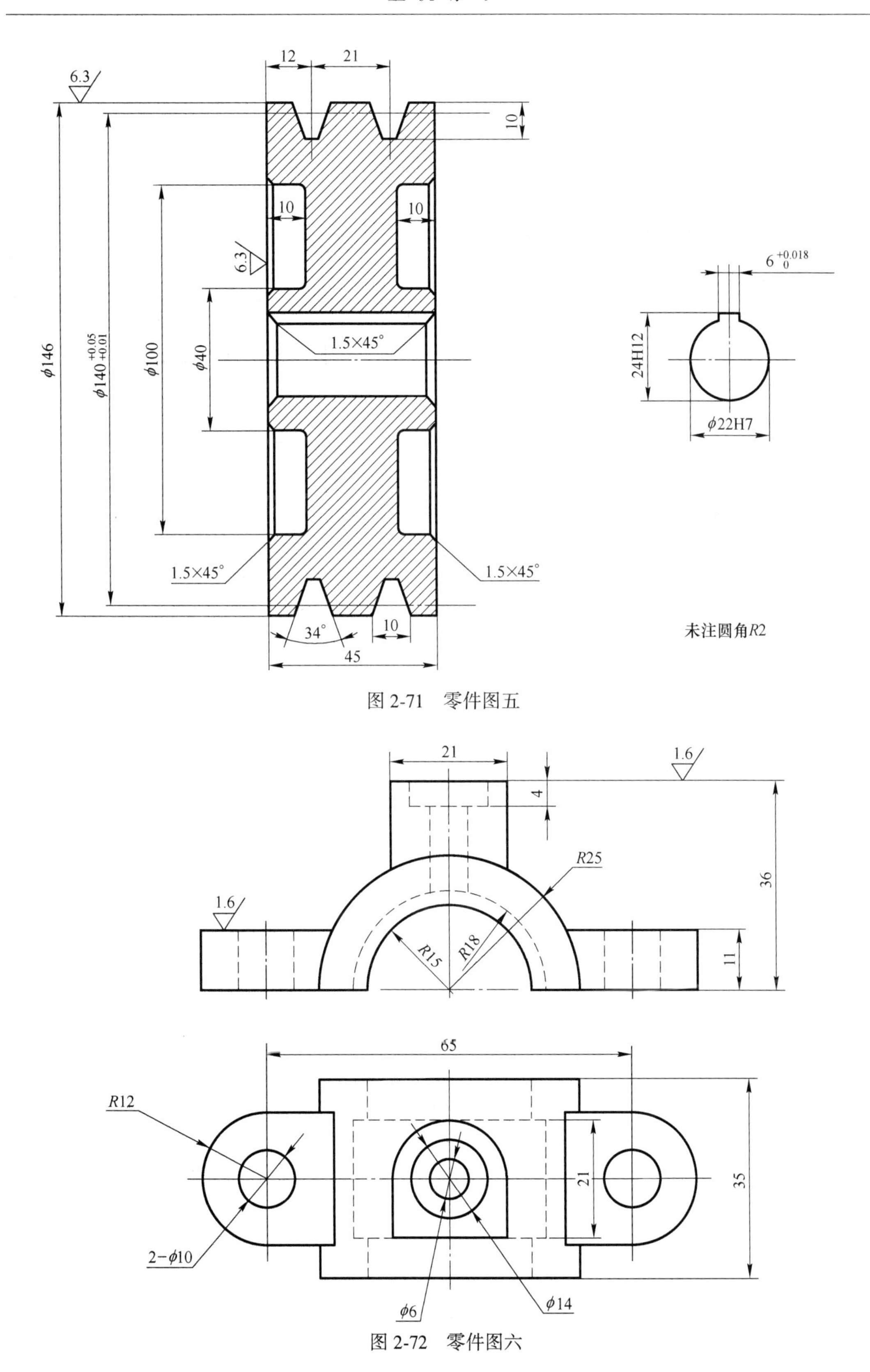

图 2-71　零件图五

图 2-72　零件图六

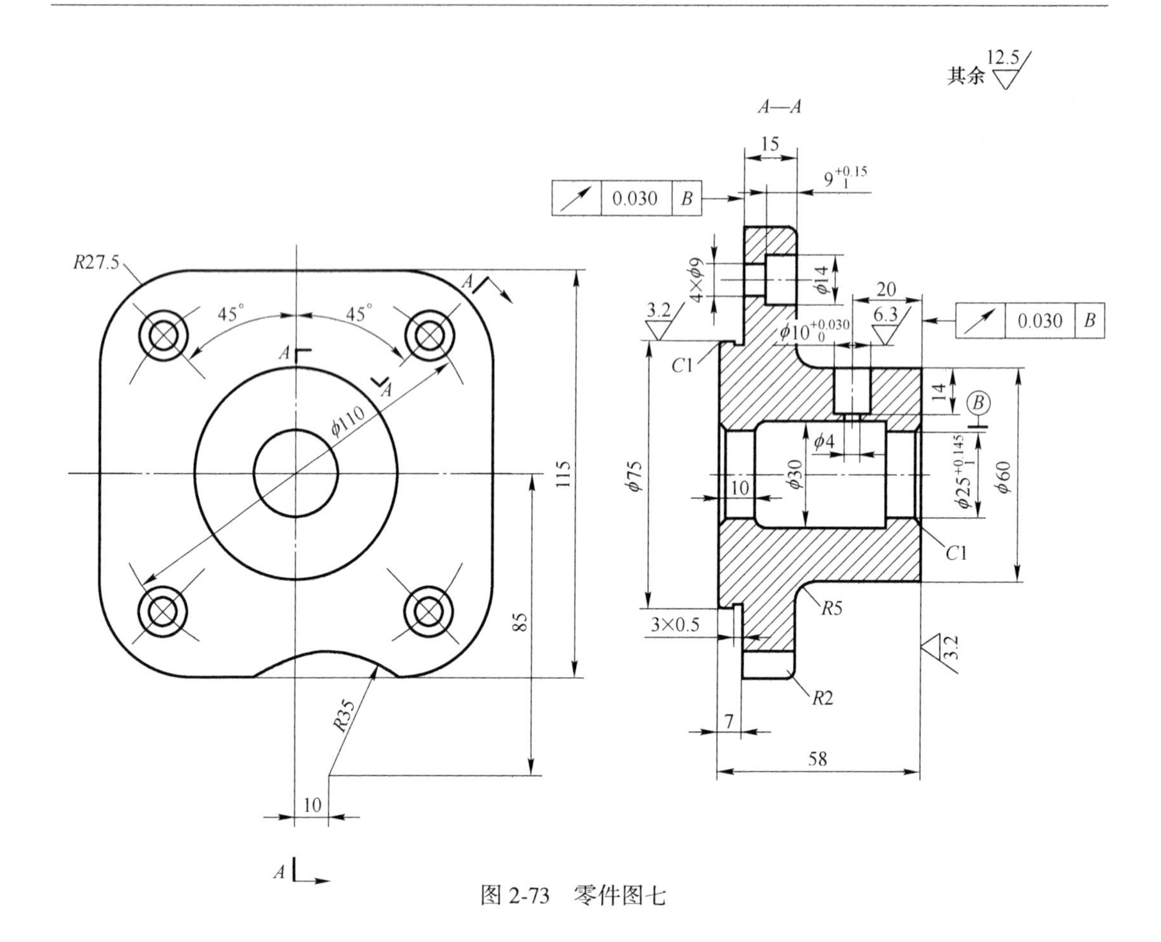
其余 12.5
A—A
15
$9^{+0.15}_{1}$
0.030 B
R27.5
45°
45°
A
$\phi110$
4×$\phi9$
$\phi14$
20
3.2
6.3
$\phi10^{+0.030}_{0}$
C1
14
B
$\phi4$
$\phi30$
$\phi25^{+0.145}_{1}$
$\phi60$
$\phi75$
10
115
85
C1
R5
3×0.5
3.2
R2
R35
7
58
10

图 2-73　零件图七

模块三　轴测图绘制基础

学习目标

知识目标	（1）了解轴测图的作用及分类； （2）掌握轴测图的形成和基本作图原理； （3）掌握轴测轴、轴测平面和轴向伸缩系数的概念和应用； （4）学会利用形体分析法绘制基本立体和组合体。
能力目标	（1）掌握正等轴测图、斜二等轴测图的绘制方法； （2）熟悉并掌握常用实体绘图命令在轴测图中的应用； （3）熟悉并掌握图形编辑命令在轴测图中的使用方法； （4）掌握轴测图的尺寸标注及书写文本方法。

任务一　轴测图基本内容

导入案例

轴测图（如图 3-1 所示）是一种单面投影图，在一个投影面上能同时反映出物体 3 个坐标面的形状，并接近于人们的视觉习惯，形象、逼真，富有立体感。但轴测图一般不能反映出物体各表面的实形，因而度量性差，同时作图较复杂。因此，在工程上常把轴测图作为辅助图样，用于说明机器的结构、安装、使用等情况，在设计中，用轴测图帮助构思、想象物体的形状，以弥补正投影图的不足。

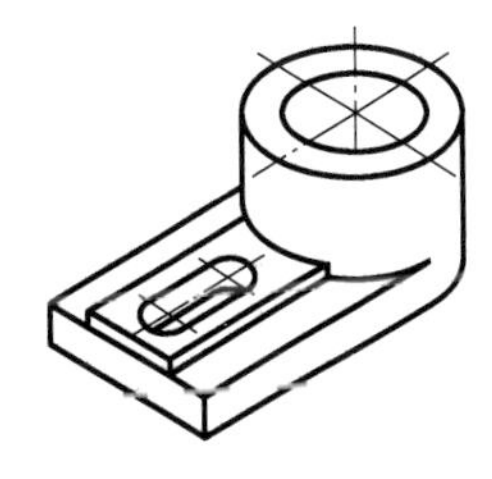

图 3-1　零件轴测图

【任务目标】

（1）掌握轴测图的基本画法。

（2）学会等轴测图绘制环境的设置。

（3）掌握在轴测投影模式下常用绘图与编辑命令的使用。

【任务分析】

（1）通过对轴测图基本内容的学习，掌握平面立体正等轴测图的画法及正确的表达方式。

（2）启动 CAD，激活轴测投影模式，设置等轴测图绘图环境。

（3）以简单零件轴测图为例，练习在轴侧投影模式下基本绘图与编辑命令的使用。

【相关知识】

一、轴测图的基本知识

（一）轴测图的形成

轴测图是单面投影，为了得到轴测图只需一个投影面，但物体对于投影面必须处于倾斜位置，这样物体的长、宽、高三个方向的尺寸在投影图上均有所反映，可以得到一个具有立体感的图形，称为轴测图，如图 3-2 所示。

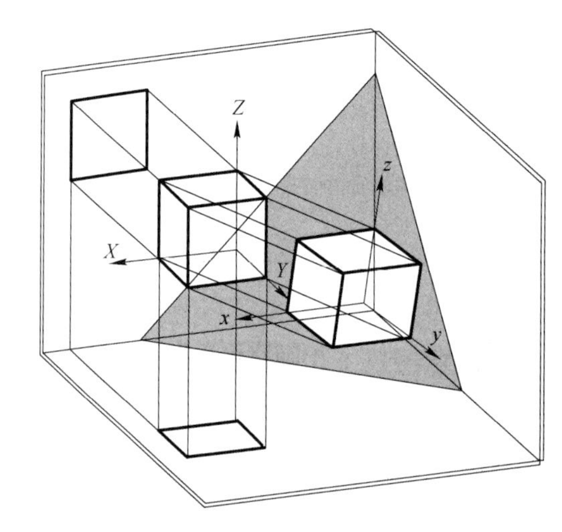

图 3-2　轴测图的形成

若投射线与投影面 *P* 垂直，则得到正等轴测图；若投射线与 *P* 面倾斜一定的角度，则可得到斜二等轴测图或正二等轴测图。

（二）轴间角和轴向伸缩系数

空间直角坐标系的 *OX*、*OY*、*OZ* 轴在轴测投影面上的投影叫轴测轴。两个轴测轴之间的夹角叫轴间角。

轴测轴上的线段与空间坐标轴上对应线段的长度比，称为轴测图的轴向伸缩系数。*OX*、*OY*、*OZ* 轴的轴向伸缩系数分别用 p、q、r 表示。三种常用轴测图的轴间角和轴向伸缩系数见表 3-1。

二、平面立体正等轴测图的画法

（一）坐标法

坐标法是画轴测图最基本的方法，先在物体三视图中确定坐标原点和坐标轴，然后按物体上各点的坐标关系采用简化轴向伸缩系数依次画出各点的轴测图，由点连线得到物体的正等轴测图，如图 3-3 所示。

表 3-1 轴间角和轴向伸缩系数

内容	立方体的图形	轴间角	轴向缩短系数 （简化轴向缩短系数）
正等测	30°，30°	Z，X，Y，O；120°，120°，120°	Z，X，Y，O；0.82(1)，0.82(1)，0.82(1)
正二测	41°25′，7°10′	Z，X，Y，O；97°，131°25′，131°25′	Z，X，Y，O；0.94(1)，0.94(1)，0.47(0.5)
斜二测	45°	Z，X，Y，O；90°，135°，135°	Z，X，Y，O；1，1，0.5

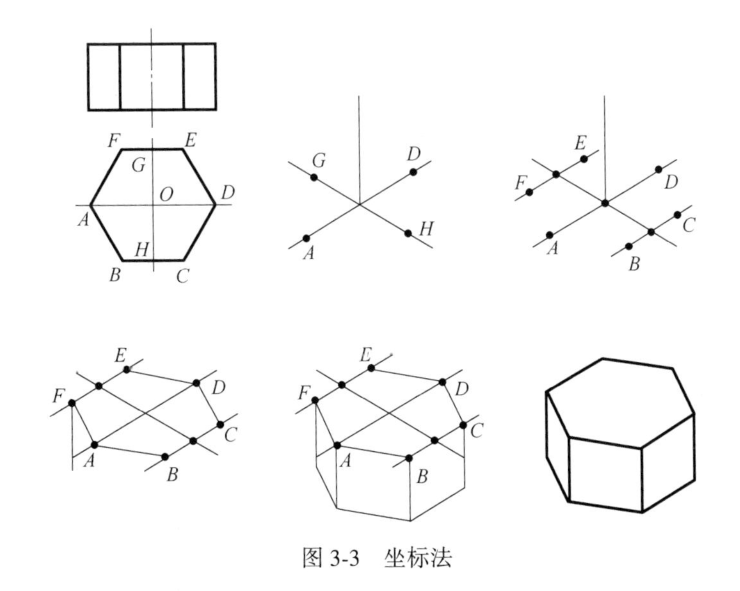

图 3-3 坐标法

（二）切割法

当平面立体上的平面多数和坐标平面平行时，可采用叠加或切割的方法绘制，画图时，可先画出基本形体的轴测图，然后再用叠加切割法逐步完成作图，如图 3-4 所示。

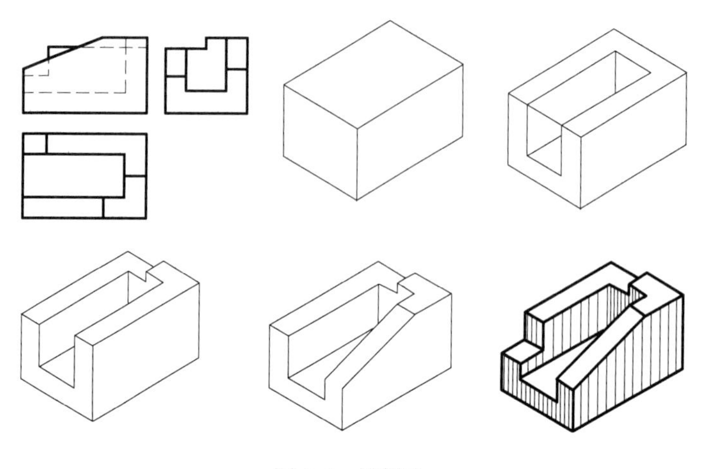

图 3-4　切割法

(三) 叠加法

绘制轴测图时，应采用形体分析法画图，先画基本形体，然后从大的形体着手，由大到小，采用叠加的方法逐步完成。在叠加时，要注意形体位置的确定，如图 3-5 所示。

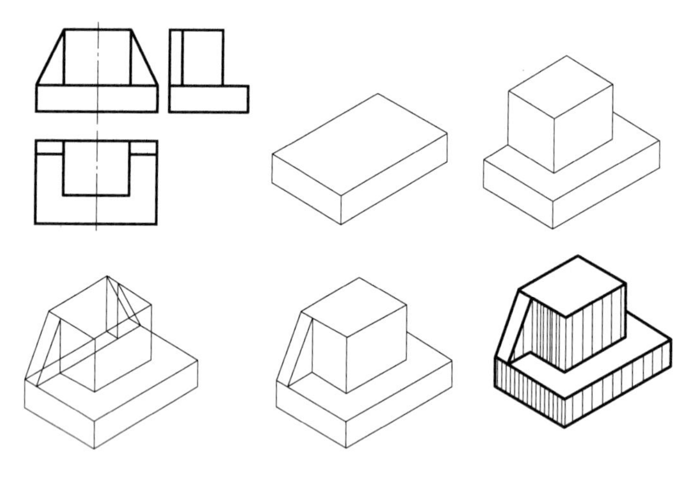

图 3-5　叠加法

三、正等轴测图的表达方法

正等轴测图是单面正投影，一般不画虚线，所以视图方向的选择要能够反映物体的结构特征。如图 3-6 所示为物体的视图，图 3-6 中（b）~（e）为其正等轴测图。

图 3-6（b）~（e）四个轴测图都是正确的，图 3-6（b）把槽和斜面及右端的凸台表达的比较清晰；图 3-6（c）虽然也表达清楚了物体的结构，但斜面的变形较大，绘图比较困难；图 3-6（d）由于斜面处于不可见位置，所以槽和斜面表达的不清楚；图 3-6（e）也没有表达清楚槽和斜面的结构。可见，图 3-6（b）视图方向的选择比较合理。

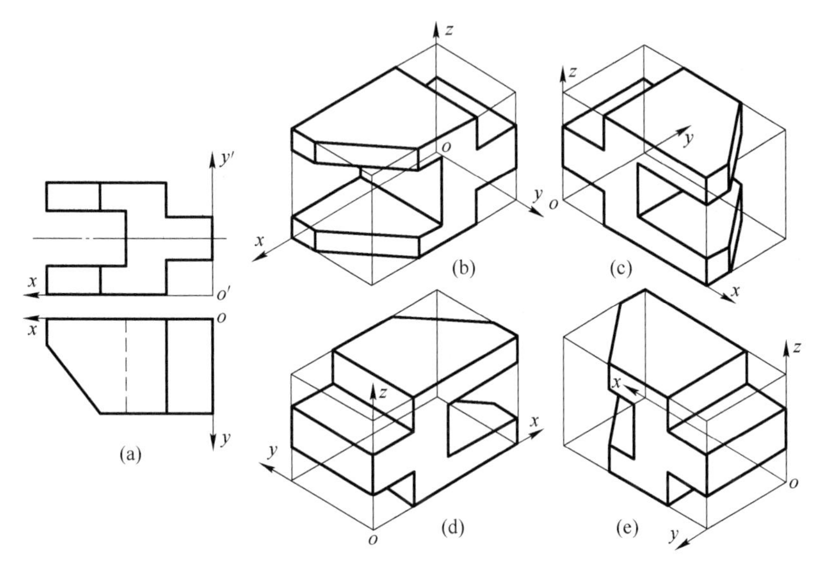

图 3-6　轴测图视图方向的选择

四、轴测图绘制环境设置

选择“工具”/“绘图设置”命令，弹出“草图设置”对话框，“捕捉与栅格”界面里，选择“启用捕捉”以及“等轴测捕捉”，如图 3-7 所示。

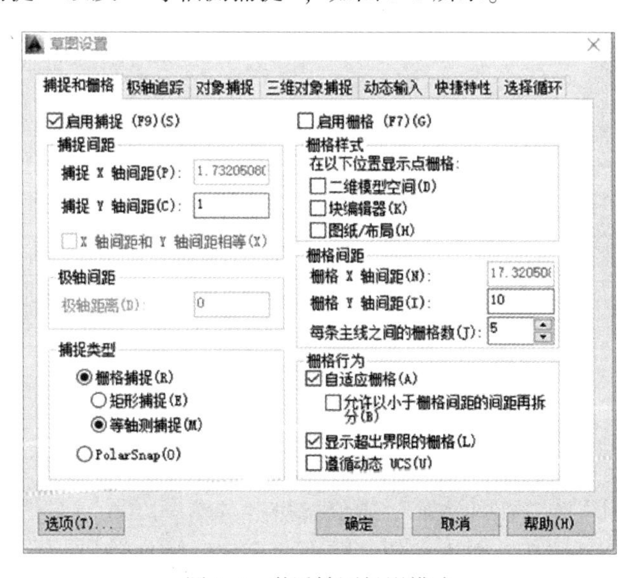

图 3-7　激活轴测投影模式

五、等轴测图平面（三视图平面）的切换

按 F5 键，进行三个等轴测图平面之间的不断切换，如图 3-8 所示。

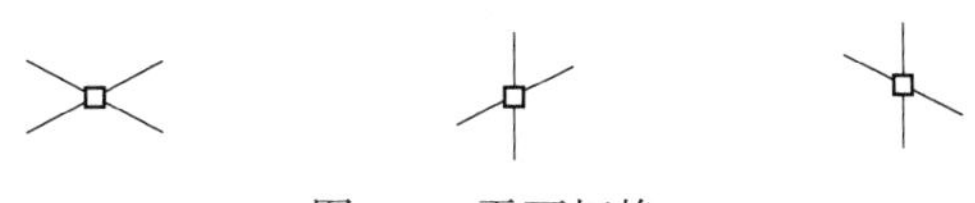

图 3-8　平面切换

【任务实施】

一、创建绘图环境

启动 AutoCAD，新建一个 CAD 文件，并将当前绘图环境设置为“AutoCAD 经典”，如图 3-9 所示。

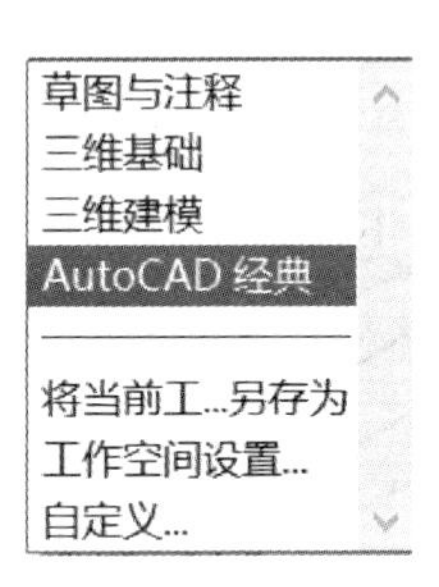

图 3-9　设置绘图环境

二、创建图层

执行 LAYER 命令，打开“图层特性管理器”选项板，新建一个“中心线”图层，设置其“线型”为 CENTER，“颜色”为红色，如图 3-10 所示。

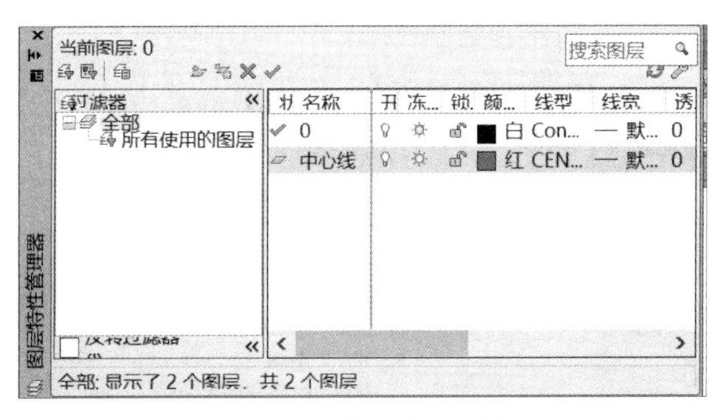

图 3-10　图层特性管理器

三、绘制视图

(1) 选择“工具”/“草图设置”命令，弹出“草图设置”对话框，选择“启用捕捉”复选框和“等轴测捕捉”单选按钮，单击“确定”按钮退出。

(2) 按 F8 键，开启正交模式，按 F 键，调节等轴测平面为“俯视”。执行 LINE 命令，在绘图区的任意位置指定起点，绘制一条水平直线 a，再绘制一条垂直于该水平线的直线 b，并将绘制的直线移至“中心线”图层，如图 3-11 所示。

(3) 执行 COPY 命令，将直线 a 向左和向右分别复制 15，将直线 b 向上和向下分别复制 15，把复制的直线均移至 0 图层中，如图 3-12 所示。

(4) 执行 TRIM 命令，对图形进行修剪，如图 3-13 所示。

(5) 按 F5 键，调节等轴测平面为“右视”，执行 LINE 命令，分别以各复制的直线的交点为起点，向上绘制 4 条长度均为 30 的直线，如图 3-14 所示。

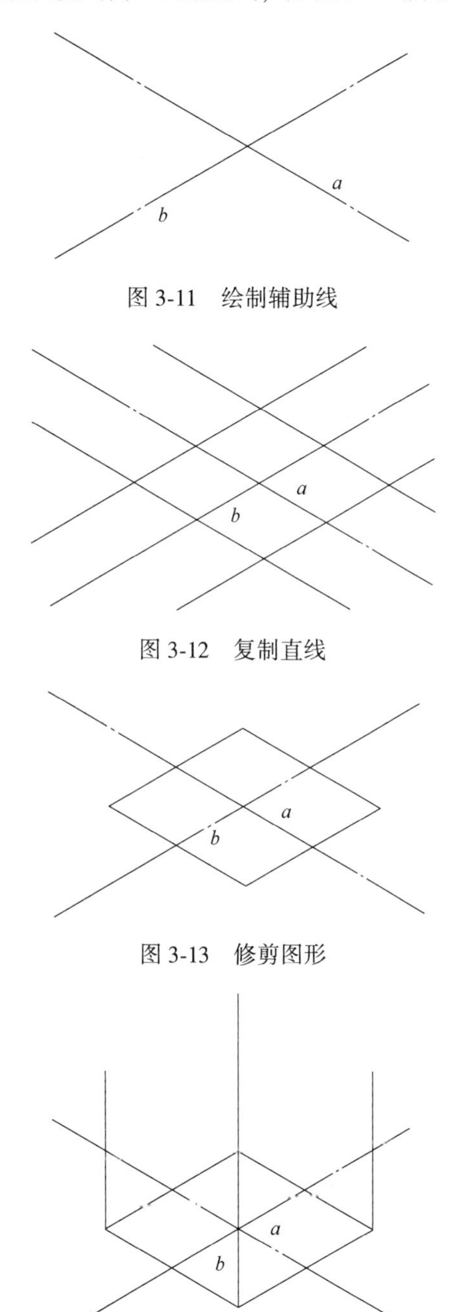

图 3-11　绘制辅助线

图 3-12　复制直线

图 3-13　修剪图形

图 3-14　绘制直线

（6）直线 LINE 命令，绘制连接各直线端点的直线，如图 3-15 所示。

（7）按 F5 键，调节等轴测平面为“左视”，执行 COPY 命令，将直线 $a1$ 向左复制 15、向下复制 10；按 F5 键，调节等轴测平面为“俯视”，将直线 $b1$ 向右分别复制 10 和 20，将直线 $b2$ 向右分别复制 10 和 20，如图 3-16 所示。

（8）执行 LINE 命令，绘制连接交点 A 和 C、交点 B 和 D 的直线，如图 3-17 所示。

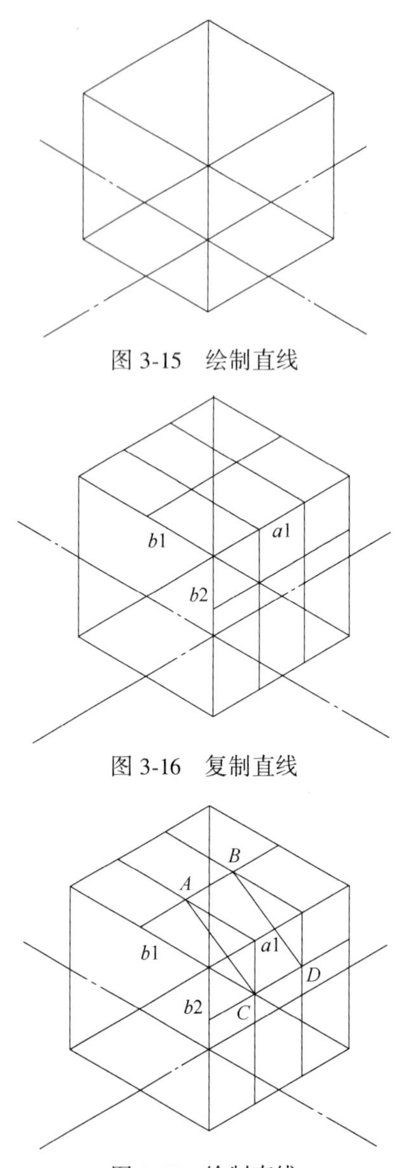

图 3-15　绘制直线

图 3-16　复制直线

图 3-17　绘制直线

（9）分别执行 TRIM 命令和 ERASE 命令，对图形进行修剪和删除，如图 3-18 所示。

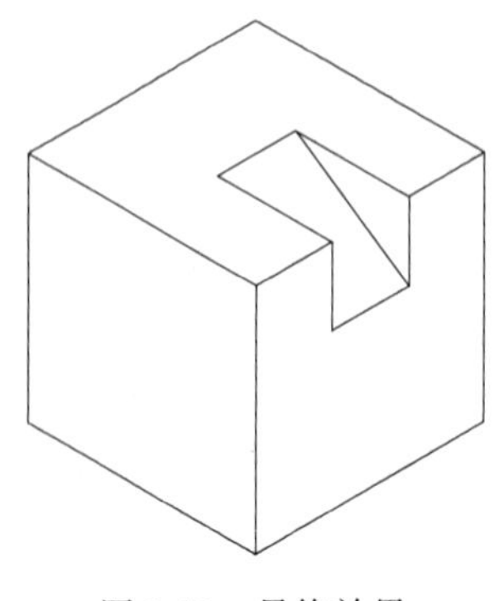

图 3-18　最终效果

【拓展训练】

按照图 3-19 给定尺寸绘制其轴测图，尺寸不用标注。

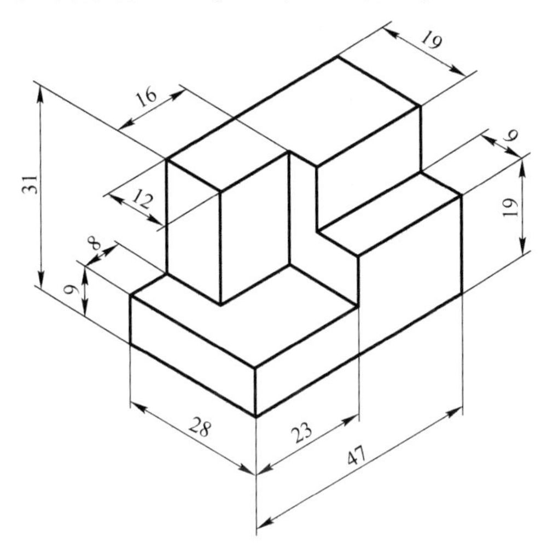

图 3-19　拓展训练 1

任务二　底座类零件轴测图

导入案例

图 3-20 所示零件底座由圆柱体与板件构成，主要应用于轴承以及中间轴的支撑固定，在机械装配各个领域应用广泛。通过本案例的学习，练习者可以掌握轴测图绘制中的复制、圆角、修建和等轴测圆等命令使用方法，掌握其设计思路与操作步骤，进一步提升自身的空间想象力。

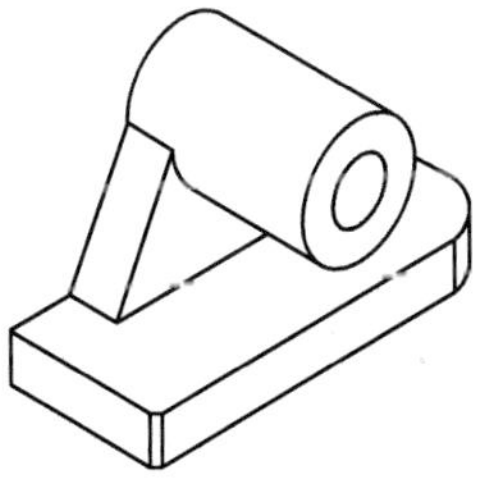

图 3-20　底座轴测图

【任务目标】

（1）掌握曲面立体正等测图的画法。

（2）基本掌握斜二等轴测图的概念和画法。

（3）熟练掌握轴测图绘制中的轴侧平面切换、复制、圆角、修建和等轴测圆等命令使用方法。

（4）初步掌握底座支架类零件的轴测图绘制技巧。

【任务分析】

（1）通过相关知识介绍，掌握圆、半圆柱、圆角的制图画法以及正确的表达方式，为 CAD 绘图提供思路并打好基础。

（2）首先以底座板为轴测图绘制起点，利用 LINE、COPY、ERASE 和 TRIM 等命令绘制出底座部分。

（3）再以底座上表面为上半部分零件的绘制基础，利用 COPY、TRIM、ELLIPSE 等命令进行绘制与编辑，即可完成整体效果的绘制。

【相关知识】

一、曲面立体正等测图的画法

（一）平行于坐标面的圆的正等轴测图

在正等测投影中，由于空间各坐标面相对于轴测投影面都是倾斜的，且倾角相等，所以坐标面和平行于各坐标面的圆在轴测投影中均为椭圆，椭圆大小相等，而方向不同。绘制轴测图时，常以圆的轴测轴作为画椭圆时的定位线，因此，画椭圆时，应首先把它们画出，如图 3-21 所示。

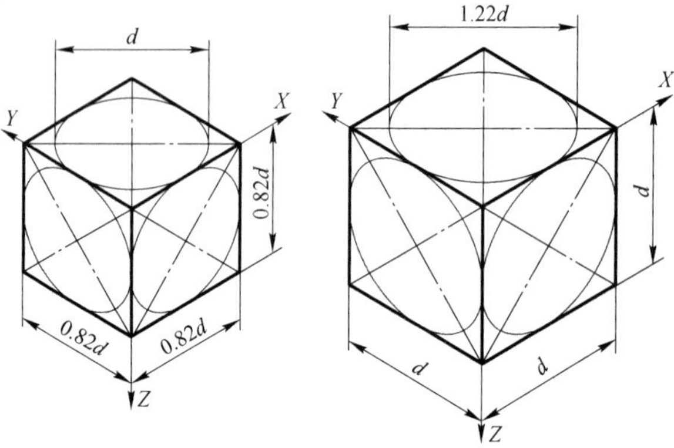

图 3-21　圆的正等轴测图

（二）圆的正等轴测图画法

在机械制图中，为作图简便，圆的轴测图常采用近似画法，可用四心圆弧法画出的扁圆代替椭圆，如图 3-22 所示。绘制圆柱体的轴测图时，可先画出圆柱体的上下底面的轴测图，然后作两椭圆的公切线，对孔的可见性要作具体的分析，如图 3-23 所示。

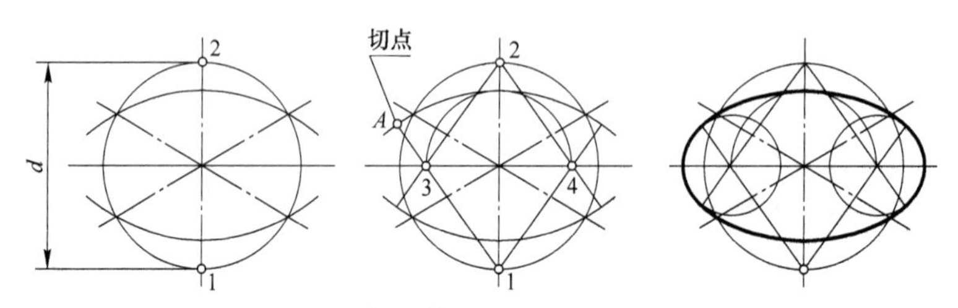

图 3-22　根据物体上圆的直径画近似椭圆

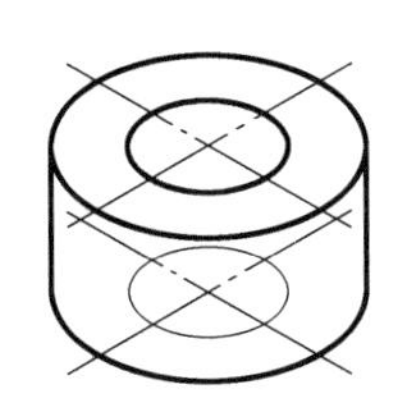
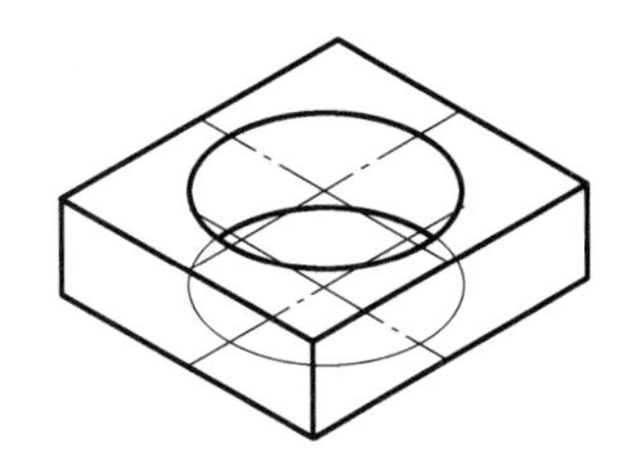

图 3-23　内外圆柱面的轴测图画法

（三）半圆柱和 1/4 圆角的正等轴测图画法

半圆柱轴测图一般沿轴测轴方向剖分柱面，柱面和平面的切线处要光滑连接，如图 3-24所示。1/4 圆角的轴测图是椭圆的一部分，画图时可用圆弧代替椭圆弧，圆弧的圆心为过椭圆与矩形边的切点和矩形边垂直的线段的交点，如图 3-25 所示。

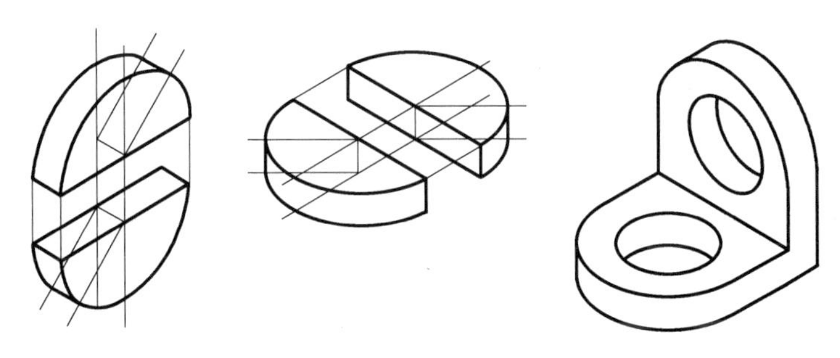

图 3-24　半圆柱

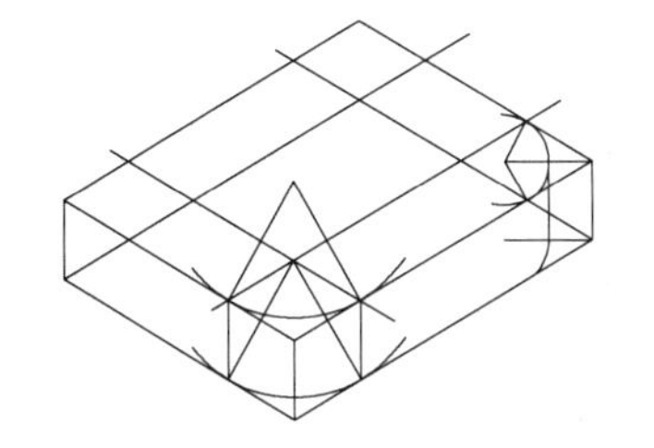
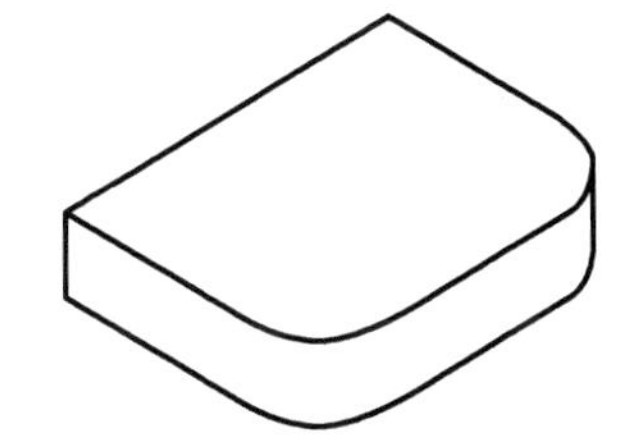

图 3-25　1/4 圆角

二、斜二等轴测图的概念和画法

（一）概念及画法

斜二等轴测图是用斜投影法得到的一种轴测图。当空间物体上的坐标面 XOZ 平行于轴测投影面，而投射方向与轴测投影面倾斜时，所得到的投影图就是斜二等轴测图。其特点是，一个坐标平面上的图形反映实形，垂直该坐标平面方向上不反映实形，如图 3-26 所示。

（二）应用案例

绘制图 3-27 所示组合体的斜二等轴测图（此处介绍的是制图画法，但对于 CAD 绘图

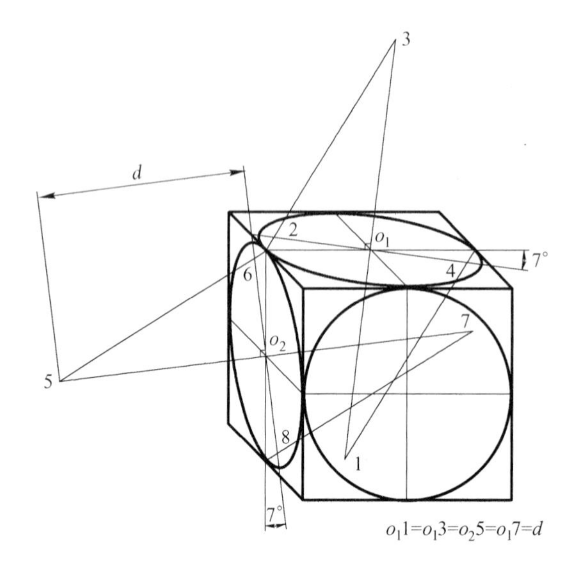

图 3-26　正方体三个面上圆的斜二等轴测投影的画法

思路具有较强的启发和借鉴意义)。

绘图步骤:

(1) 确定轴测轴方向,将圆柱端面设置为前面,轴线设置为 135° 方向,根据组合体轴向尺寸和轴向伸缩系数(0.5),确定外圆柱端面圆心的位置。

(2) 绘制大圆柱板的端面圆,半径为圆柱的实际尺寸。

(3) 绘制小圆柱端面圆,绘制圆柱孔的端面圆,此时要校核孔的后端面圆的可见性,不可见时可不画。

(4) 绘制柱面的轮廓线,即沿轴线方向做圆的公切线,同时绘出 4 个小圆孔的端面圆,注意轴向缩短系数为 0.5。

(5) 整理图形,将不可见的轮廓线擦除,如图 3-28 所示。

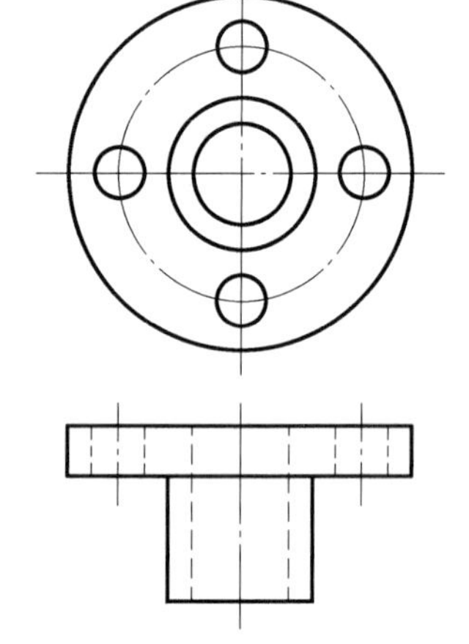

图 3-27　组合体

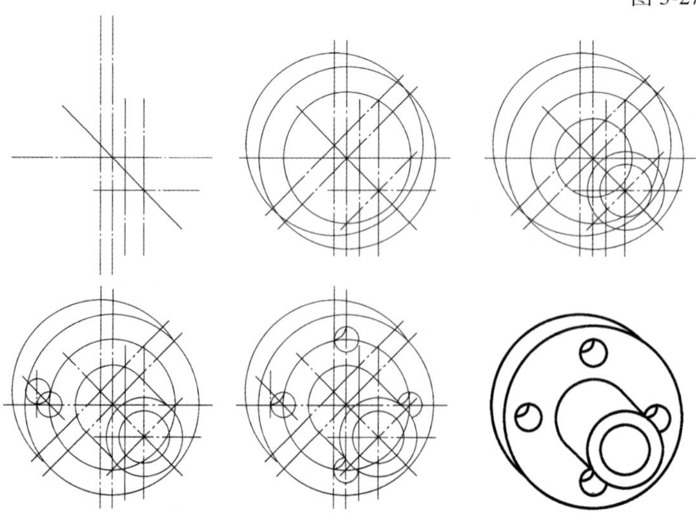

图 3-28　组合体绘图步骤

三、正二等轴测图的概念和画法

（一）概念及画法

正二等轴测图和正等测均为正等轴测图，二者在作图方法上基本相同，最大的不同之处是平行于坐标面上圆的轴测图形状不同。三个坐标平面上的圆的轴测投影均为椭圆，如图 3-29 所示。

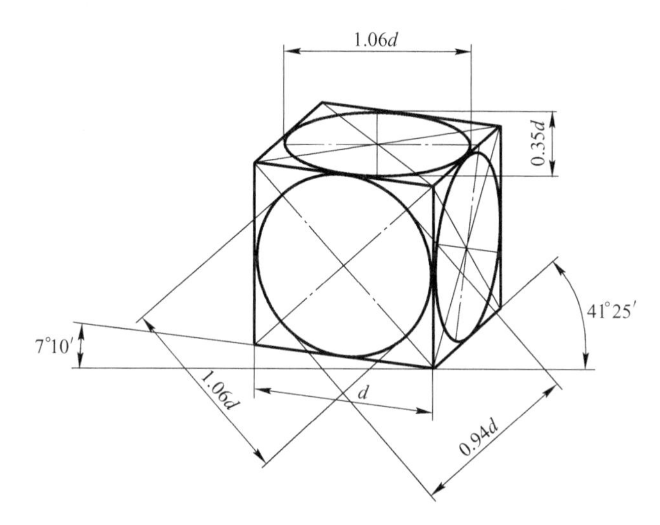

图 3-29　正二等轴测图的画法

（二）应用案例

选择适当的轴测图，绘制图 3-30（a）所示物体的轴测图。

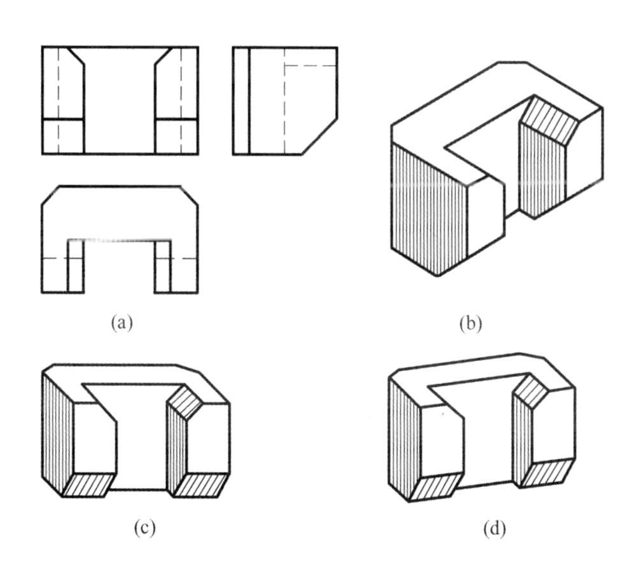

图 3-30　轴测图的选择

（a）三视图；（b）正等测；（c）斜二测；（d）正二测

由图 3-30（a）可以看出，物体的基本形体是长方体，在长方体上切割了一个竖槽，在棱边上作了一些 45°的倒角。图 3-30（b）～（d）分别为正等轴测图、斜二等轴测图和正二等轴测图，由以上轴测图可知，正等轴测图的立体感最差，斜二等轴测图和正二等轴测图的立体感要强一些，但绘制比较复杂。

四、CAD 中等轴测圆命令

输入“ELLIPSE”命令，再输入等轴测圆“I”，分别输入不同半径数值，即可得到等轴测圆，如图 3-31 所示。

ELLIPSE 指定椭圆轴的端点或 [圆弧(A) 中心点(C) 等轴测圆(I)]:

图 3-31　等轴测圆命令

【任务实施】

一、创建“底座 . dwg”图形文件

单击“标准”工具栏的“新建”按钮，新建一张图，打开“acadiso. dwt”文件，以“底座 . dwg”为图名保存图形文件。

二、创建图层

单击“图层”工具栏上的“图层”按钮，弹出“图层特性管理器”对话框，在对话框中创建绘图需要的图层，设置各个图层的线型和线宽，如图 3-32 所示。

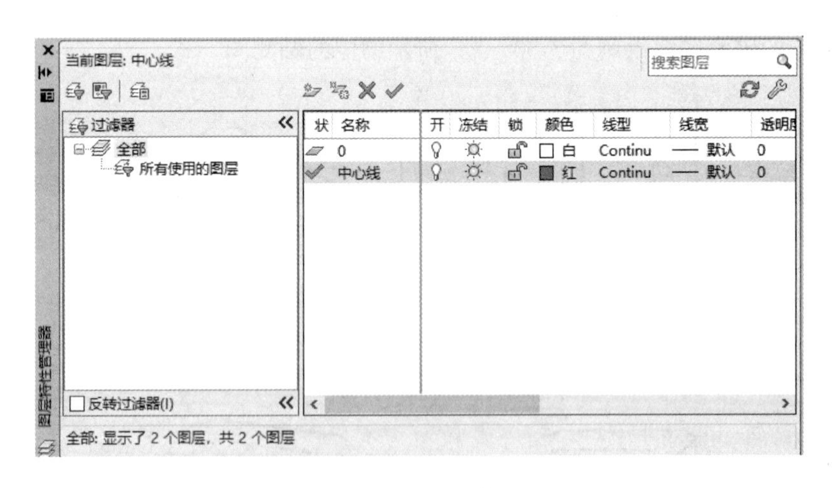

图 3-32　图层特性管理器

三、绘制视图

(1) 选择“工具”/“草图设置”命令，弹出“草图设置”对话框，“捕捉与栅格”界面里选择“启用捕捉”以及“等轴测捕捉”，单击“确定”按钮退出。

（2）按 F8 键，开启正交模式，按 F5 键，调节等轴测平面为“俯视”。执行 LINE 命令，在绘图区任意位置指定起点，绘制一条水平直线 *a*，再绘制一条垂直于该水平直线的直线 *b*，让直线 *a* 作为中心线，效果如图 3-33 所示。

（3）执行 COPY 命令，将直线 *a* 向左和向右各复制移动 30，将直线 *b* 向下复制 25，然后将所得直线归到 0 图层下，效果如图 3-34 所示。

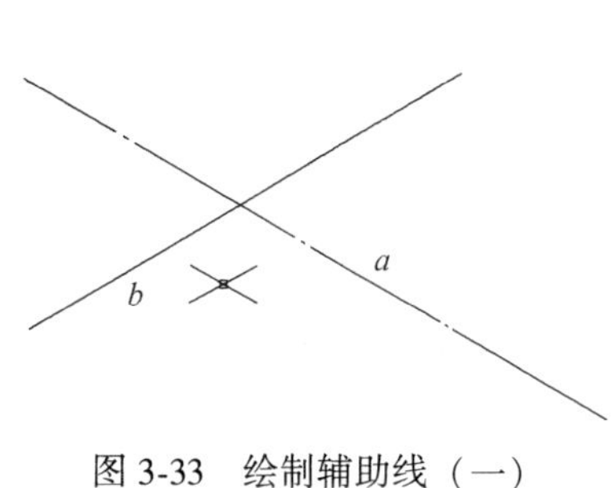

图 3-33　绘制辅助线（一）

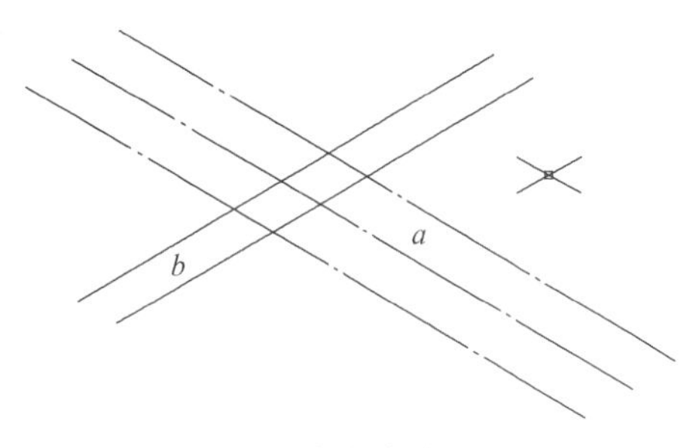

图 3-44　复制直线（二）

（4）执行 TRIM 命令，对上述图形内多余的线段进行修剪；执行倒圆角命令，设置两顶角圆角半径分别为 5 和 2，效果如图 3-35 所示。

（5）按 F5 键，调节等轴测平面为“右视”，选中水平面内的方形图执行 COPY，使其向上复制平移 8，效果如图 3-36 所示。

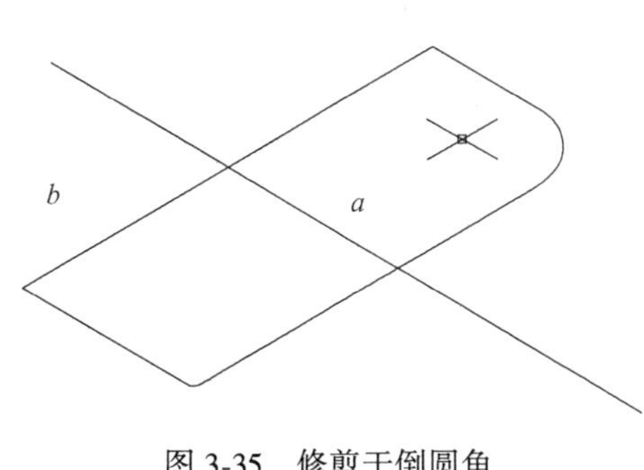

图 3-35　修剪于倒圆角

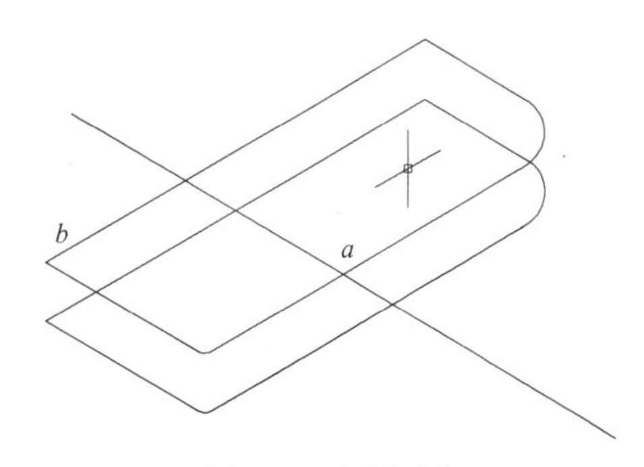

图 3-36　复制平移

（6）执行 LINE 命令，分别绘制连接点 1 和点 2、点 3 和点 4、点 5 和点 6、点 7 和点 8、点 9 和点 10，效果如图 3-37 所示。

（7）执行修剪 TRIM 命令，对不可视位置线段进行修剪或删除，效果如图 3-38 所示。

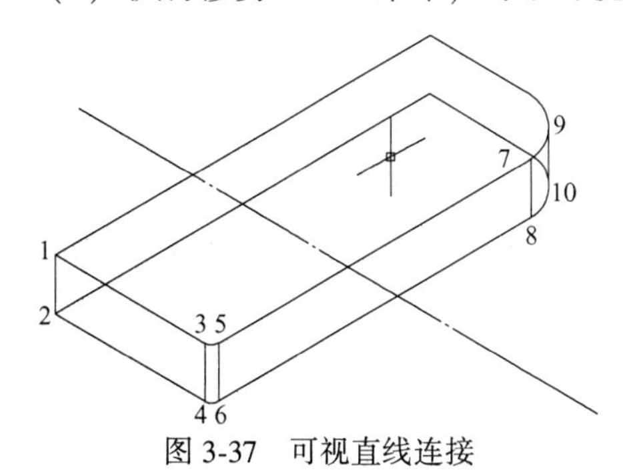

图 3-37　可视直线连接

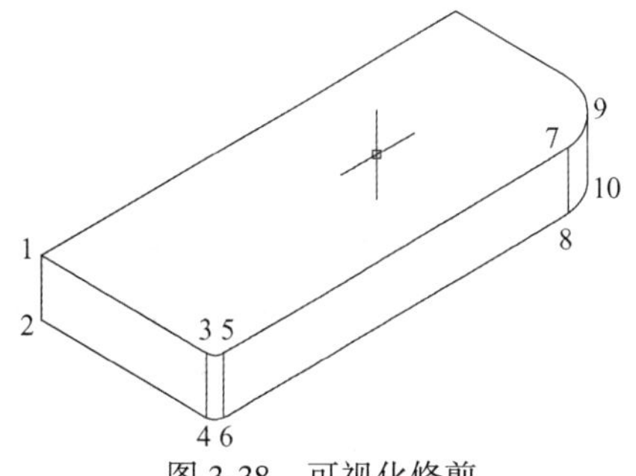

图 3-38　可视化修剪

（8）将直线 *A*1 执行 COPY 命令，向右侧复制平移 10/30/50，得到 *L*1/*L*2/*L*3；按 F5 键，调节等轴测平面为“俯视”，将直线 B1 执行 COPY 命令，向下复制平移 8，得到 *L*4，执行 TRIM 命令，效果如图 3-39 所示。

（9）按 F5 键，调节等轴测平面为“右视”，将直线 *B*1/*L*4/*L*2 执行 COPY 命令，向上复制平移 20，得到直线 *B*2/*L*5/*L*6，将直线 L6 执行 COPY 命令，向左向右复制平移 10，得到直线 *L*7/*L*8，再执行可视化修剪 TRIM，效果如图 3-40 所示。

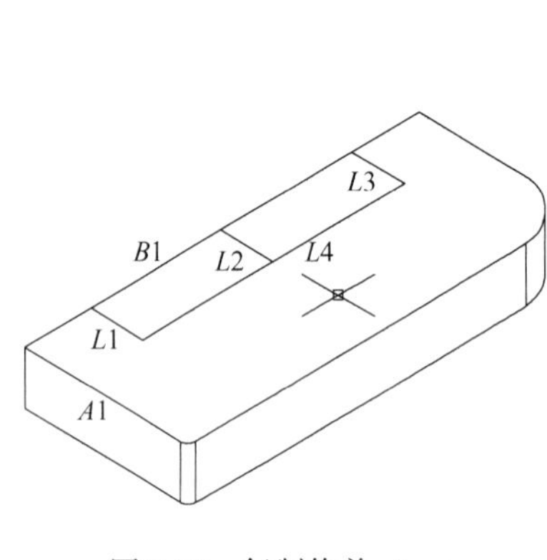

图 3-39　复制修剪（一）

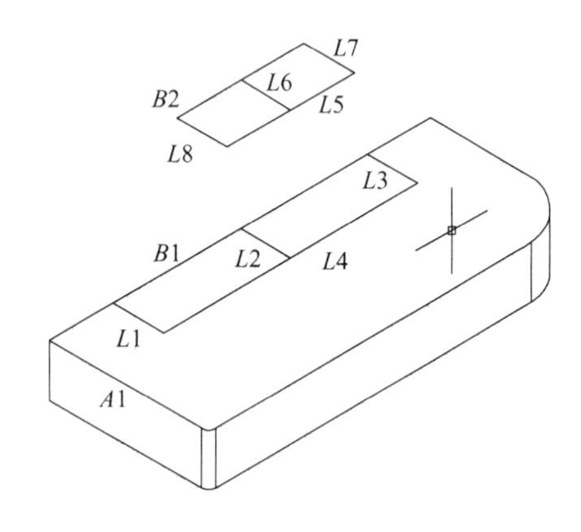

图 3-40　复制修剪（二）

（10）将点 *C* 和 *D*、*E* 和 *F*、*M* 和 *N* 执行 LINE 命令，连接起来，对图形执行 TRIM 修剪命令，删除不可视化线段，其效果如图 3-41 所示

（11）执行 ELLIPSE 命令，以中点 *O* 为圆心，绘制两个半径分别为 5 和 10 的等轴测同心圆，效果如图 3-42 所示。

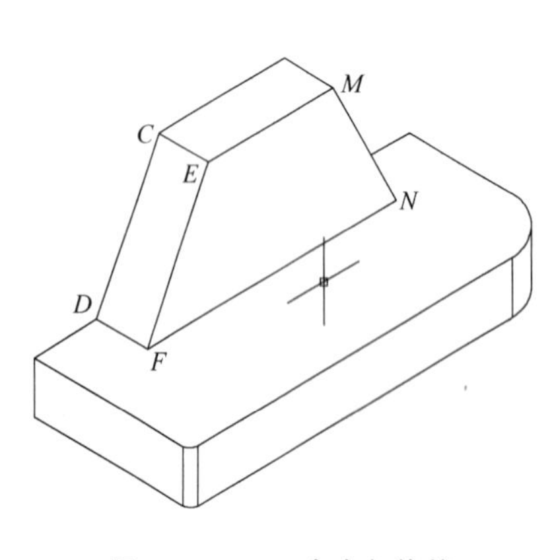

图 3-41　LINE 命令与修剪

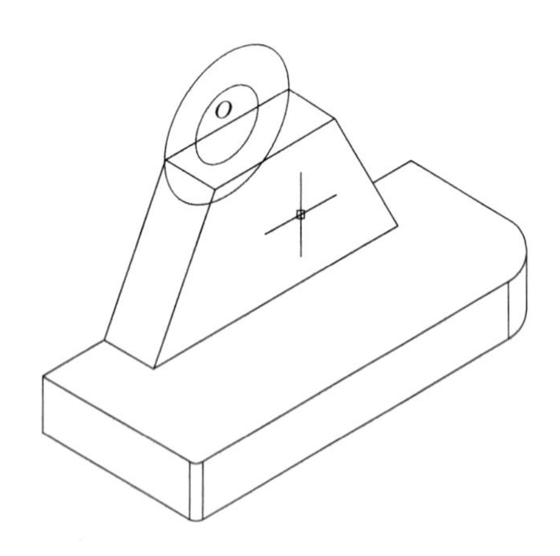

图 3-42　等轴测同心圆绘制

（12）按 F5 键，调节等轴测平面为“俯视”，执行 COPY 命令，将绘制的两个同心圆向下复制平移 8 和 30，效果如图 3-43 所示。

（13）执行 LINE 命令，绘制连接象限点 *m* 和 *n*、*d* 和 *e* 直线，效果如图 3-44 所示。

（14）执行 TRIM 命令，对图形进行可视化修剪删除，删除看不见的线段，最终效果如图 3-45 所示。

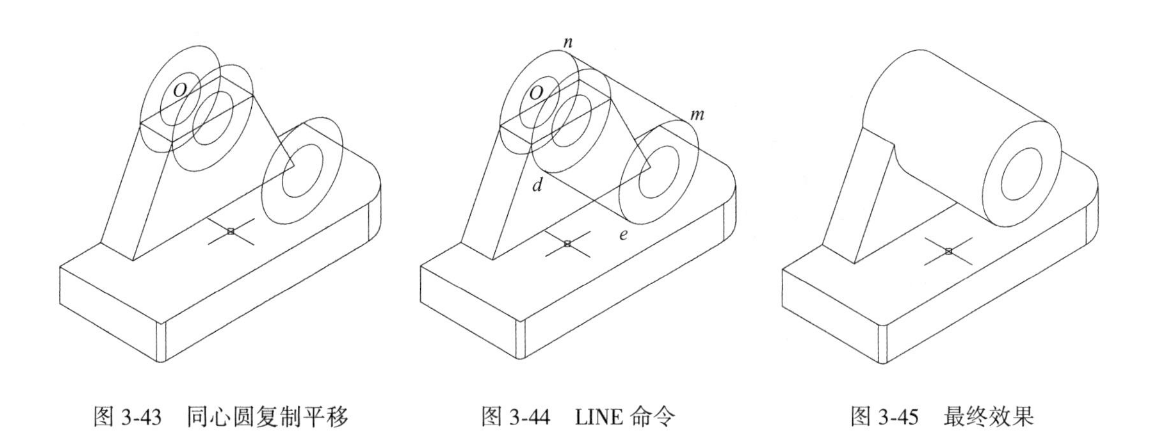

图 3-43　同心圆复制平移　　图 3-44　LINE 命令　　图 3-45　最终效果

【拓展训练】

按照图 3-46 所示的尺寸，绘制其轴测图（尺寸不用标注）。

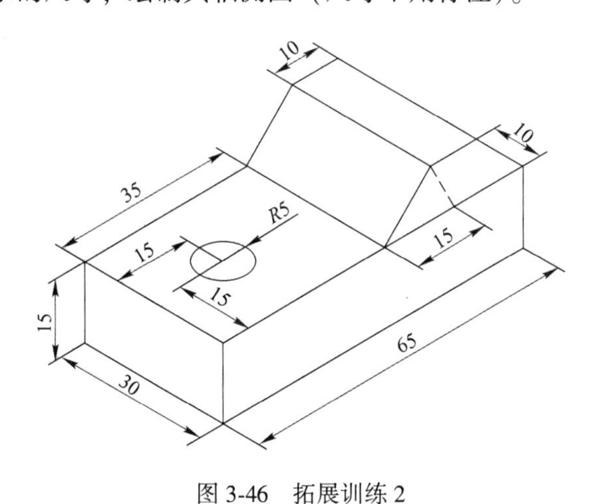

图 3-46　拓展训练 2

任务三　联轴器轴测图

导入案例

联轴器（如图 3-47 和图 3-48 所示）类零件主要由圆柱体与槽式键槽构成，是用来连接不同机构中的两根轴（主动轴和从动轴），使之共同旋转以传递扭矩的机械零件。在高速重载的动力传动中，有些联轴器还有缓冲、减振和提高轴系动态性能的作用。

联轴器与各种不同主机产品配套使用，周围的工作环境比较复杂，如温度、湿度、水、蒸汽、粉尘、砂子、油、酸、碱、腐蚀介质、盐水、辐射等状况，是选择联轴器时必须考虑的重要因素之一。

图 3-47　刚性联轴器

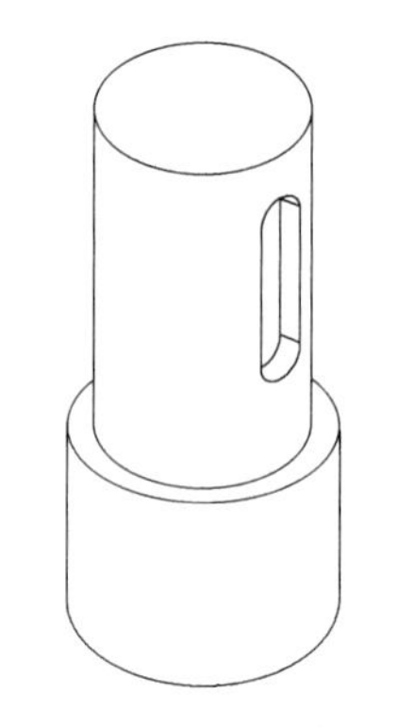

图 3-48　联轴器轴测图

【任务目标】

（1）掌握在轴测图中书写文本及尺寸标注的方法。

（2）熟练掌握轴测图绘制时轴测平面切换、复制、圆角、等轴测圆等命令的使用方法。

（3）初步掌握轴类零件的轴测图绘制技巧。

【任务分析】

（1）通过相关知识的介绍，掌握文字倾斜角度设置及尺寸标注的有关规定。

（2）首先以联轴器底部圆心为轴测图绘制起点，利用 LINE、COPY、ELLIPSE 和 TRIM 等命令绘制出联轴器的整体轮廓。

（3）再以联轴器上表面圆面以及中心线为绘制基础，利用 COPY、TRIM、ELLIPSE 等命令进行细节部分的绘制。

【相关知识】

一、在轴测图中书写文本

为了使某个轴测面中的文本看起来像是在该轴测面内，必须根据各轴测面的位置特点将文字倾斜某个角度值，以使它们的外观与轴测图协调起来，否则立体感不强。

（1）文字倾斜角度设置：格式→文字样式→倾斜角度→应用 | 关闭，如图 3-49 所示。

注意：最好的办法是新建两个倾斜角分别为 30°和-30°的文字样式。

（2）在轴测面上各文本的倾斜规律是：

1）在左轴测面上，文本需采用-30°倾斜角，同时旋转-30°角。

2）在右轴测面上，文本需采用 30°倾斜角，同时旋转 30°角。

3）在顶轴测面上，平行于 *X* 轴时，文本需采用-30°倾斜角，旋转角为 30°；平行于 *Y* 轴时需采用 30°倾斜角，旋转角为-30°。

注意：文字的倾斜角与文字的旋转角是不同的两个概念，前者在水平方向左倾（0°～

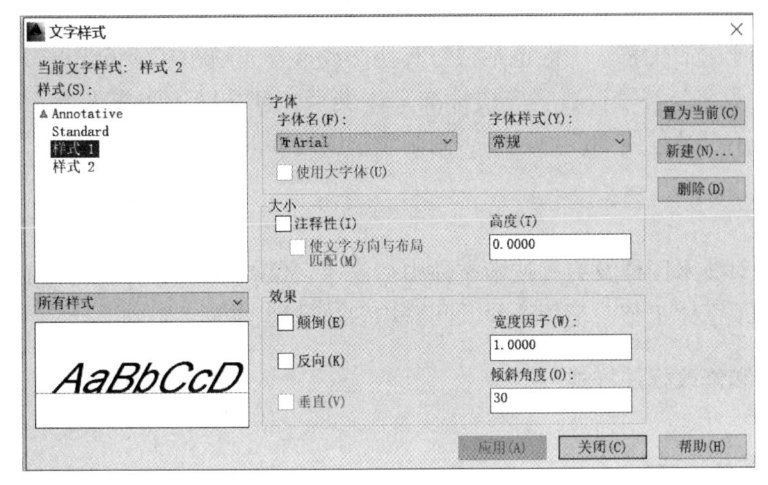

图 3-49　文字样式设置

-90°）或右倾（0°~90°）的角度，后者是绕以文字起点为原点进行 0°~360°的旋转，也就是在文字所在的轴测面内旋转。

二、轴测图标注的有关规定

（1）轴测图的线性尺寸必须沿轴线方向标注，尺寸数值为机件的实际大小。

（2）尺寸线必须和所标注的线段平行，尺寸线一般应平行于某一轴测轴的方向，尺寸数字应按照相应的轴测图标注在尺寸线的上方。当图形中出现数字字头向下时，应用引线标注，并将数字按水平位置注写。

（3）标注角度尺寸时，尺寸线应画成与该坐标平面相应的椭圆弧，角度数字一般写在尺寸线的中断处，字头向下。

（4）标注圆的直径时，尺寸线和尺寸界线应分别平行圆的所在平面的轴测轴，标注圆弧半径或较小圆直径时，尺寸线可从圆心引出标注，但注写尺寸数字的方向必须平行于轴测轴。

三、尺寸样式的建立

（一）基本规则

（1）机件的真实大小以图样的标注尺寸数值为依据，与图形的大小及绘图精度无关。

（2）图标中的尺寸以 mm 为单位时，不需要标注计量单位代号及名称。

（3）图样中标明的尺寸为该图所示机件的最后完工尺寸，否则应另加说明。

（4）机件的每一个尺寸一般只标注一次，并应标注在最后反映该结构最清晰的图形上。

（二）尺寸组成

（1）尺寸界线：只能是细实线，并应由图形的轮廓线、轴线或对称线处引出。

（2）尺寸线与箭头：尺寸线用细实线，其终端应画出箭头，并指引到尺寸界线。尺寸线不能用其他图形代替，一般也不得与其他图线重合或画在其延长线上。

（3）尺寸数字与符号：数字应按标准字体书写，且在同一张图纸上字高要一致，尺寸数字和符号不可被任何图线通过，否则必须把图线断开。

（三）字体

国家标准对技术图样及有关技术文件中的汉字、字母和数字的结构都有详细的规定。要求图样中必须字体工整、笔画清楚、间隔均匀、排列整齐。

四、创建和修改标注样式

（一）创建标注样式

单击菜单栏中的“标注”→“标注样式”→“新建”按钮，弹出如图 3-50 所示的设置窗口，可进行新建或修改等操作。

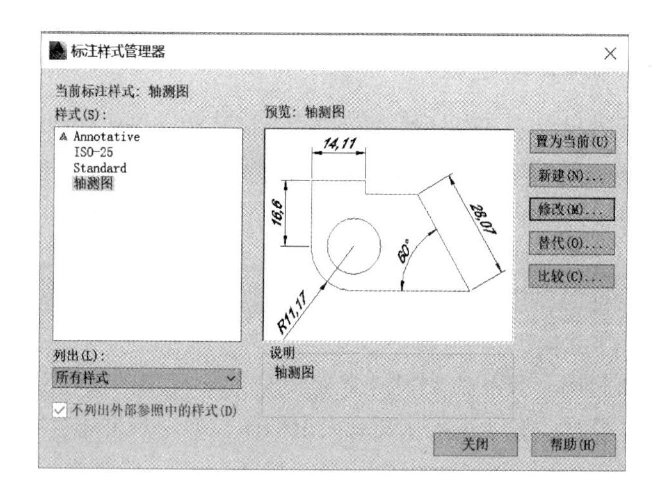

图 3-50　创建标注样式

（二）修改标注样式

在弹出的“创建新标注样式”的设置窗口中，单击“修改”，可进行尺寸线、符号、文字等内容的修改，如图 3-51 所示。

五、标注尺寸

为了让某个轴测面内的尺寸标注看起来像是在这个轴测面中，就需要将尺寸线、尺寸界线倾斜某一个角度，以使它们与相应的轴测平行。同时，标注文本也必须设置成倾斜某一角度的形式，才能使用文本的外观具有立体感，如图 3-52 所示。

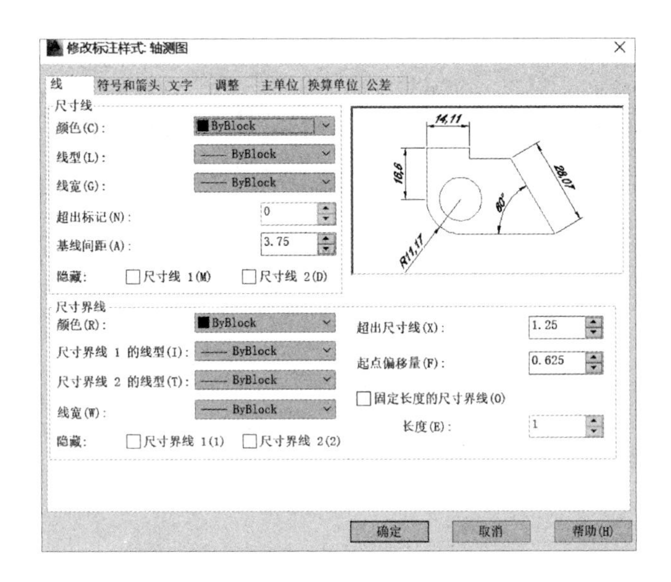

图 3-51　修改标注样式

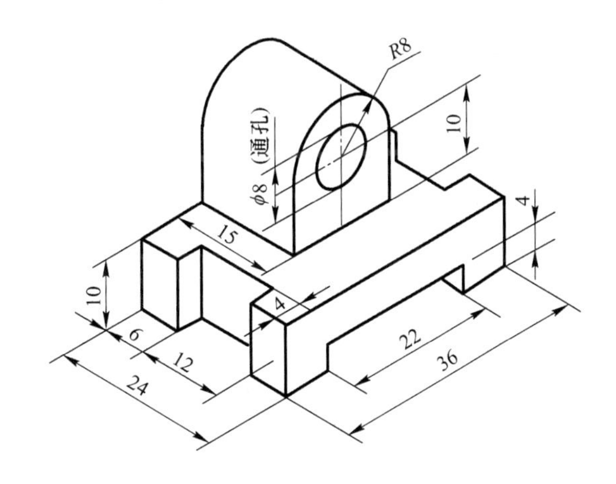

图 3-52　轴测图的尺寸标注

【任务实施】

一、创建“联轴器 . dwg”图形文件

单击“标准”工具栏的“新建”按钮，新建一张图，打开“acadiso. dwt”文件，以“联轴器 . dwg”为图名保存图形文件。

二、创建图层

单击“图层”工具栏上的“图层”按钮，弹出“图层特性管理器”对话框，在对话框中创建绘图需要的图层，设置各个图层的线型和线宽，如图 3-53 所示。

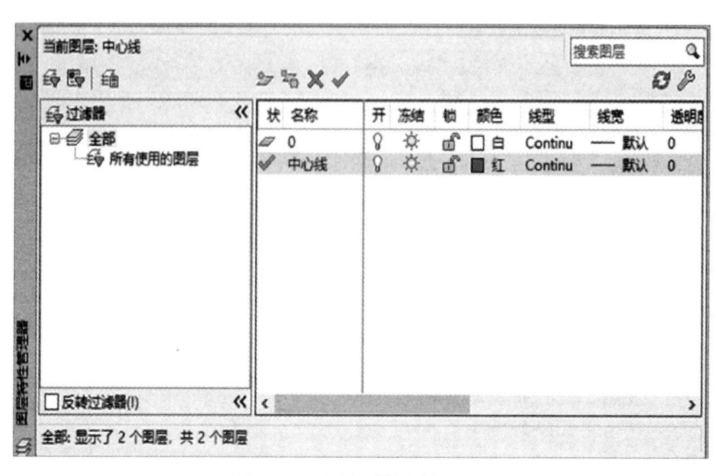

图 3-53　图层特性管理器

三、绘制视图

（1）选择“工具”/“草图设置”命令，弹出“草图设置”对话框，在“捕捉与栅格”界面里，选择“启用捕捉”以及“等轴测捕捉”，单击“确定”按钮退出。

（2）按 F8 键，开启正交模式，按 F5 键，调节等轴测平面为“左视”。执行 LINE 命令，在绘图区任意位置指定起点，绘制一条长度为 100 的水平直线 b，再绘制一条该水平直线的垂直平分线 a，a 的长度为 110，效果如图 3-54 所示。

（3）执行 COPY 命令，将直线 b 向上分别复制 40 和 110，效果如图 3-55 所示。

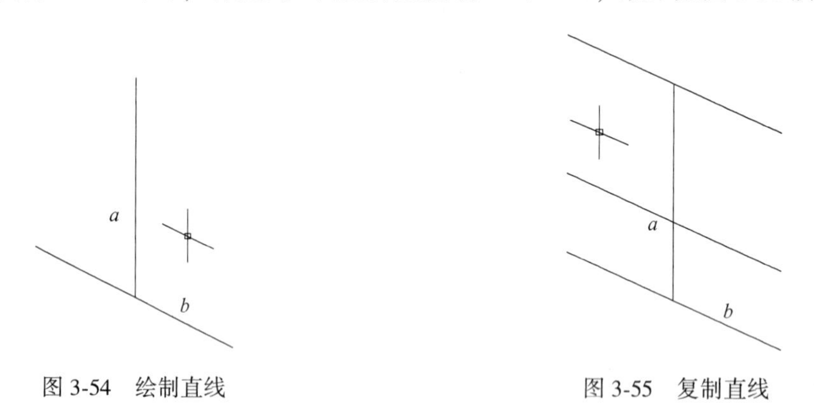

图 3-54　绘制直线　　　　图 3-55　复制直线

（4）按 F5 键，调节等轴测平面为“俯视”，执行 ELLIPSE 命令，以交点 $O1$ 为圆心，绘制一个半径为 25 的等轴测圆；以交点 $O2$ 为圆心，绘制两个半径分别为 20 和 25 的等轴测同心圆；以交点 $O3$ 为圆心，绘制一个半径为 20 的等轴测圆，效果如图 3-56 所示。

（5）执行 LINE 命令，绘制连接象限 A 和 $A1$、B 和 $B1$、C 和 $C1$、D 和 $D1$ 的直线，效果如图 3-57 所示。

（6）执行 TRIM 命令，对图形不可视化线段进行修剪，效果如图 3-58 所示。

（7）按 F5 键，调节等轴测平面为“左视”，执行 COPY 命令，将圆 $O3$ 向下分别复制 15 和 45，将直线 a 向右复制 20，效果如图 3-59 所示。

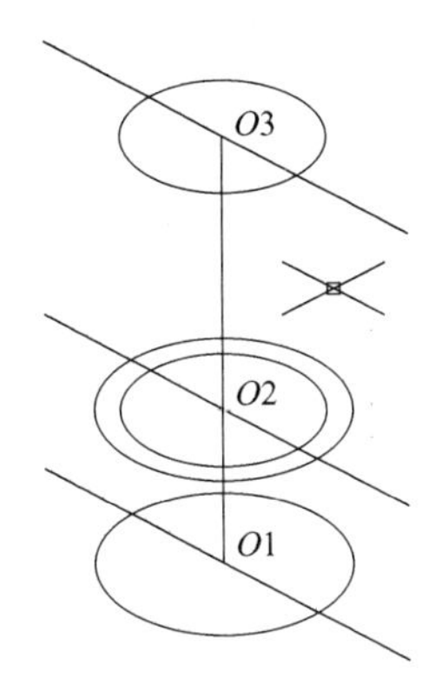

图 3-56　绘制等轴测圆

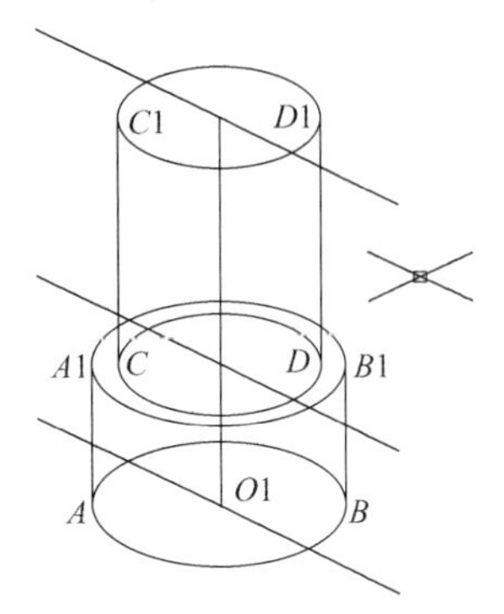

图 3-57　绘制直线

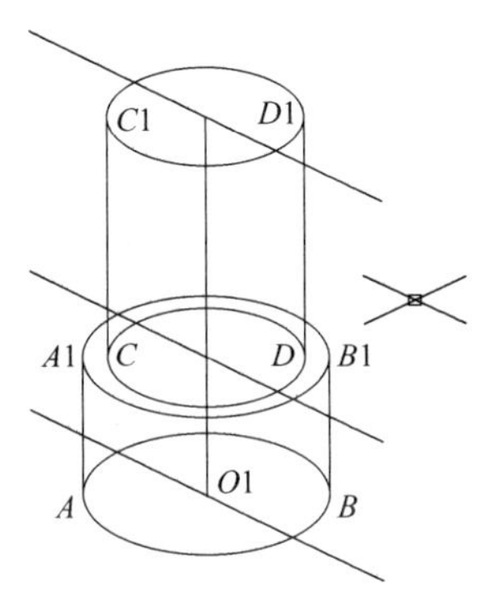

图 3-58　图形修剪

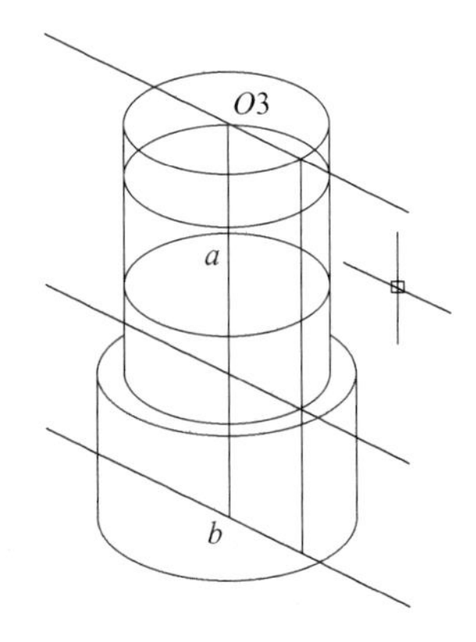

图 3-59　绘制等轴测圆

（8）按 F5 键，调节等轴测平面为“右视”，执行 ELLIPSE 命令，分别以箭头所指的交点为圆心，绘制两个半径为 5 的等轴测圆，效果如图 3-60 所示。

（9）按 F5 键，调节等轴测平面为“俯视”，执行 COPY 命令，将箭头所指的直线向左和向右各复制平移 5，将绘制的两个半径为 5 的圆与复制的直线向上复制平移 5，效果如图 3-61 所示。

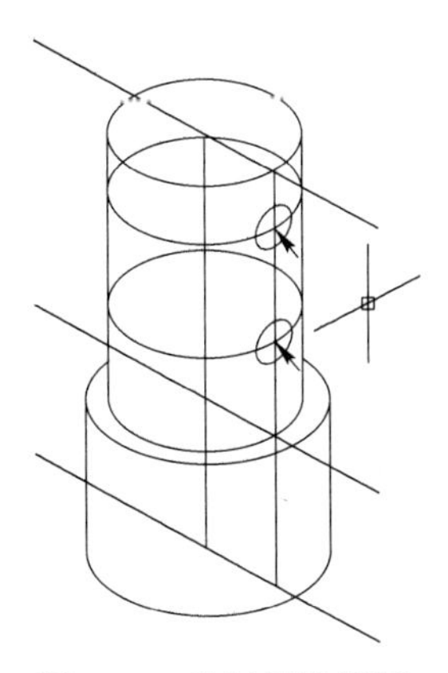

图 3-60　绘制等轴测圆

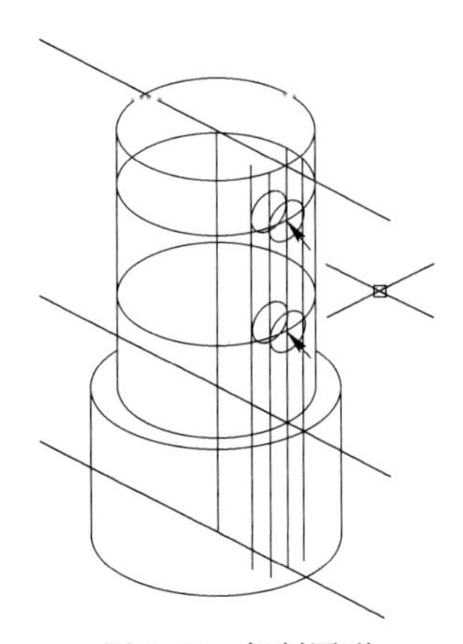

图 3-61　复制图形

（10）执行 LINE 命令，绘制连接交点 *D* 和 *D*1、*E* 和 *E*1 的直线，效果如图 3-62 所示。

（11）执行 TRIM 命令，对图形进行修剪；执行 ERASE 命令，删除不需要的中心线，得到最终效果，如图 3-63 所示。

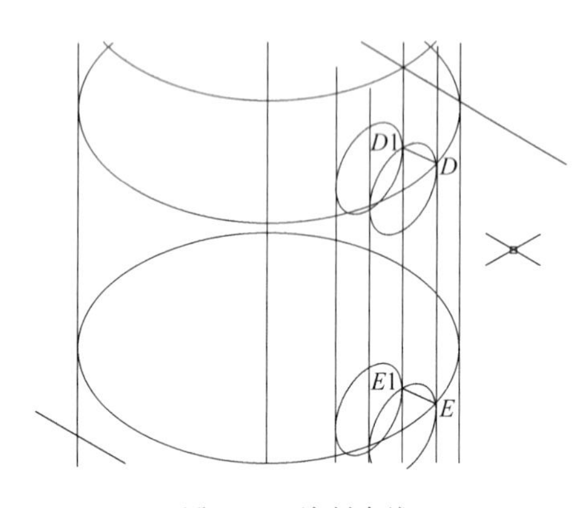

图 3-62　绘制直线

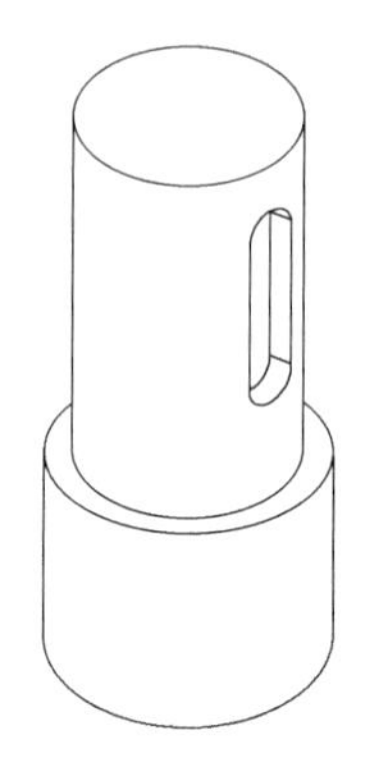
图 3-63　最终效果

（12）通过“文字样式”，建立“倾斜 1”和“倾斜 2”两个文字样式，倾斜角分别为 30°和−30°。单击菜单栏中的“标注”→“标注样式”→“新建”按钮，新建“轴测图”标注样式，设置“箭头”大小和“文字高度”均为 2.5。打开“图层特性管理器”，新建“虚线”图层，线型设为“DASHED2”，颜色为“蓝色”；输入 LINE 命令，捕捉 *R*20 和 *R*25 的圆心，绘制直线，捕捉键槽的两个圆心，绘制直线，把绘制的直线移至“虚线”层，如图 3-64 所示。

（13）选择“对齐”标注，在图中对除半径之外的尺寸进行标注。标注后，输入 DIMEDIT 命令，选择“倾斜（O）”，输入倾斜角度，对完成的尺寸标注进行修改，效果如图 3-65 所示。

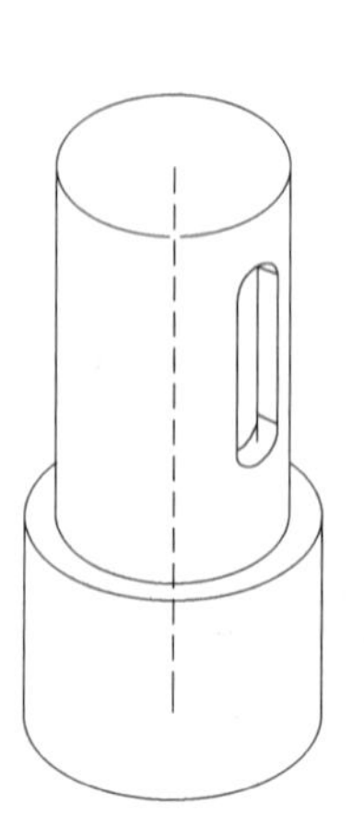
图 3-64　绘制虚线

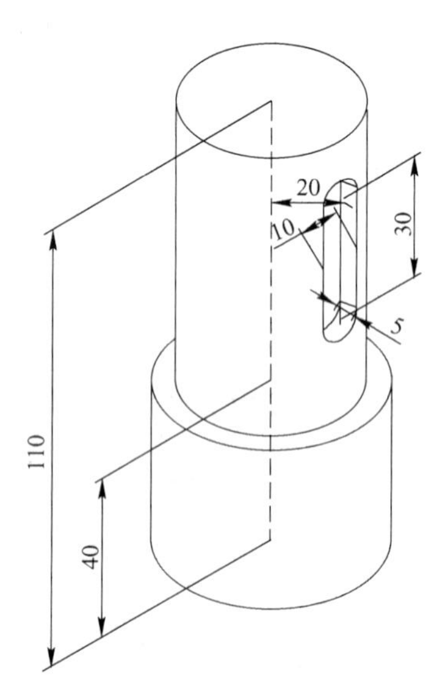

图 3-65　尺寸标注

(14) 输入 CIRCLE 命令，捕捉 *R*20、*R*25、*R*5 的圆心，分别绘制 *R*20、*R*25、*R*5 的圆，与图形分别相交于 *A*、*B*、*C* 点，如图 3-66 所示。

(15) 选择“半径”标注，分别捕捉所绘制 *R*20、*R*25、*R*5 的圆心，箭头指向 *A*、*B*、*C* 点，完成半径标注。双击完成的半径标注，将标注文字调整为“倾斜 1”样式。输入 ERASE命令，删除所绘制的圆，如图 3-67 所示。

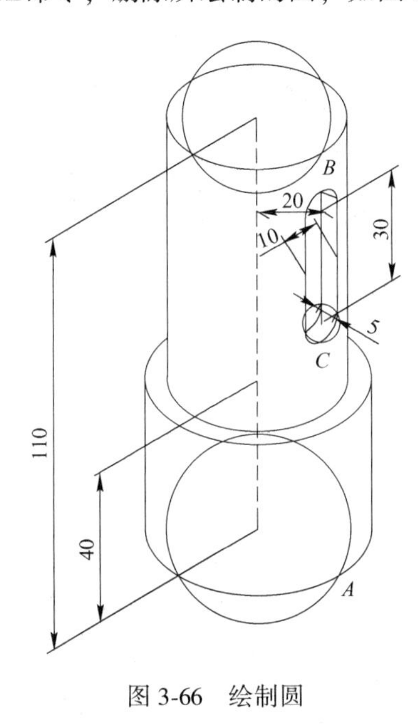

图 3-66　绘制圆

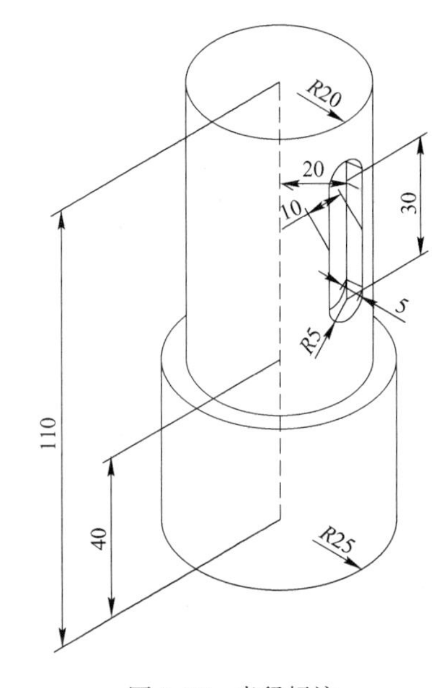

图 3-67　半径标注

【拓展训练】

按照图 3-68 所示的尺寸，绘制其轴测图并进行尺寸标注。

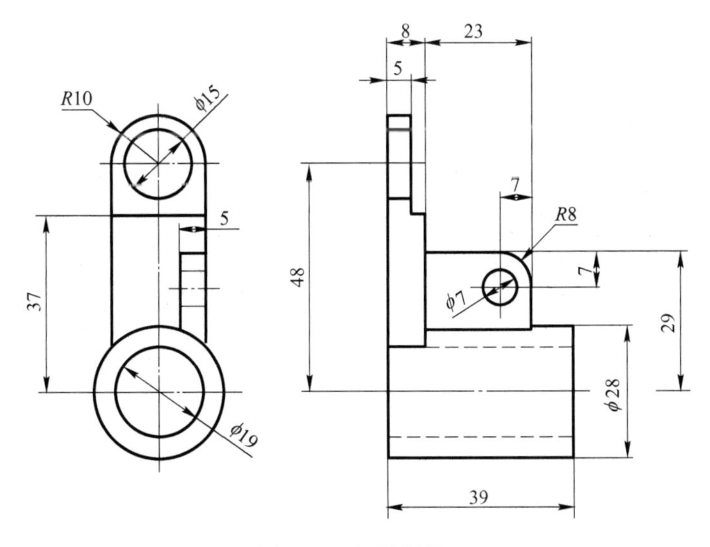

图 3-68　拓展训练 3

上机练习

3-1　根据图 3-69～图 3-74 所示形体的尺寸，绘制其轴测图。

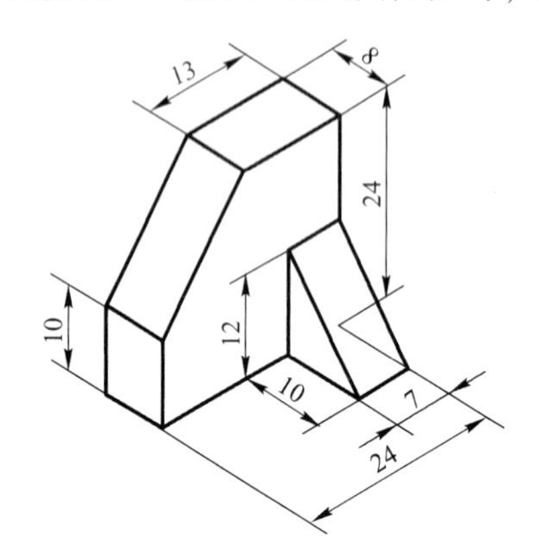

图 3-69　形体一

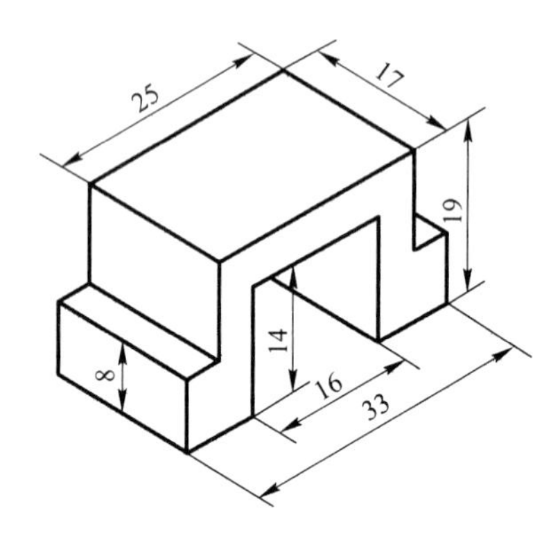

图 3-70　形体二

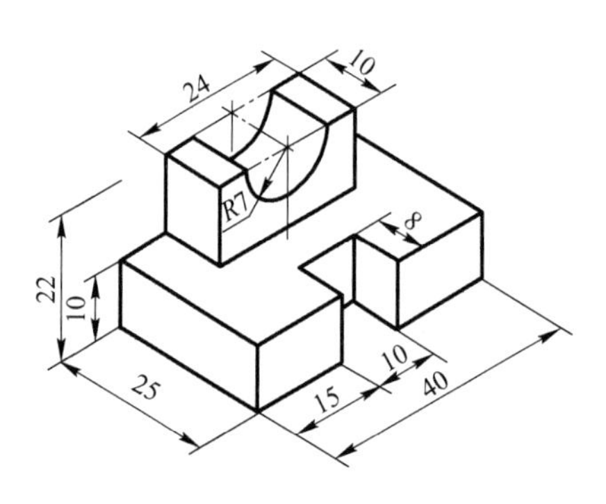

图 3-71　形体三

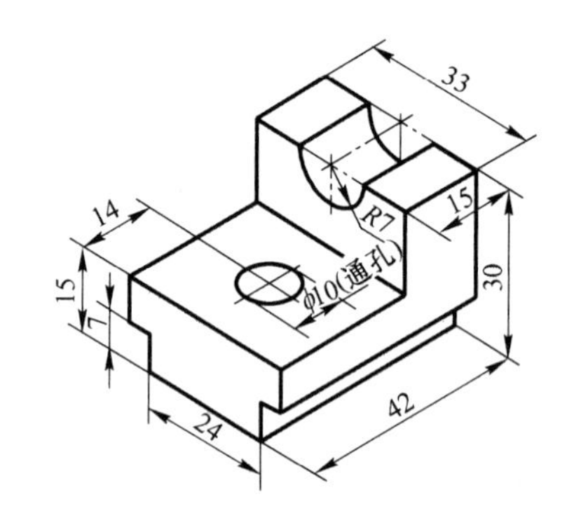

图 3-72　形体四

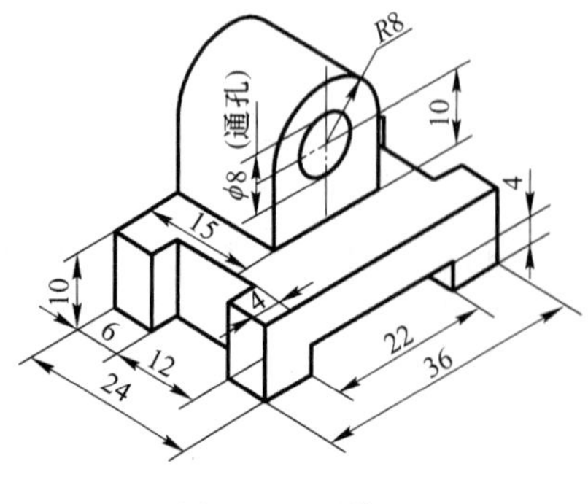

图 3-73　形体五

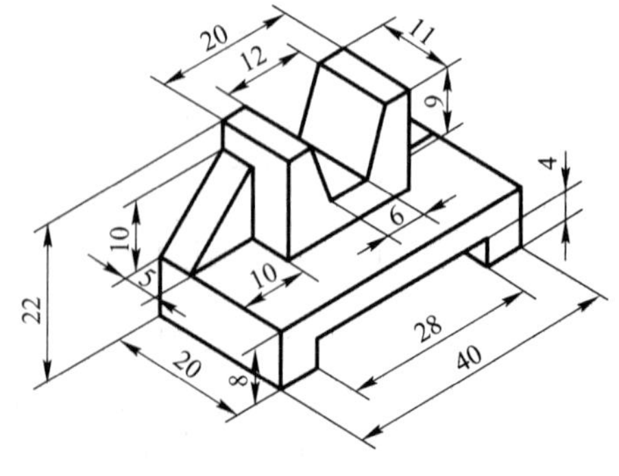

图 3-74　形体六

3-2　根据图 3-75～图 3-78 所示零件的尺寸，绘制其轴测图。

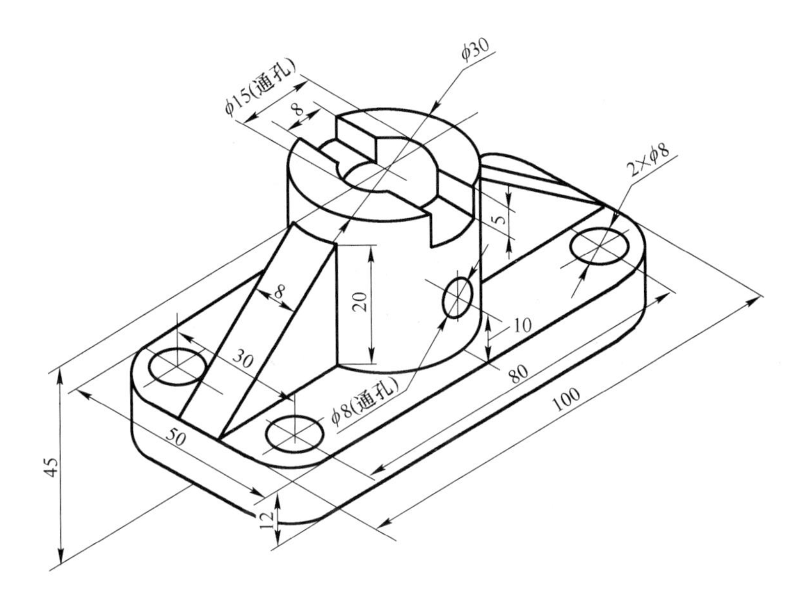

图 3-75 零件一

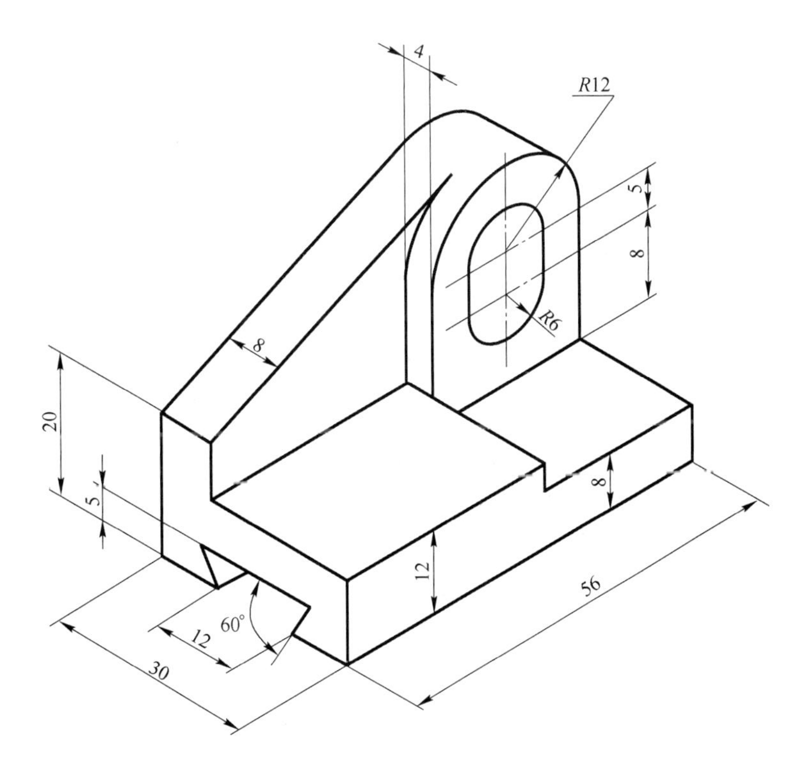

图 3-76 零件二

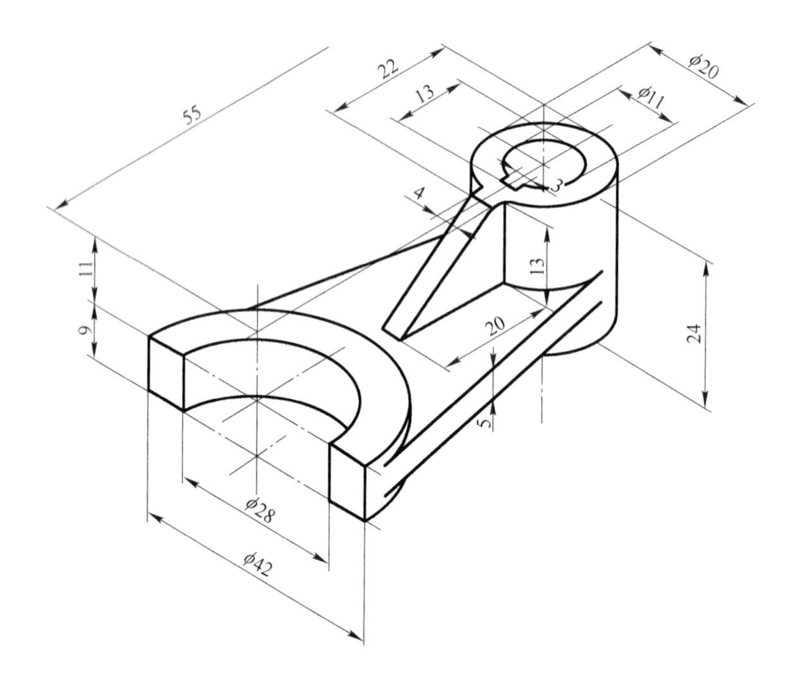

图 3-77　零件三

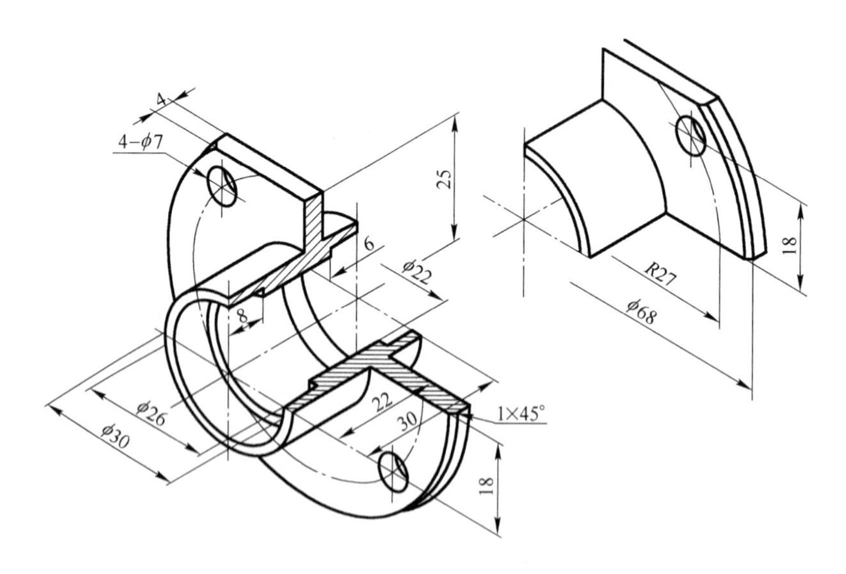

图 3-78　零件四

模块四　三维机械零件建模

学习目标

知识目标	(1) 熟悉三维建模界面，掌握三维实体的建模方法和特征建模的方法； (2) 掌握实体建模的创建与编辑方法； (3) 掌握实体模型的观察与显示方法； (4) 合理运用 CAD 三维功能，准确表达、交流设计思想，提高设计效率。
能力目标	(1) 熟练掌握用户坐标系、视觉样式的创建与使用； (2) 掌握基本三维实体的创建及拉伸、旋转、扫掠、放样等特征建模命令的使用； (3) 掌握布尔运算和三维实体的编辑，为三维图形赋予材质及渲染图形； (4) 通过案例及拓展训练，初步掌握常用机械零件的设计方法与操作步骤。

任务一　三维建模基础知识

导入案例

随着电脑硬件和 CAD 软件的发展，传统的平面图设计模式正在被新的模式所取代。传统的二维图纸承担着产品从设计到成品全过程的标准的作用，但众所周知，当产品结构比较复杂时，二维图纸在很多时候不能完全描述清楚，甚而有时会有理解差异，这样在产品传递过程中，可能最后的产品与设计会有差异。

三维建模方式是在设计时以三维模型作为产品全过程的标准，以保证最后产品与设计初衷的吻合，因此三维建模在机械行业正在被越来越广泛地应用，而且也是未来的发展方向。

【任务目标】

(1) 了解三维建模的基础知识，熟悉三维建模界面。
(2) 熟练掌握用户坐标系（UCS）的创建。
(3) 掌握视觉样式及视点的设置与使用。

【任务分析】

（1）在“工作空间”列表中选择“三维建模”选项，观察绘图界面并建立新的图形文件。

（2）利用菜单、功能区面板或工具栏创建 UCS 并练习。

（3）打开“视觉样式”面板及“视点预设”对话框，进行选项设置。

【相关知识】

一、三维建模界面

在建立新图形文件时，如果以 acadiso3D. dwt 为样板图，可以直接进入三维建模界面，如图 4-1 所示。

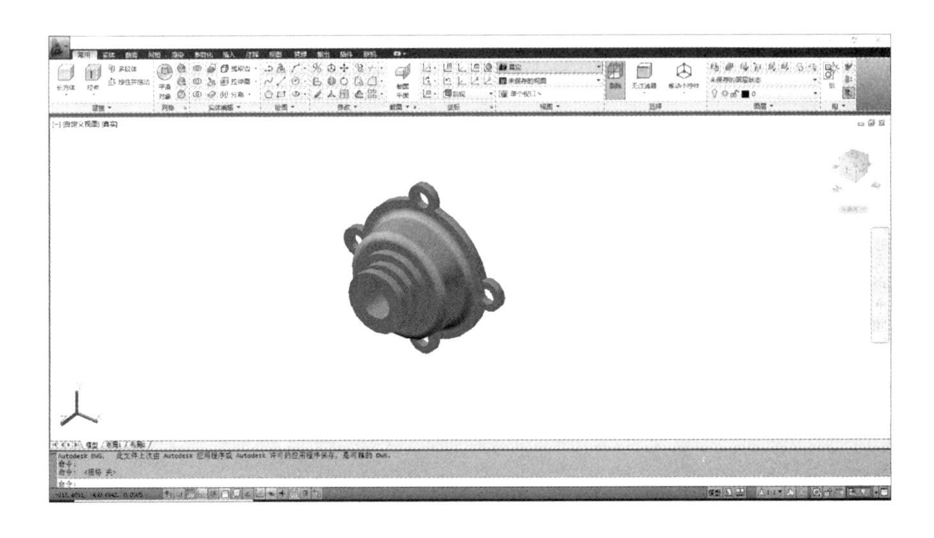

图 4-1 三维建模界面

（一）坐标系图标

坐标系图标显示为三维图标，而且默认显示在当前坐标系的坐标原点位置，而不是显示在绘图窗口的左下角。通过菜单命令“视图”→“显示”→“UCS 图标”，可以控制是否显示坐标系图标及其位置。

（二）光标

在三维建模工作空间，光标显示出了 Z 轴。

（三）ViewCube

ViewCube 是一种导航工具，用户可以利用它方便地将模型按不同的方向显示出来。

（四）功能区

功能区中有“常用”“实体”“曲面”“网络”等多个选项卡，每个选项卡中又各有一些面板，每个面板上有一些对应的命令按钮。单击选项卡标签，可打开对应的面板。例如，“常用”选项卡及其面板上有“建模”“实体编辑”“绘图”“坐标”等面板。利用功能区，可以方便地执行相应的命令。

对于有小黑三角的面板或按钮，单击三角图标后，可将面板或按钮展开，如图 4-2 和图 4-3 所示。

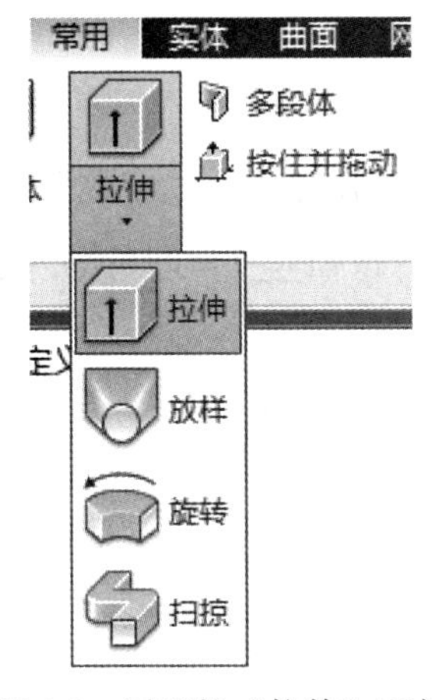

图 4-2　展开的“拉伸”面板

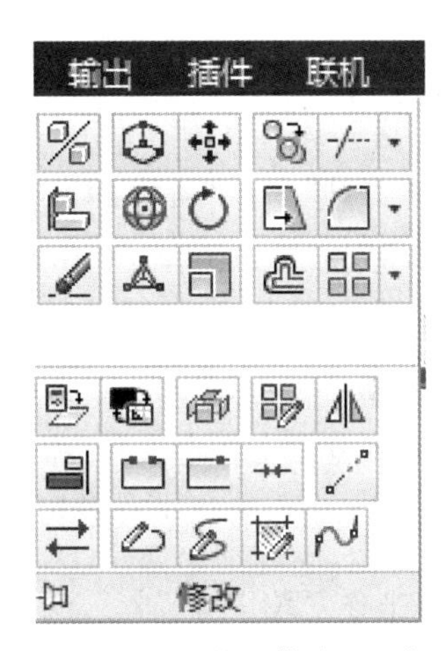

图 4-3　展开的“修改”面板

二、用户坐标系

AutoCAD 有两种坐标系，分别是世界坐标系（WCS）和用户坐标系（UCS），WCS 主要在绘制二维图形时使用，UCS 在创建三维建模时使用。合理的创建 UCS，会给三维建模带来很大的方便。

用于 UCS 操作的菜单、功能区及工具栏如图 4-4～图 4-7 所示。

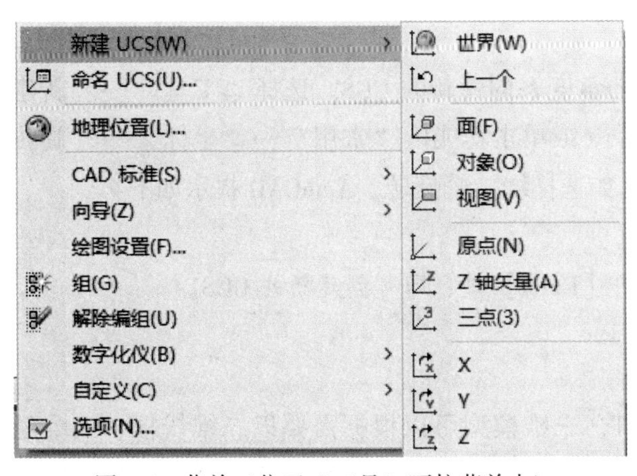

图 4-4　菜单（位于“工具”下拉菜单中）

图 4-5　功能区面板

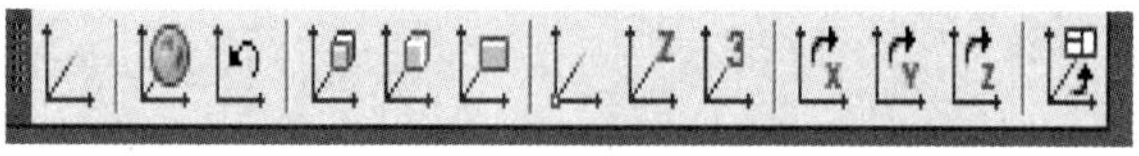

图 4-6　UCS 工具栏

图 4-7　UCS Ⅱ 工具栏

常见 UCS 的方法有指定三点方式、平移方式、旋转方式、返回到前一个 UCS、创建 *XY* 面与计算机屏幕平行的 UCS、与对象对齐的方式、与面对齐的方式、恢复到 WCS 等。重点介绍前三种方式：

（一）指定三点方式

选择“工具”→“新建 UCS”→“三点”命令（或单击功能区“常用”→“坐标”→“三点”按钮，或单击“UCS”工具栏上的“三点”按钮），即可输入命令，AutoCAD 提示如下：

指定新原点<0，0，0>：（指定新 UCS 的原点位置）

在正 *X* 轴范围上指定点：（指定新 UCS 的 *X* 轴正方向上的任一点）

在 UCS *XY* 平面的正 *Y* 轴范围上指定点：（指定新 UCS 的 *Y* 轴正方向上的任一点）

（二）平移方式

此方法得到的新 UCS 的各坐标轴方向与原 UCS 的坐标轴方向一致。选择“工具”→“新建 UCS”→“原点”命令（或单击功能区“常用”→“坐标”→“原点”按钮，或单击“UCS”工具栏上的“原点”按钮），即可输入命令，AutoCAD 提示如下：

指定新原点<0，0，0>：

在此提示下，指定 UCS 的新原点位置，即可创建出新的 UCS。

（三）旋转方式

将原坐标系绕其一坐标轴旋转一定的角度来创建新的 UCS。选择“工具”→“新建 UCS”→“*X*”（或“*Y*”或“*Z*”）命令（或单击功能区“常用”→“坐标”→“旋转轴”按钮、或），即可输入命令。如选择绕 *Z* 轴旋转，AutoCAD 提示如下：

指定绕 *Z* 轴的旋转角度：

在此提示下，输入一定的角度值并按【Enter】键，即可创建新的 UCS。

三、视觉样式

设置视觉样式的命令为 VSCURRENT，三维模型可以根据需要以二维线框、三维隐藏、三维线框、概念或真实等视觉样式显示。利用 AutoCAD 提供的视觉样式面板可以方便地设置视觉样式，如图 4-8 所示。

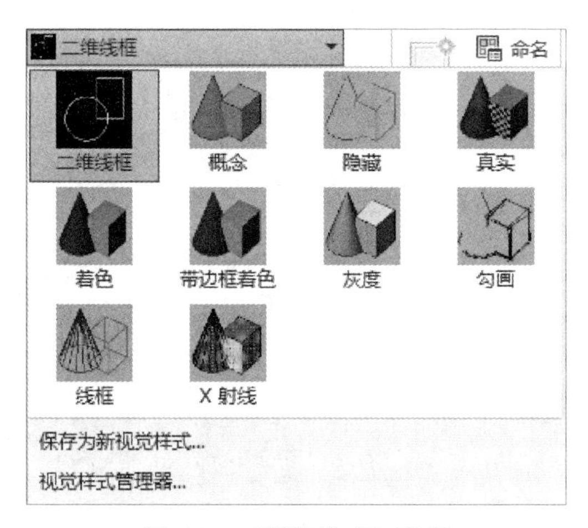

图 4-8　“视觉样式”面板

常见的几种视觉样式比较，如图 4-9 所示。

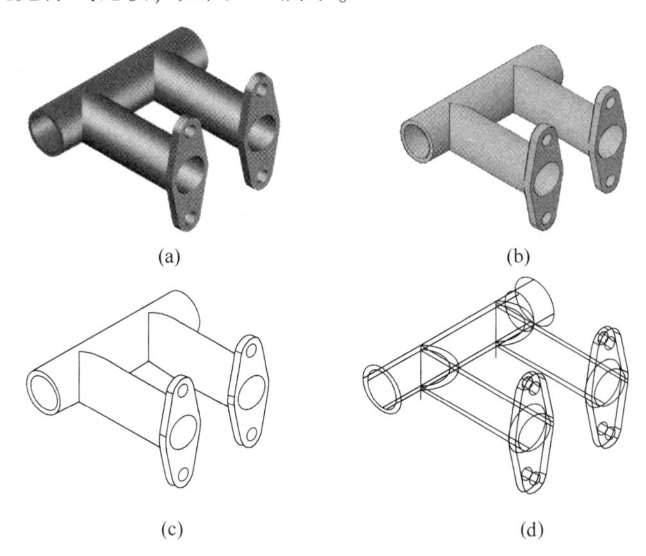

图 4-9　常见的视觉式样比较

（a）真实视觉样式；（b）概念视觉样式；（c）三维隐藏视觉样式；（d）三维线框视觉样式

四、视点

视点是指观察图形的方向。在 AutoCAD 中系统提供了两种视点：标准视点和自定义视点。

（一）标准视点

标准视点是系统为用户定义的视点，共有俯视、仰视、左视、右视、前视、后视、西南等轴测、东南等轴测、东北等轴测和西北等轴测 10 种。使用绘图窗口左上角的 ViewCube 与菜单栏上的“视图”→“三维视图”命令，可方便地切换标准视点，如图 4-10 所示。

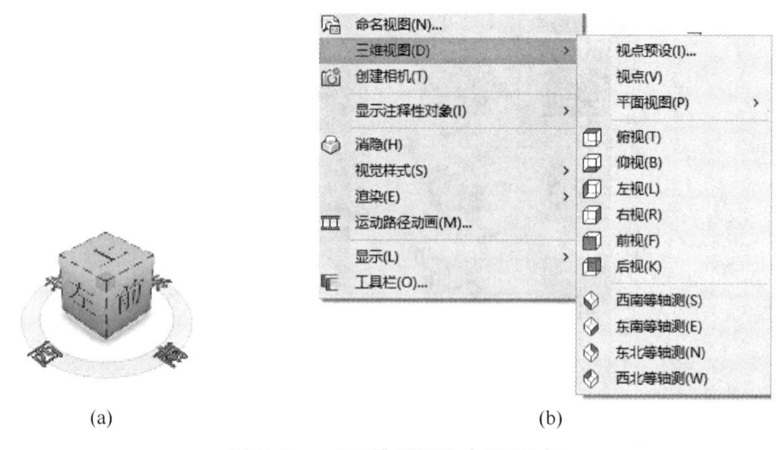

(a)　　(b)

图 4-10　“三维视图”标准视点

（a）ViewCube；（b）“标准视点”菜单栏

（二）自定义视点

自定义视点是用户自己设置的视点，使用自定义视点可以精确地设置观察图形的方向。在 AutoCAD 中，设置自定义视点的方法有如下几种。

1. 视点预设

其命令的输入方式有键盘命令、DDVPOINT 和菜单栏命令：选择“视图”→“三维视图”→“视点预设”。输入命令后弹出“视点预设”对话框，如图 4-11 所示。

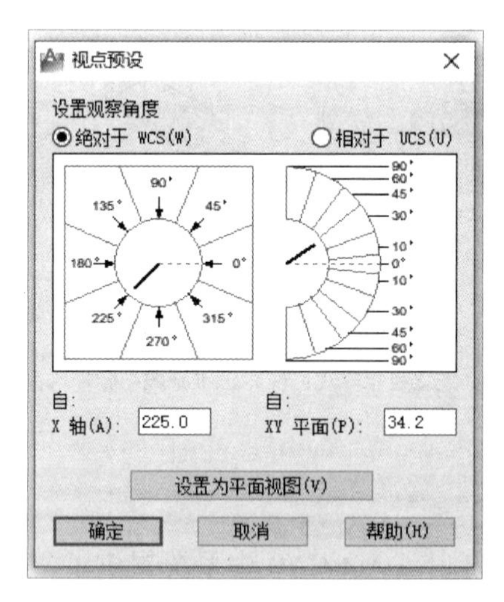

图 4-11　“视点预设”对话框

对话框中各选项的功能说明：

（1）“绝对于 WCS（W）”和“相对于 UCS（U）”单选按钮：用于选择视点所用的坐标系。

（2）*X* 轴（A）：视线在 *XY* 平面上的投影与 *X* 轴正方向的夹角，可以在左边图形中单击所需的角度，也可在其后的文本框内输入角度值。

(3) *XY* 平面（P）：视线与 *XY* 平面的夹角。可在右边图形中单击所需角度，也可在其后的文本框内输入角度值。

(4)“设置为平面视图（V）”按钮：表示设置视线与 *XY* 平面垂直，即视线与 *XY* 平面的夹角为 90°。

2. 设置视点

键盘输入：VPOINT。

“视图”菜单：选择“视图”→“三维视图”→“视点”命令。

命令输入后弹出用于指定“视点”的“指南针和三轴架”，如图 4-12 所示。

拖动鼠标移动光标，坐标系图标也随之变换方向。如果十字光标位于小圆之内，则视点落在 *Z* 轴正方向上；如果十字光标位于小圆与大圆之间，则视点落在 *Z* 轴负方向上。当十字光标处于适当位置时，单击鼠标左键即可确定视点位置。

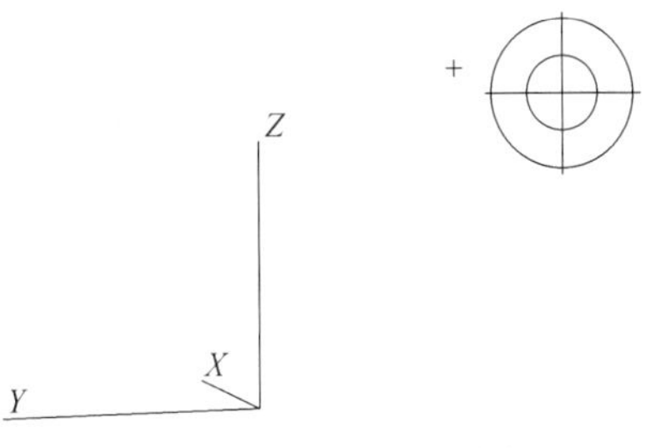

图 4-12　指南针和三轴架

【任务实施】

一、三维建模界面熟悉

启动 AutoCAD，观察屏幕绘图界面，三维建模界面除了有菜单浏览器、快速访问工具栏等之外，许多地方和草图与注释工作界面不同。实体建模工具是三维建模中比较重要的部分，应尽快熟悉“建模”“实体编辑”等工具栏命令的使用。

二、视觉样式的改变与显示效果

打开如图 4-13 所示图形（其他三维实体图形也可），分别用二维线框、三维线框、真实、概念、消隐等视觉样式显示模型并比较显示效果。

三、视点的改变与显示效果

打开如图 4-14 所示图形（其他三维实体图形也可），按照以下步骤进行操作：

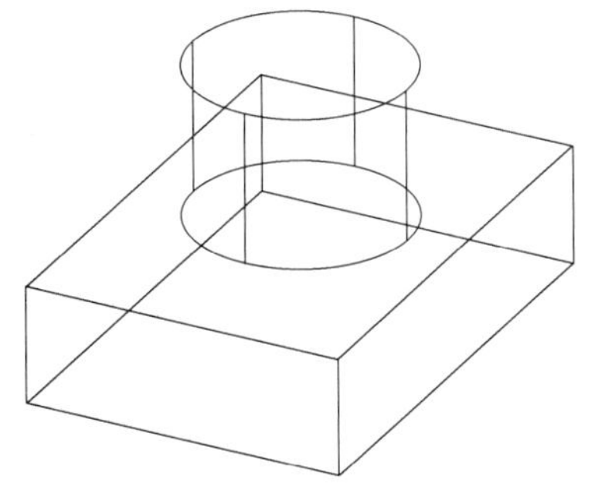

图 4-13　视觉样式

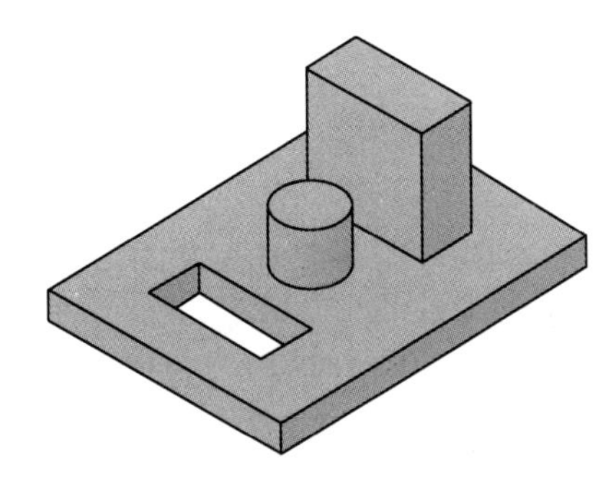

图 4-14　视点的改变与显示

（1）切换俯视、前视、左视、西南等轴测、东北等轴测等标准视点方式显示模型，比较显示效果。

（2）用“视点预置”方式自定义视点显示模型，并观察显示效果。

（3）用“视点”方式自定义视点显示模型，并观察显示效果。

四、创建 UCS 坐标系练习

（1）输入 BOX 命令，在原点（0，0，0）创建一个长为 200、宽为 100、高为 100 的长方体，选择“视图”→“三维视图”→“西南等轴测”菜单命令，切换到西南等轴测视图模式，如图 4-15 所示。

命令：BOX

指定第一个角点或［中心(C)］：0，0，0

指定其他角点或［立方体(C)/长度(L)］：l

指定长度 <200.0000>：

指定宽度 <100.0000>：

指定高度或［两点(2P)］< 100.0000 >：

（2）利用“指定三点方式”创建 UCS，移动到指定点，如图 4-16 所示。命令输入后，系统提示为：

命令：UCS

当前 UCS 名称：＊世界＊

指定 UCS 的原点或［面(F)/命名(NA)/对象(OB)/上一个(P)/视图(V)/世界(W)/X/Y/Z/Z 轴(ZA)］< 世界 >：

指定 *X* 轴上的点或 <接受>：

指定 *XY* 平面上的点或 <接受>：

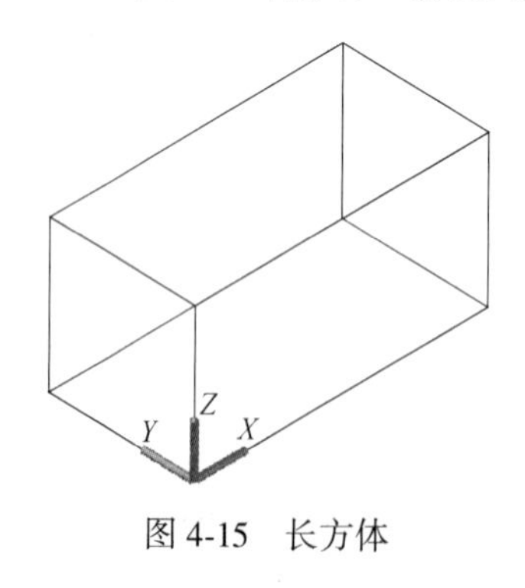

图 4-15　长方体

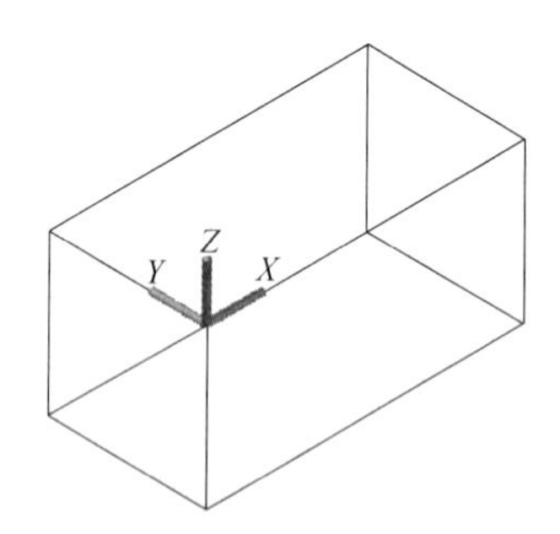

图 4-16　“指定三点方式”创建 UCS

（3）利用“与对象对齐方式”创建 UCS，移动到指定点，如图 4-17 所示。命令输入后，系统提示为：

命令：UCS

当前 UCS 名称：＊世界＊

指定 UCS 的原点或［面(F)/命名(NA)/对象(OB)/上一个(P)/视图(V)/世界(W)/X/Y/Z/Z 轴(ZA)］< 世界 >：ob

选择对齐 UCS 的对象：

（4）利用“平移方式”创建 UCS，移动到指定点，如图 4-18 所示。命令输入后，系统提示为：

命令：UCS

当前 UCS 名称：*没有名称*

指定 UCS 的原点或［面(F)/命名(NA)/对象(OB)/上一个(P)/视图(V)/世界(W)/X/Y/Z/Z 轴(ZA)］<世界>：100，50，100

指定 *X* 轴上的点或 <接受>：

指定 *XY* 平面上的点或 <接受>：

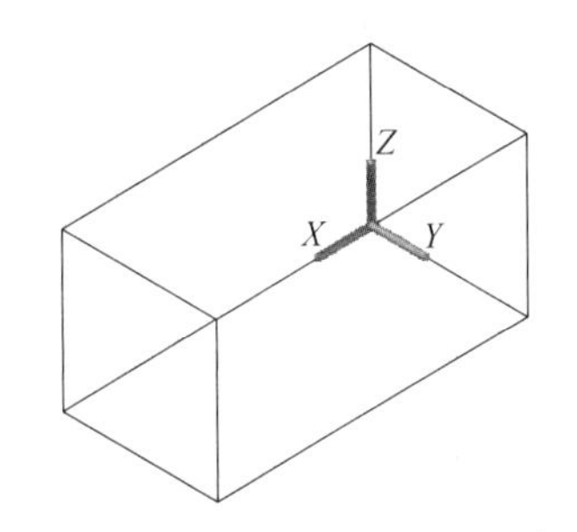

图 4-17　“与对象对齐方式”创建 UCS

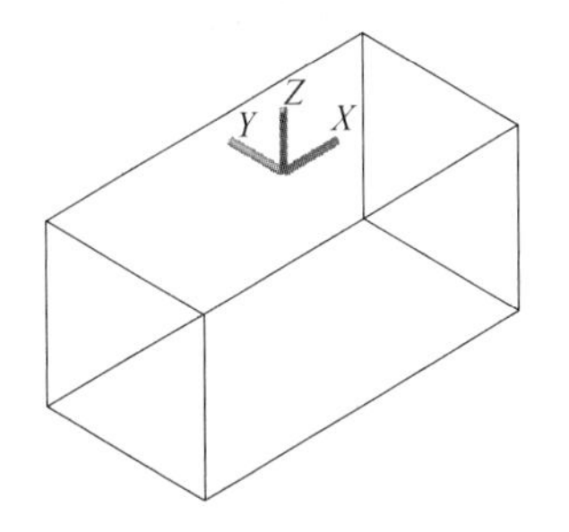

图 4-18　“平移方式”创建 UCS

其余几种创建 UCS 方式请大家逐一练习，尽快熟悉。

【拓展训练】

（1）设置“UCS”（利用菜单命令、工具栏命令、键盘命令）。

（2）动态坐标系的操作。

任务二　生成三维实体的基本方法

导入案例

随着 CAD 技术的普及，越来越多的工程技术人员在使用 AutoCAD 进行工程设计。虽然，在工程设计中通常都使用二维图形来描述三维实体，但是由于三维图形的逼真效果，以及可以通过三维立体图直接得到透视图或平面效果图，因此，计算机三维设计越来越受到工程技术人员的青睐。

AutoCAD 系统提供了多种基本三维实体的创建命令，用户可以方便地创建多段体、长方体、圆柱体、球体、楔形体、圆锥体、圆环体及棱锥体等基本三维实体。另外，系统还设计了拉伸、旋转、扫掠、放样等特征建模命令，为更加快捷地创建复杂模型提供了条件。

【任务目标】

（1）熟悉并掌握三维实体创建和特征建模的命令。

(2) 基本三维实体的创建。
(3) 特征建模创建三维实体。

【任务分析】

(1) 利用键盘命令、面板命令练习长方体、圆柱体、球体等基本三维实体的创建。
(2) 通过对二维对象的拉伸、旋转、扫掠、放样等方式创建三维实体。

【相关知识】

一、基本三维实体的创建

(一) 多段体

键盘输入：POLYSOLID。
功能区"常用"面板：单击功能区"常用"→"建模"→"多段体"按钮。
命令输入后，系统提示为：
指定起点或[对象(O)/高度(H)/宽度(W)/对正(J)] <对象>：(指定多段线的起点)
指定下一个点或[圆弧(A)/放弃(U)]

(二) 长方体

键盘输入：BOX。
功能区"常用"面板：单击功能区"常用"→"建模"→"长方体"按钮。
命令输入后，系统提示为：
命令：BOX
指定第一个角点或[中心(C)]：(指定长方体底面的第一个角点)
指定其他角点或[立方体(C)/长度(L)]：(指定长方体底面的第二个角点)
指定高度或[两点(2P)] <115.8451>：(输入长方体的高度)

(三) 圆柱体

键盘输入：CYLINDER。
功能区"常用"面板：单击功能区"常用"→"建模"→"圆柱体"按钮。
命令输入后，系统提示为：
命令：CYLINDER
指定底面的中心点或[三点(3P)/两点(2P)/切点、切点、半径(T)/椭圆(E)]：(指定圆柱体底面中心点)
指定底面半径或[直径(D)]：30(输入圆柱体的底面圆半径)
指定高度或[两点(2P)/轴端点(A)]：100(输入圆柱体的高度)
圆柱体绘制如图 4-19 所示。

（四）圆锥体

键盘输入：CONE。
功能区“常用”面板：单击功能区“常用”→“建模”→“圆锥体”按钮。
命令输入后，系统提示为：
命令：CONE
指定底面的中心点或[三点(3P)/两点(2P)/切点、切点、半径(T)/椭圆(E)]：（指定圆锥体底面中心点）
指定底面半径或[直径(D)]：50（输入圆锥体底面半径）
指定高度或[两点(2P)/轴端点(A)/顶面半径(T)]：120（输入圆锥体的高度）
圆锥体绘制如图 4-20 所示。

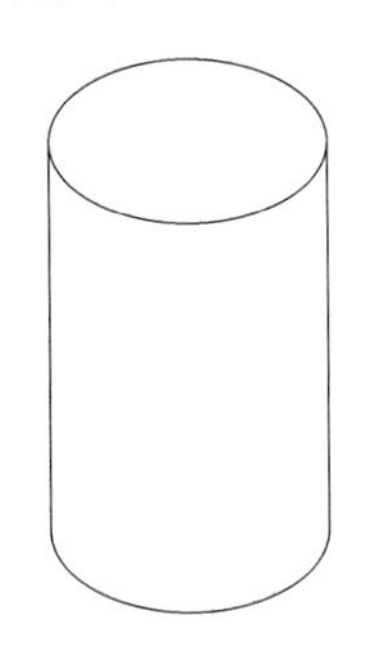

图 4-19　圆柱体绘制（显示方式为“隐藏”）

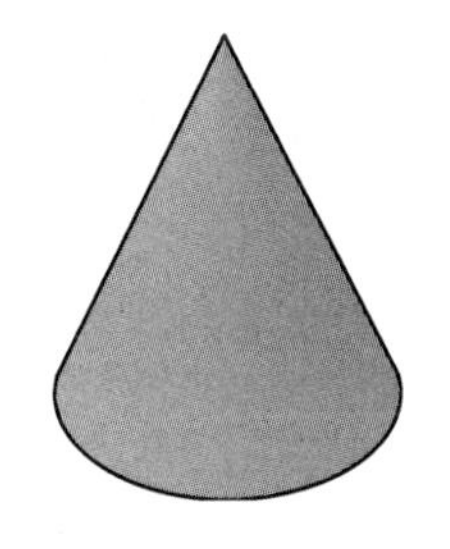
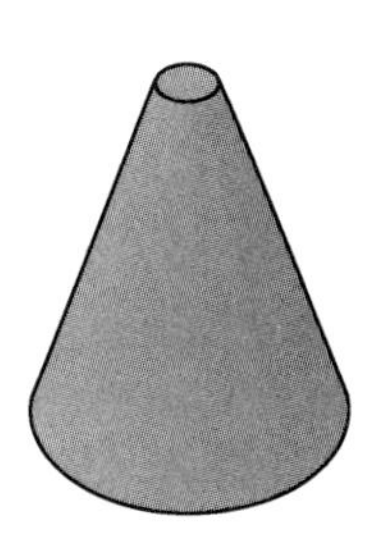

图 4-20　圆锥体绘制（显示方式为“概念”）

（五）球体

键盘输入：SPHERE。
功能区“常用”面板：展开并单击功能区“常用”→“建模”→“球体”按钮。
命令输入后，系统提示为：
命令：SPHERE
指定中心点或[三点(3P)/两点(2P)/切点、切点、半径(T)]：（指定球体的球点位置）
指定半径或[直径(D)] < 50.0000 >：60（输入球体的半径或直径）

（六）棱锥体

键盘输入：PYRAMID。
功能区“常用”面板：展开并单击功能区“常用”→“建模”→“棱锥体”按钮。
命令输入后，系统提示为：
命令：PYRAMID
4 个侧面　外切

指定底面的中心点或［边(E)/侧面(S)］：S（选择指定侧面数选项）输入侧面数<4>：6（输入棱锥体侧面数为6，绘制六棱锥）

指定底面的中心点或［边(E)/侧面(S)］：（指定棱锥体底面中心点）

指定底面半径或［内接(I)］<60. 0000>：60（输入棱锥体的底面内切圆半径为60）

指定高度或［两点(2P)/轴端点(A)/顶面半径(T)］<120. 0000>：（输入棱锥体的高度为120）

棱锥体绘制如图4-21所示。

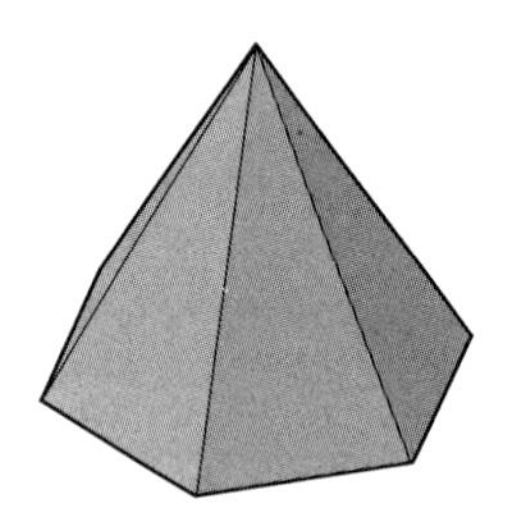
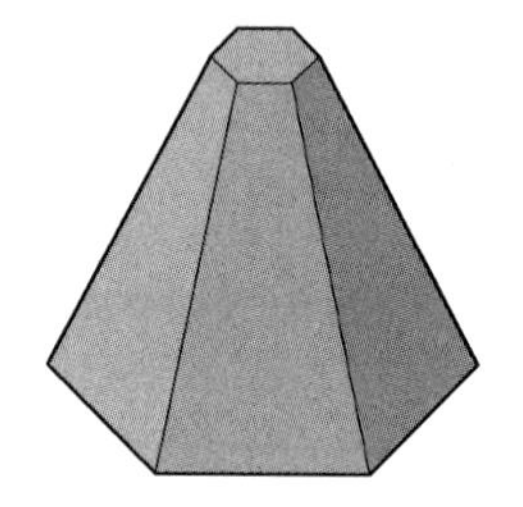

图4-21　棱锥体绘制（显示方式为“概念”）

（七）楔体

键盘输入：WEDGE。

功能区“常用”面板：展开并单击功能区“常用”→“建模”→“楔体”按钮。

命令输入后，系统提示为：

命令：WEDGE

指定第一个角点或［中心(C)］：（指定楔体底面的第一个角点）

指定其他角点或［立方体(C)/长度(L)］：（指定楔体底面的第二个角点）

指定高度或［两点(2P)］< 120. 0000 >：60（输入楔体的高度）

楔体绘制如图4-22所示。

（八）圆环体

键盘输入：TORUS。

功能区“常用”面板：展开并单击功能区“常用”→“建模”→“圆环体”按钮。

命令输入后，系统提示为：

命令：TORUS

指定中心点或［三点(3P)/两点(2P)/切点、切点、半径(T)］：（指定圆环体的中心点位置）

指定半径或［直径(D)］< 69. 2820 >：40（输入圆环体的半径或直径）

指定圆管半径或［两点(2P)/直径(D)］：8（输入圆管的半径或直径）

圆环体绘制如图4-23所示。

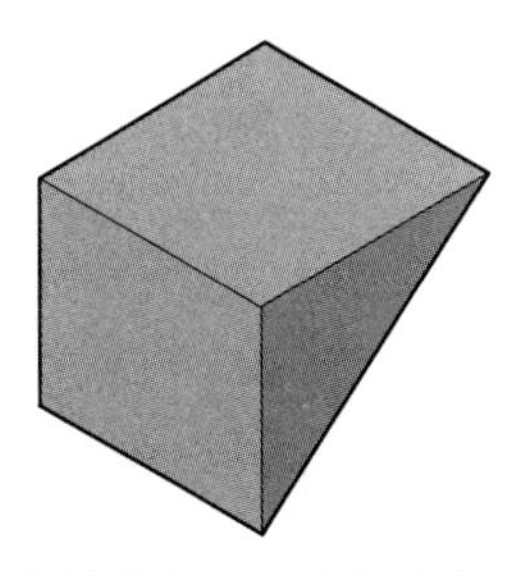

图 4-22　楔体绘制（显示方式为“概念”）

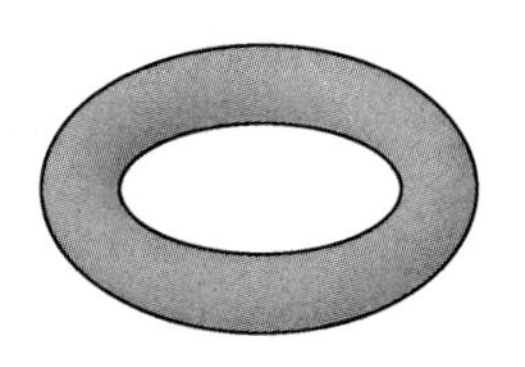

图 4-23　圆环体绘制（显示方式为“概念”）

二、特征建模创建三维实体

（一）面域与边界的创建

面域是用闭合的形状或环创建的二维区域，闭合的多段线、圆弧、直线、样条曲线都是有效的选择对象。

1. “面域”命令

键盘输入：REGION。

“绘图”菜单：单击“绘图”→“面域”命令按钮。

命令输入后，系统提示为：

命令：REGION

选择对象：找到 1 个

选择对象：

已提取 1 个环。

已创建 1 个面域。

2. “边界”命令

键盘输入：BOUNDARY 或 BO。

“绘图”菜单：单击“绘图”→“边界”命令按钮。

命令输入后，弹出如图 4-24 所示的对话框。在“对象类型”下拉列表框中可选择生成多段线或面域，单击“拾取点”按钮，系统提示为：

拾取内部点：（在封闭区域内拾取一点，可根据类型选择生成多段线或面域）

（二）创建拉伸特征

拉伸特征是指通过将二维封闭对象按指定的高度或路径拉伸生成的三维实体（或三维面），如图 4-25 所示。

“拉伸”命令：

键盘输入：EXTRUDE 或 EXT。

功能区“常用”面板：单击功能区“常用”→“建模”→“拉伸”按钮。

命令输入后，系统提示为：

命令：EXTRUDE

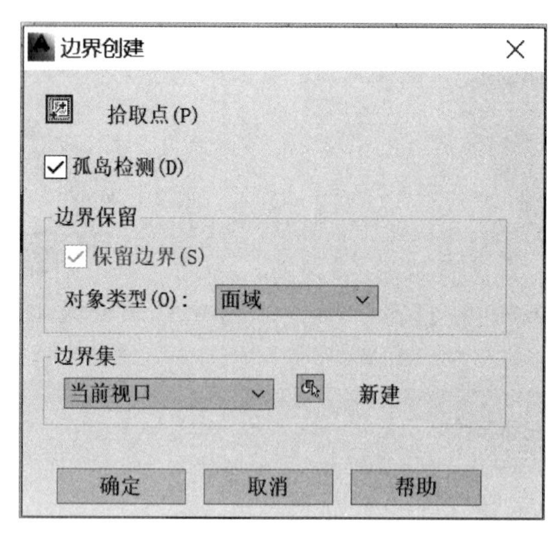

图 4-24　“边界创建”对话框

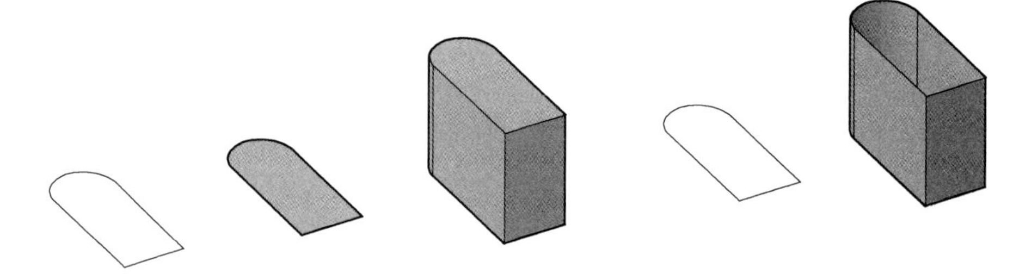

图 4-25　通过拉伸生成的三维实体与三维面

当前线框密度：ISOLINES=4，闭合轮廓创建模式=实体

选择要拉伸的对象或[模式(MO)]：mo

闭合轮廓创建模式[实体(SO)/曲面(SU)]<实体>：so

选择要拉伸的对象或[模式(MO)]：找到 1 个(选择拉伸的二维对象)

选择要拉伸的对象或[模式(MO)]：(结束选择)

指定拉伸的高度或[方向(D)/路径(P)/倾斜角(T)/表达式(E)]<34.4309>：50(指定拉伸的高度)

(三) 创建旋转特征

旋转特征是指将二维封闭对象绕指定轴旋转生成的三维实体，如图 4-26 所示。

“旋转”命令：

键盘输入：REVOLVE 或 REV。

功能区“常用”面板：单击功能区“常用”→“建模”→“旋转”命令按钮。

“绘图”菜单：单击“绘图”→“建模”→“旋转”按钮。

命令输入后，系统提示为：

命令：REVOLVE

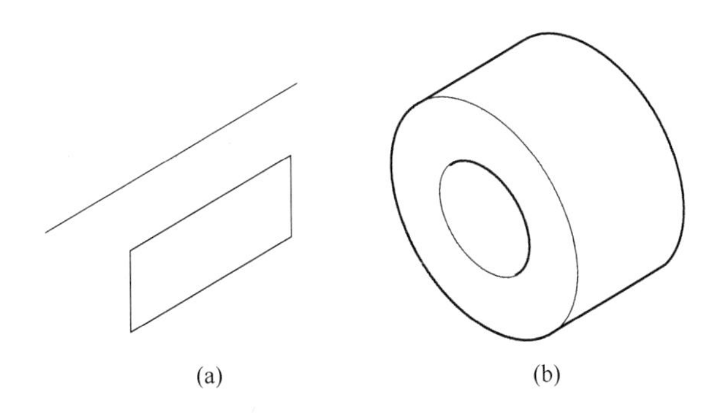

图 4-26　通过旋转生成的三维实体

（a）旋转界面；（b）旋转后的实体

当前线框密度：ISOLINES=4，闭合轮廓创建模式=实体

选择要旋转的对象或[模式(MO)]：mo 闭合轮廓创建模式[实体(SO)/曲面(SU)]< 实体 >：so

选择要旋转的对象或[模式(MO)]：找到 1 个

选择要旋转的对象或[模式(MO)]：(按【Enter】结束二维对象选择)

指定轴起点或根据以下选项之一定义轴[对象(O)/X/Y/Z] < 对象 >：o

选择对象：(指定旋转轴)

指定旋转角度或[起点角度(ST)/反转(R)/表达式(EX)] < 360 >：(输入旋转角度)

(四) 创建扫掠特征

扫掠特征是指将二维对象沿指定路径扫描形成的三维实体或三维曲面。当扫掠对象为封闭平面曲线时，生成三维实体；否则，生成三维曲面。如图 4-27 所示。

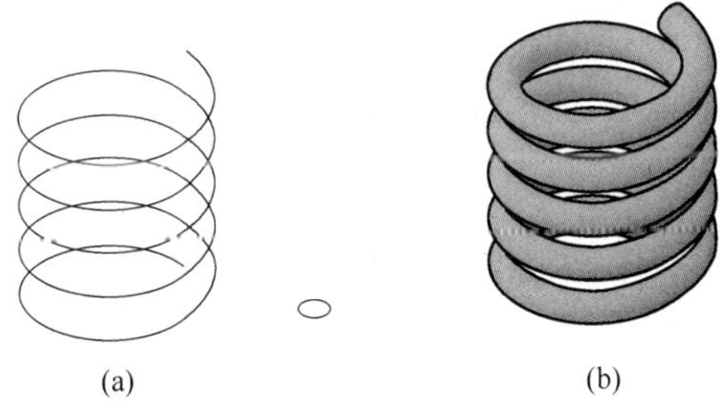

图 4-27　通过旋转生成的三维实体

（a）对象和路径；（b）结果

“扫掠”命令：

键盘输入：SWEEP。

功能区“常用”面板：单击“常用”→“建模”→“扫掠”按钮。

命令输入后，系统提示为：

命令：_ SWEEP

当前线框密度：ISOLINES=4，闭合轮廓创建模式=实体

选择要扫掠的对象或[模式(MO)]：_ mo闭合轮廓创建模式[实体(SO)/曲面(SU)] < 实体 >：_ so

选择要扫掠的对象或[模式(MO)]：找到1个(选择用于扫掠的对象)

选择要扫掠的对象或[模式(MO)]：(按【Enter】结束对象选择)

选择扫掠路径或[对齐(A)/基点(B)/比例(S)/扭曲(T)]：(选择扫掠的路径)

(五) 创建放样特征

键盘输入：LOFT。

功能区“常用”面板：单击“常用”→“建模”→“放样”按钮。

命令输入后，系统提示为：

命令：LOFT

当前线框密度：ISOLINES=4，闭合轮廓创建模式=实体

按放样次序选择横截面或[点(PO)/合并多条边(J)/模式(MO)]：mo闭合轮廓创建模式[实体(SO)/曲面(SU)] < 实体 >：so

按放样次序选择横截面或[点(PO)/合并多条边(J)/模式(MO)]：找到1个

按放样次序选择横截面或[点(PO)/合并多条边(J)/模式(MO)]：找到1个，总计2个

按放样次序选择横截面或[点(PO)/合并多条边(J)/模式(MO)]：找到1个，总计3个

按放样次序选择横截面或[点(PO)/合并多条边(J)/模式(MO)]：

选中了3个横截面

输入选项[导向(G)/路径(P)/仅横截面(C)/设置(S)] < 仅横截面 >：

【任务实施】

一、绘制一个长、宽、高分别为100、60、30的长方体

绘图步骤如下：

(1) 选择“视图”→“三维视图”→“俯视”菜单命令。

(2) 输入“长方体”命令，系统提示为：

命令：BOX

指定第一个角点或[中心(C)]：0，0

指定其他角点或[立方体(C)/长度(L)]：l

指定长度：100

指定宽度：60

指定高度或[两点(2P)]：30

(3) 选择“视图”→“三维视图”→“西南等轴测”菜单命令，并将显示方式设置为“隐藏”。生成的图形如图4-28所示。

二、绘制多段体

绘制如图 4-29 所示的多段体。

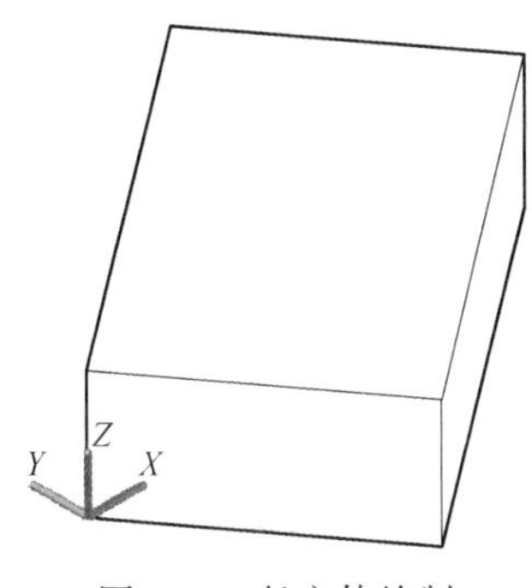

图 4-28　长方体绘制

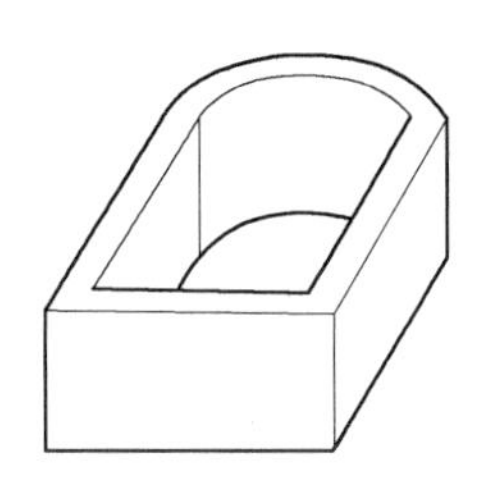

图 4-29　绘制多段体

绘图步骤如下：

(1) 选择“视图”→“三维视图”→“俯视”菜单命令。

(2) 输入“多段体”命令，系统提示为：

命令：POLYSOLID

高度=80.0000，宽度=5.0000，对正=居中

指定起点或[对象(O)/高度(H)/宽度(W)/对正(J)] < 对象 >：h

指定高度<80.0000>：10

高度=10.0000，宽度=5.0000，对正=居中

指定起点或[对象(O)/高度(H)/宽度(W)/对正(J)] < 对象 >：w

指定宽度<5.0000>：2

高度=10.0000，宽度=2.0000，对正=居中

指定起点或[对象(O)/高度(H)/宽度(W)/对正(J)] < 对象 >：

指定下一个点或[圆弧(A)/放弃(U)]：20

指定下一个点或[圆弧(A)/放弃(U)]：a

指定圆弧的端点或[闭合(C)/方向(D)/直线(L)/第二个点(S)/放弃(U)]：15

指定下一个点或[圆弧(A)/闭合(C)/放弃(U)]：指定圆弧的端点或[闭合(C)/方向(D)/直线(L)/第二个点(S)/放弃(U)]：l

指定下一个点或[圆弧(A)/闭合(C)/放弃(U)]：20

指定下一个点或[圆弧(A)/闭合(C)/放弃(U)]：c

(3) 选择“视图”→“三维视图”→“西南等轴测”菜单命令，并将显示方式设置为“隐藏”。

三、用拉伸特征创建三维实体

用拉伸特征创建如图 4-30 所示的三维实体。

建模步骤如下：

(1) 绘制拉伸对象。设置标准视点为“东南等轴测”，指定圆心位置后，绘制半径为

15 的圆，如图 4-31 所示。

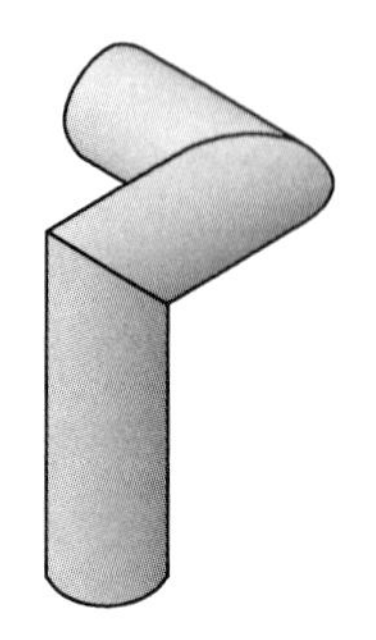

图 4-30　拉伸特征创建三维实体

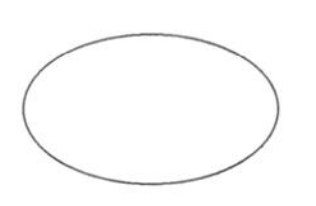

图 4-31　绘制拉伸对象——小圆

（2）绘制拉伸路径。输入“3DPOLY”命令，系统提示：

命令：3DPOLY

指定多段线的起点：

指定直线的端点或［放弃(U)］：< 正交开 > 90

指定直线的端点或［放弃(U)］：50

指定直线的端点或［闭合(C)/ 放弃(U)］：50

指定直线的端点或［闭合(C)/ 放弃(U)］：

绘图结果如图 4-32 所示。

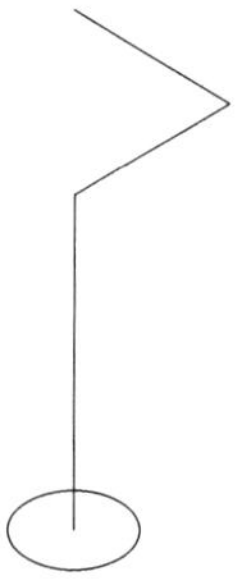

图 4-32　绘制拉伸路径——多段线

（3）创建拉伸特征。输入“EXTRUDE”命令，系统提示：

命令：EXTRUDE

当前线框密度：ISOLINES=4，闭合轮廓创建模式=实体

选择要拉伸的对象或［模式(MO)］：mo 闭合轮廓创建模式［实体(SO)/ 曲面(SU)］< 实体 >：so

选择要拉伸的对象或［模式(MO)］：找到 1 个

选择要拉伸的对象或［模式(MO)］：

指定拉伸的高度或［方向(D)/ 路径(P)/ 倾斜角(T)/ 表达式(E)］< 30.0000 >：p

选择拉伸路径或［倾斜角(T)］：(选择三维多段线)

绘图结果如图 4-30 所示。

【拓展训练】

（1）练习圆锥体、球体、楔体、圆环体、圆柱体、棱锥体的绘制。

（2）练习使用旋转、扫掠、放样等方式创建三维实体。

任务三　阀 杆 建 模

阀杆（如图 4-33 所示）是阀门的重要部件，用于传动，上接执行机构或者手柄，下

面直接带动阀芯移动或转动，以实现阀门开关或者调节作用。

阀杆在阀门启闭过程中不但是运动件、受力件，而且是密封件；同时，它受到介质的冲击和腐蚀，还与填料产生摩擦，因此在选择阀杆材料时，必须保证它在规定的温度下有足够的强度、良好的冲击韧性、抗擦伤性、耐腐蚀性。

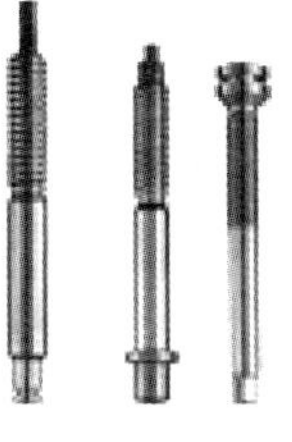

图 4-33　阀杆

【任务目标】

（1）熟练掌握二维多段线的绘制。

（2）掌握旋转建模命令各选项的功能及其使用。

（3）了解材质浏览器，掌握设置材质的方法。

【任务分析】

（1）首先使用 PLINE 命令绘制阀杆的平面图。

（2）通过旋转建模绘制出阀杆模型，利用材质浏览器选项板为实体指定材质，并对其进行渲染。

【相关知识】

一、多段线命令

“多段线”命令用于绘制若干直线和圆弧连接而成的不同宽度的曲线或折线。一条多段线中包含的所有直线与圆弧都是一个实体，可以用“修改”⟶“对象”⟶“多段线”命令对其进行编辑。

多段线命令的输入方式有以下三种：

键盘命令：PLINE 或 PL。

工具栏命令：在“绘图”或“功能区”工具栏上单击按钮 。

菜单命令：从“绘图”菜单中选择 多段线(P) 命令。

命令输入后，系统提示：

命令：PLINE

指定起点：（指定多段线起点）

当前线宽为 0.0000（说明当前所绘制多段线的线宽）

指定下一个点或［圆弧(A)/半宽(H)/长度(L)/放弃(U)/宽度(W)］：（指定第 2 个点或选项）

指定下一点或［圆弧(A)/闭合(C)/半宽(H)/长度(L)/放弃(U)/宽度(W)］：

二、多段线命令提示行中各选项的含义

（1）“指定下一个点”：按直线方式绘制多段线，线宽为当前值。

（2）“圆弧（A）”：按圆弧方式绘制多段线。选择该项后，系统提示如下：

指定圆弧的端点或

［角度(A)/圆心(CE)/闭合(CL)/方向(D)/半宽(H)/直线(L)/半径(R)/第二个

点(S)/放弃(U)/宽度(W)]:

其中各选项的含义如下：

◆ “角度（A)”：指定圆弧的包含角。输入正值，逆时针绘制圆弧；输入负值，顺时针绘制圆弧。

◆ “圆心（CE)”：指定所画圆弧的圆心。当确定圆心位置后，可根据提示再指定圆弧的端点、包含角或对应弦长中的一个条件来绘制圆弧。

◆ “闭合（CL)”：将所绘制的多段线首尾相连。闭合后，结束多段线绘制命令。

◆ “方向（D)”：用于确定圆弧在起点处的切线方向。通过输入起点处切线与水平方向的夹角来确定圆弧的起点切向。也可在绘图区拾取一点，系统将圆弧的起点与该点的连线作为圆弧的起点切向。确定起点切向后，在确定圆弧另一个端点，即可绘制圆弧。

◆ “半宽（H)”：确定圆弧的宽度，即所设值为多段线宽度的一半。

◆ “直线（L)”：将多段线命令由绘制圆弧切换到直线方式。

◆ “半径（R)”：指定半径绘制圆弧。该选项需要输入圆弧的半径，并通过指定端点和包含角中的一个条件来绘制圆弧。

◆ “第二个点（S)”：采用三点绘制圆弧方式，要求指定圆弧上的第二个点。

◆ “放弃（U)”：取消上一段绘制的圆弧，以方便及时修改绘图过程中出现的错误。

◆ “宽度（W)”：用于确定圆弧的起点与终点线宽。

(3) “长度（L)”：指定所绘制直线的长度。此时，AutoCAD 将以该长度沿着上一段直线的方向绘制直线段。如果前一段线对象是圆弧，则该段直线的方向为上一圆弧端点的切线方向。

(4) 其余选项含义与绘制圆弧命令的同类项相同。

三、旋转建模命令及各选项功能

旋转建模命令及各选项功能见第四模块任务二之相关知识介绍。

四、材质浏览器

现实中的模型都具有一定的材质外观，并且处于一定的光照环境中。为了模拟现实环境，创建逼真的模型效果，可以为模型添加材质和贴图，并且设置光照条件，最后进行渲染。

将材质添加到图形对象上，可以展现对象的真实效果。在材质的选择过程中，不仅要了解物体本身的物质属性，还需要配合场景的实际用途、采光条件等。

设置材质的方法：

命令行：输入 RMAT。

功能区：在“渲染”选项卡中单击“材质”面板中的“材质浏览器”按钮。

菜单栏：从“工具”菜单中选择 材质浏览器(B) 命令。

命令输入后，系统弹出“材质浏览器”选项板，如图 4-34 所示。

该浏览器分为“文档材质”和“质材库”两个模块，在“质材库”中，选定某个材质，单击材质名称下的“添加文档”按钮，即添加该材质到文档材质列表中，如图 4-35 所示。

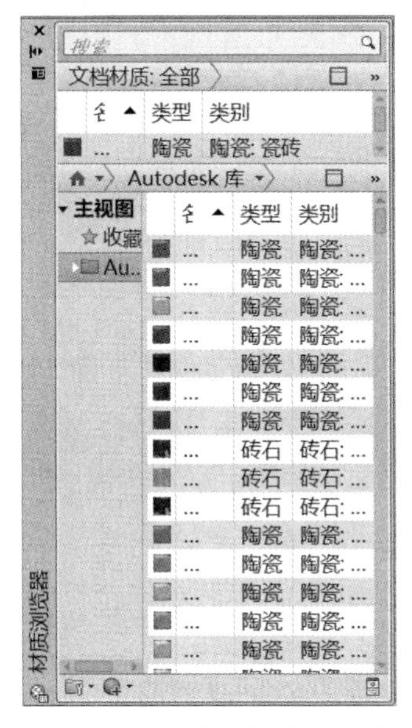

图 4-34　“材质浏览器”选项板

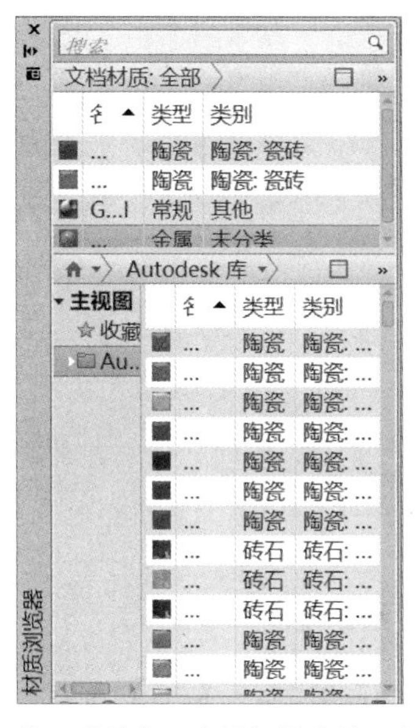

图 4-35　从“质材库”中添加材质到“文档材质”

在绘图区选中某个实体，在“文档材质”中选中某个材质，单击右键，弹出菜单，如图 4-36 所示，选择“指定给当前选择”，即添加该材质到指定实体上，如图 4-37 所示。

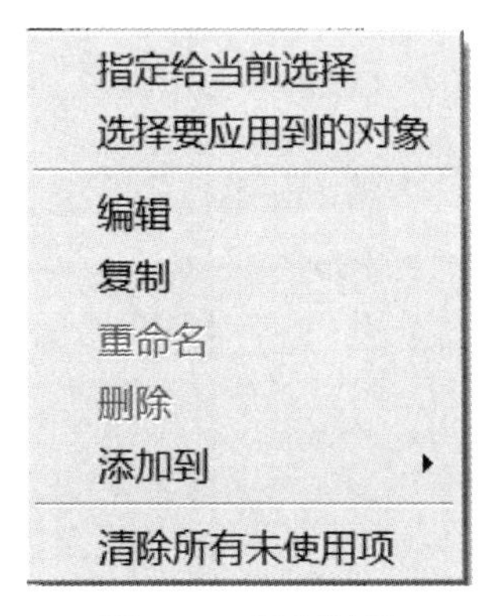

图 4-36　指定材质

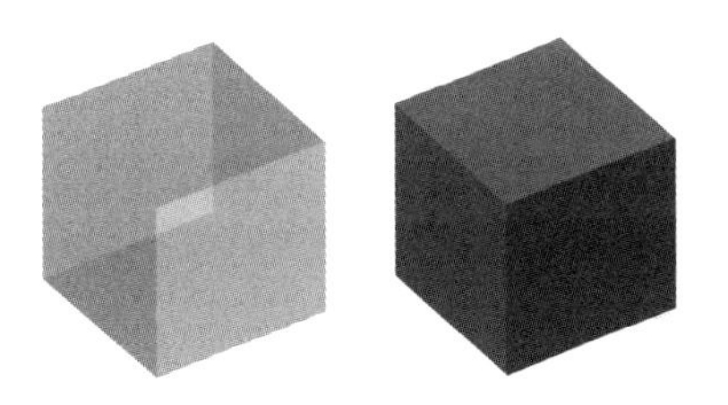

图 4-37　添加材质后效果

【任务实施】

一、创建绘图环境

启动 AutoCAD，新建一个“阀杆建模”的 CAD 文件，并将当前绘图环境设置为“AutoCAD 经典”，如图 4-38 所示。

二、创建工具栏

在“绘图”工具栏中单击鼠标右键，在弹出的快捷菜单中选择“视图”“视觉样式”“实体编辑”“三维导航”“建模”“渲染”命令，使相应的工具栏显示出来。

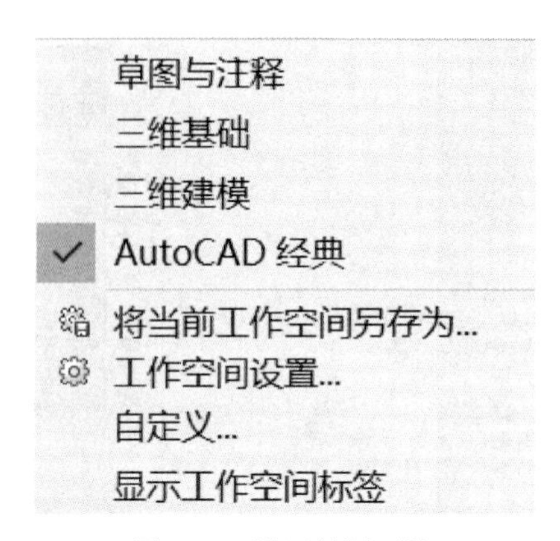

图 4-38　设置绘图环境

三、绘制视图

（1）在“工具”菜单中选择“草图设置”命令，在弹出的“草图设置”对话框中选择“极轴追踪”选项卡，选择“启用极轴追踪”复选框，设置“增量角”为 15，然后单击“确定”按钮退出，如图 4-39 所示。

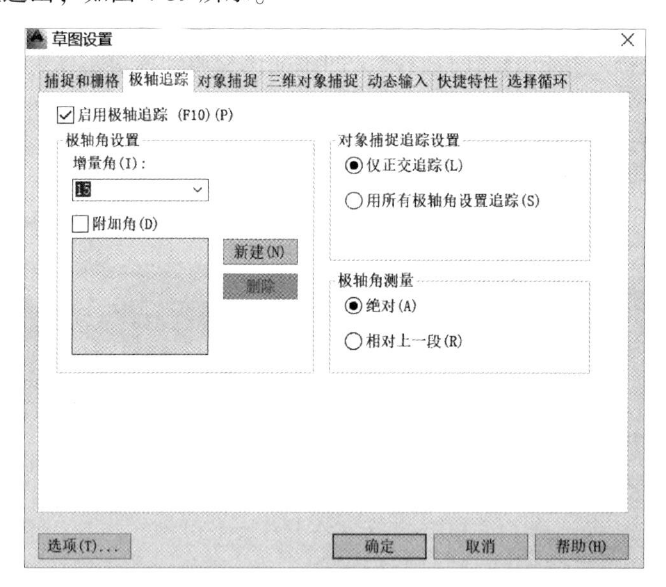

图 4-39　“草图设置”对话框

（2）按 F8 键，开启正交模式，执行 PLINE 命令，在绘图区的任意位置指定起点，依次输入参数（@7<270）、（@80<180）、（@10<90）、（@3<45），重复输入（@2.5<285）、（@2.5<75）20 次，然后依次输入参数（@3<315）、（@20<0）、（@5<270）、（@10<0）、（@5<90）、（@16<0），输入参数 C 闭合图形，如图 4-40 所示。

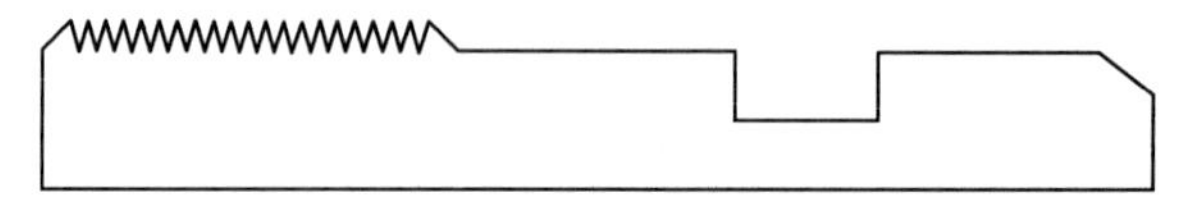

图 4-40　绘制多段线

(3) 单击“视图”工具栏中的“西南等轴测”按钮，切换到西南等轴测视图，单击“建模”工具栏中的“旋转”按钮，分别选择长度为 80 的直线上的任意两点，将绘制的图形旋转 360°，创建出阀杆模型，如图 4-41 所示。

(4) 单击“视觉样式”工具栏中的“概念视觉样式”按钮，按住【Shift】键和鼠标中键，调整模型位置，效果如图 4-42 所示。

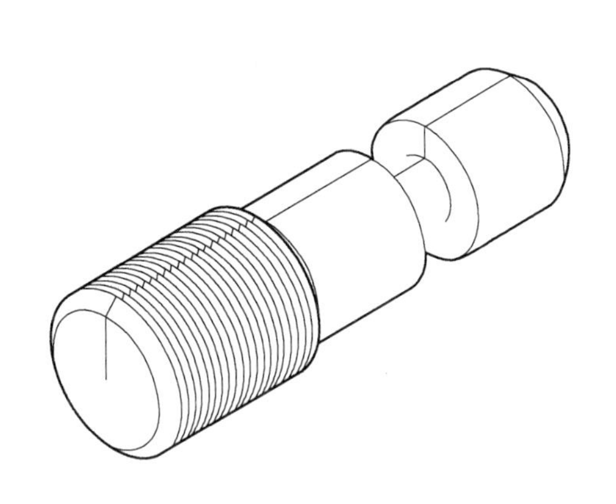

图 4-41　旋转图形

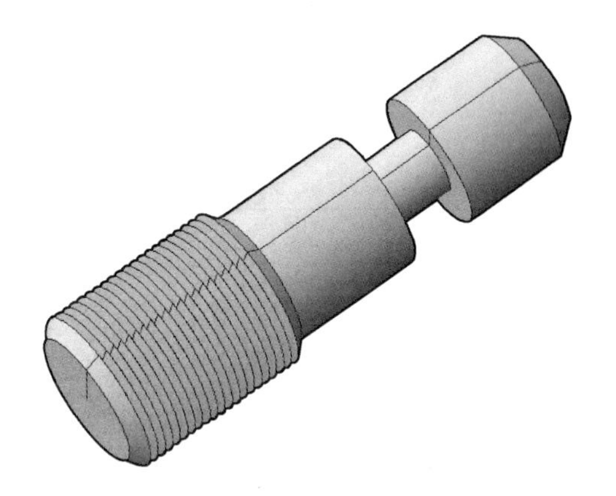

图 4-42　旋转调整模型

(5) 单击“渲染”工具栏中的“材质浏览器”按钮，打开“材质浏览器”选项板，将“金属”材质中的“铬酸锌 2”材质指定给阀杆模型，并调整材质的颜色。单击“渲染”工具栏中的“渲染”按钮，对模型进行渲染，效果如图 4-43 所示。

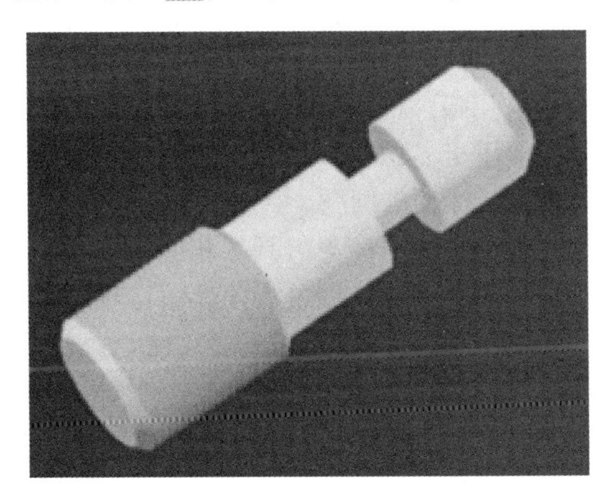

图 4-43　渲染效果

【拓展训练】

根据图 4-44 所示，查找有关标准，自定义尺寸，绘制方头球面圆柱螺丝，完成实体建模后，指定材质为“金属”中的“镀锌”材质并渲染。

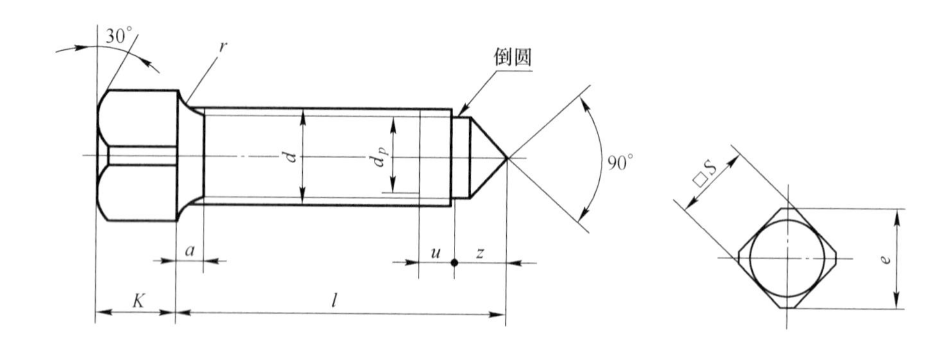

图 4-44　方头球面圆柱螺丝

任务四　齿 轮 建 模

导入案例

齿轮（如图 4-45 所示）是轮缘上有齿，能连续啮合传递运动和动力的机械元件，是能互相啮合的有齿的机械零件，它的传动比较准确，效率高、结构紧凑、工作可靠、寿命长。

图 4-45　齿轮

齿轮传动是机械传动中应用最广的一种传动形式。早在公元前 300 多年，古希腊哲学家亚里士多德在《机械问题》中，就阐述了用青铜或铸铁齿轮传递旋转运动的问题。19 世纪末，展成切齿法的原理及利用此原理切齿的专用机床与刀具的相继出现，使齿轮加工具备较完备的手段，而随着生产的发展，齿轮运转的平稳性越来越受到重视。

【任务目标】

（1）掌握拉伸建模及三维阵列。

（2）了解并掌握布尔运算（交集、并集、差集）。

（3）熟悉模型渲染的方法。

【任务分析】

（1）使用 LINE、CIRCLE、OFFSET、TRIM 等命令绘制齿轮的平面图。

（2）对绘制的平面图进行拉伸建模并对齿轮部分进行环形阵列。

（3）对实体模型进行交集和差集运算，最后对模型进行渲染。

【相关知识】

一、拉伸建模命令及选项说明

拉伸建模命令及选项说明见第四模块任务二之相关知识介绍。

二、三维阵列

该命令的功能是将选定的实体在三维空间中以环形阵列或矩形阵列的方式进行复制，盘盖类零件上的均布结构常用环形阵列的方式获得。

命令行：3DARRAY。

功能区：“建模”→“三维阵列”按钮。

菜单栏：“修改”→“三维操作” 三维阵列(3)。

环形阵列操作如下：

命令：_ 3DARRAY

选择对象：找到 1 个

选择对象：

输入阵列类型 [矩形(R)/环形(P)] < 矩形 >：p

输入阵列中的项目数目：6

指定要填充的角度（+= 逆时针，-= 顺时针）< 360 >：

旋转阵列对象？[是(Y)/否(N)] < Y >：

指定阵列的中心点：0，0，0

指定旋转轴上的第二点：0，0，-20

效果如图 4-46 所示。

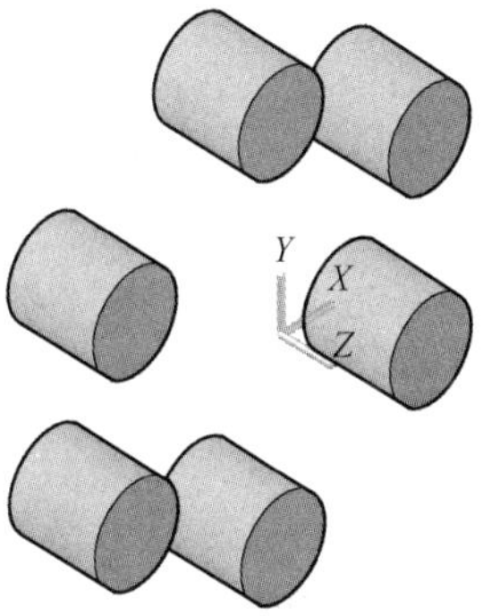

图 4-46　环形阵列

矩形阵列操作如下：

命令：_ . ARRAY

选择对象：找到 1 个

选择对象：找到 2 个，总计 3 个

选择对象：输入阵列类型 [矩形(R)/环形(P)] < P >：_R

输入行数（---）<1>：3

输入列数（| | |）<1>3

输入层数（…. ）<1>3

输入行间距（---）：40. 00000000000000

指定列间距（| | |）：40. 00000000000000

指定层间距（….）：40. 00000000000000

效果如图 4-47 所示。

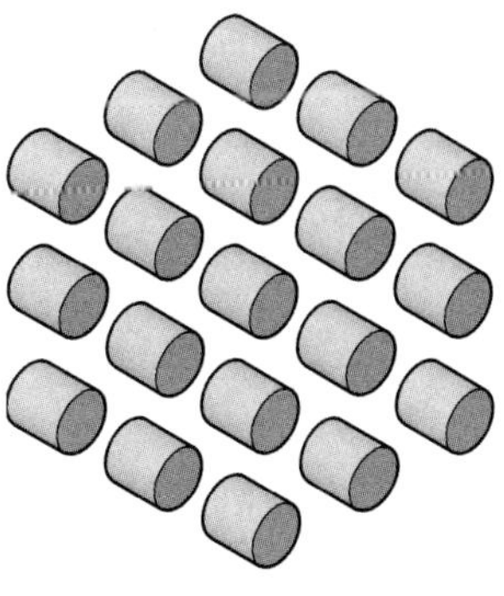

图 4-47　矩形阵列

三、并集运算

并集运算通过“加”操作合并选中实体（或面域），即计算两个或多个实体总面积（或面域的总面积），生成新的实体（或面域），如图 4-48 所示。

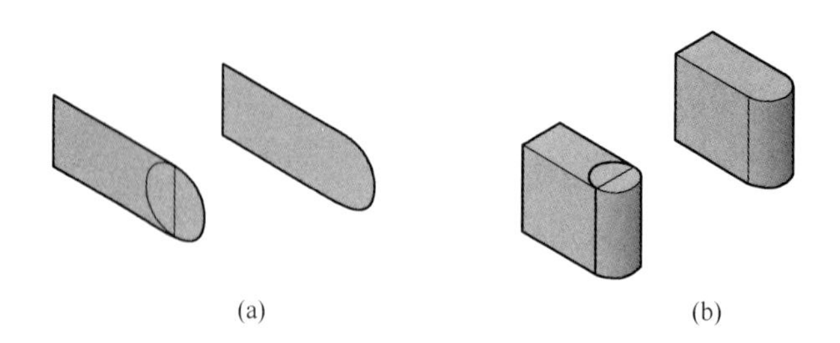

图 4-48　并集运算
（a）面域的并集运算；（b）实体的并集运算

并集运算命令的输入方式：
命令行：输入 UNION 或 UNI。
功能区：单击“常用”→“实体编辑”→“并集”按钮。
菜单栏：选择“修改”→“实体编辑”并集(U)。
命令输入后，系统提示为：
命令：_ UNION
选择对象：找到 1 个（可重复选择多个）
选择对象：找到 1 个，总计 2 个（按【Enter】键结束选择）

四、差集运算

差集运算通过“差”操作合并选定实体（或面域），即从第一个选择集中地对象中减去第二个选择集中地对象，生成新的实体（或面域），如图 4-49 所示。

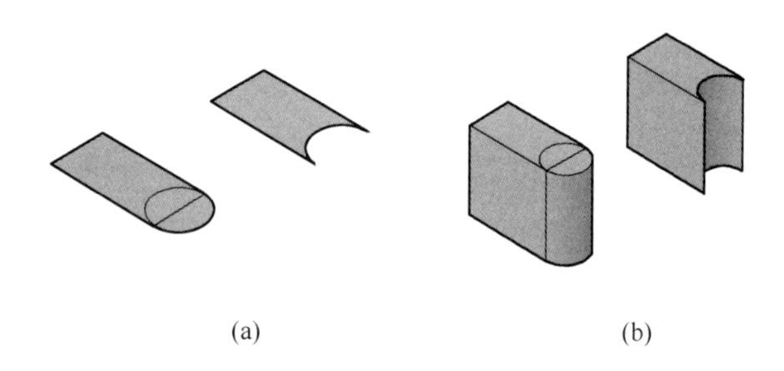

图 4-49　差集运算
（a）面域的差集运算；（b）实体的差集运算

差集运算命令的输入方式：
命令行：输入 SUBTRACT 或 SU。
功能区：单击“常用”→“实体编辑”→“差集”按钮。
菜单栏：选择“修改”→“实体编辑”→差集(S)。
命令输入后，系统提示为：
命令：_ SUBTRACT

选择要从中减去的实体、曲面和面域...
选择对象：找到 1 个（选择要从中减去的对象）
选择对象：选择要减去的实体、曲面和面域...（可重复选择多个从中减去的对象，按【Enter】键结束选择）
选择对象：找到 1 个（选择要减去的对象）
选择对象：（可重复选择多个从中减去的对象，按【Enter】键结束选择）

五、交集运算

交集运算通过“减”操作合并选定的实体（或面域），即裁剪出两个或多个实体（或面域）的共有部分，生成新的实体（或面域），如图 4-50 所示。

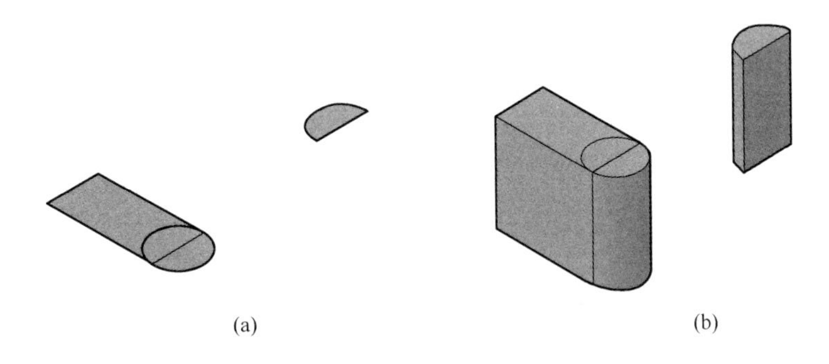

(a)　　(b)

图 4-50　交集运算
（a）面域的交集运算；（b）实体的交集运算

交集运算命令的输入方式：
命令行：输入 INTERSECT 或 IN。
功能区：单击“常用”→“实体编辑”→“交集”按钮。
菜单栏：选择“修改”→“实体编辑”→交集(I)。
命令输入后，系统提示为：
命令：_ INTERSECT
选择对象：找到 1 个
选择对象：找到 1 个，总计 2 个（按【Enter】键结束选择）

六、渲染

创建好实体模型后，实体是以线框的形式显示的，并不能真实地显示物体的实际状态。调用“渲染”命令，可以对三维实体模型进行渲染，包括贴材质、控制光源、添加场景和背景等，还可以控制实体的反射性和透明性等属性，从而生成具有真实感的物体。

（一）高级渲染设置

命令行：输入 RPREF 或 RPP。
功能区：单击“渲染”→“高级渲染设置”按钮。
菜单栏：选择“视图”→“渲染”→高级渲染设置(D)...。

命令输入后，系统打开如图 4-51 所示的“高级渲染设置”选项板，对渲染的有关参数进行设置。

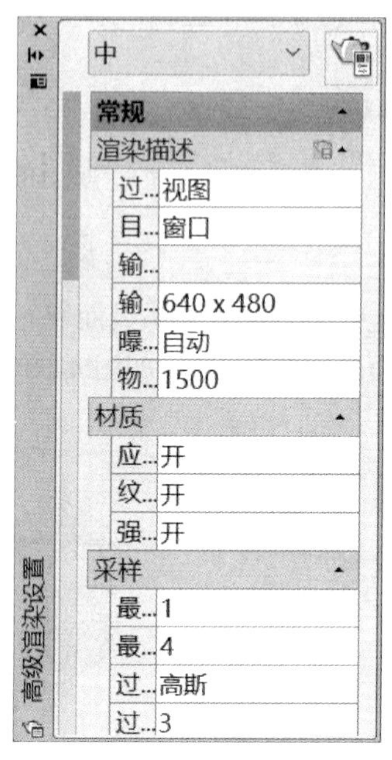

图 4-51　“高级渲染设置”选项板

（二）渲染

命令行：输入 RENDER 或 RR。

功能区：单击“渲染”→“渲染”按钮。

菜单栏：选择“视图”→“渲染”→渲染(R)。

命令输入后，系统打开如图 4-52 所示的“渲染”对话框，显示渲染结果和相关参数。

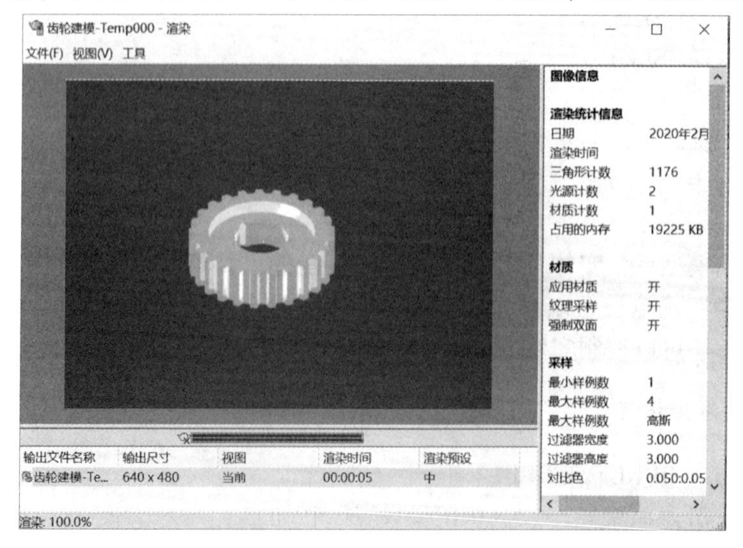

图 4-52　“渲染”对话框

【任务实施】

一、创建绘图环境

启动 AutoCAD，新建一个“齿轮建模”的 CAD 文件，并将当前绘图环境设置为“AutoCAD 经典”，如图 4-53 所示。

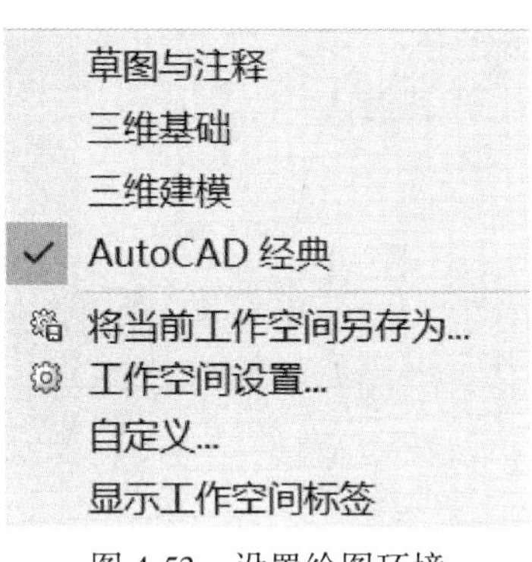

图 4-53　设置绘图环境

二、创建工具栏

在“绘图”工具栏中单击鼠标右键，在弹出的快捷菜单中选择“视图”“视觉样式”“实体编辑”“三维导航”“建模”“渲染”命令，使相应的工具栏显示出来。

三、绘制视图

（1）单击“视图”工具栏中的“俯视”按钮，切换到俯视图模式。按 F8 键，开启正交模式，执行 LINE 命令，绘制两条互相垂直的直线，如图 4-54 所示。

（2）执行 CIRCLE 命令，以相交直线的交点为圆心，绘制 4 个半径分别为 20、40、50、55 的同心圆，如图 4-55 所示。

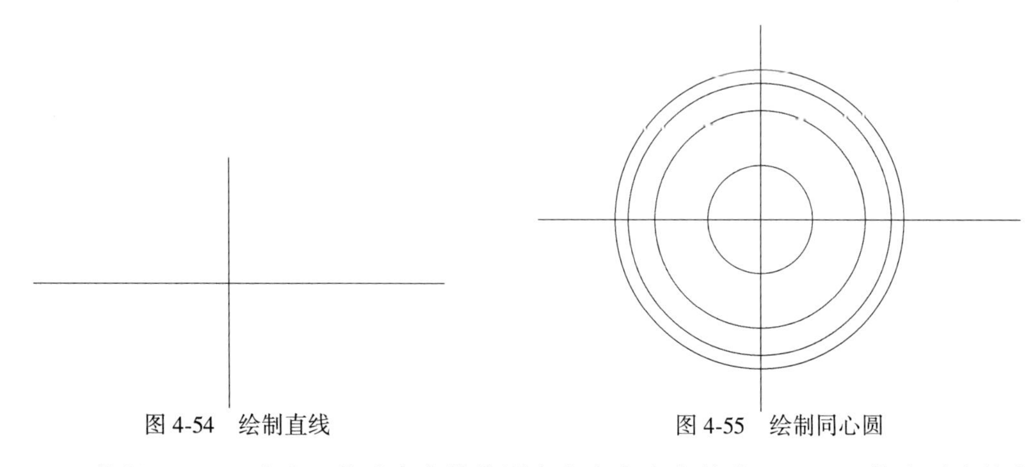

图 4-54　绘制直线　　　　图 4-55　绘制同心圆

（3）执行 OFFSET 命令，将垂直直线分别向左和向右各偏移 2. 5、3，将水平直线向上偏移 23，如图 4-56 所示。

（4）执行 ROTATE 命令，以向左偏移 2.5 的直线与半径为 55 的圆的交点为基点，将向左偏移 2.5 直线旋转 -15°；重复执行 ROTATE 命令，以向右偏移 2.5 的直线与半径为 55 的圆的交点为基点，将向右偏移 2.5 直线旋转 15°，如图 4-57 所示。

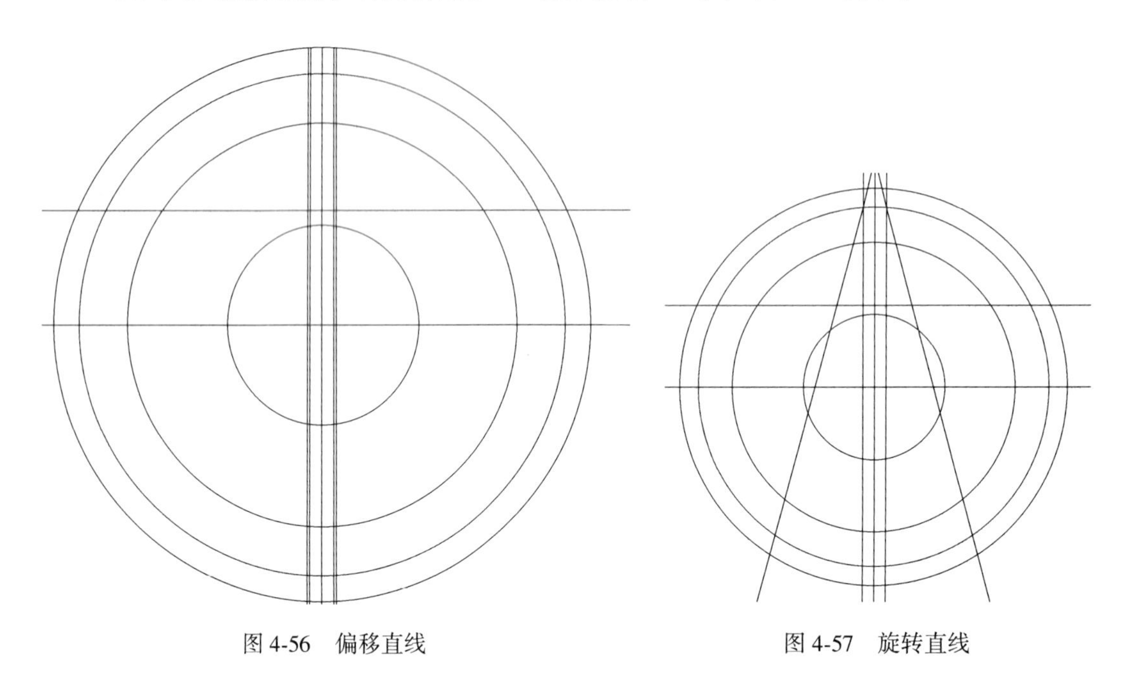

图 4-56　偏移直线　　　　图 4-57　旋转直线

（5）执行 TRIM 命令，对图形进行修剪；执行 PEDIT 命令，合并修剪后的图形，如图 4-58 所示。

（6）执行 CIRCLE 命令，以两条直线的交点为圆心，绘制一个半径为 50 的圆，如图 4-59 所示。

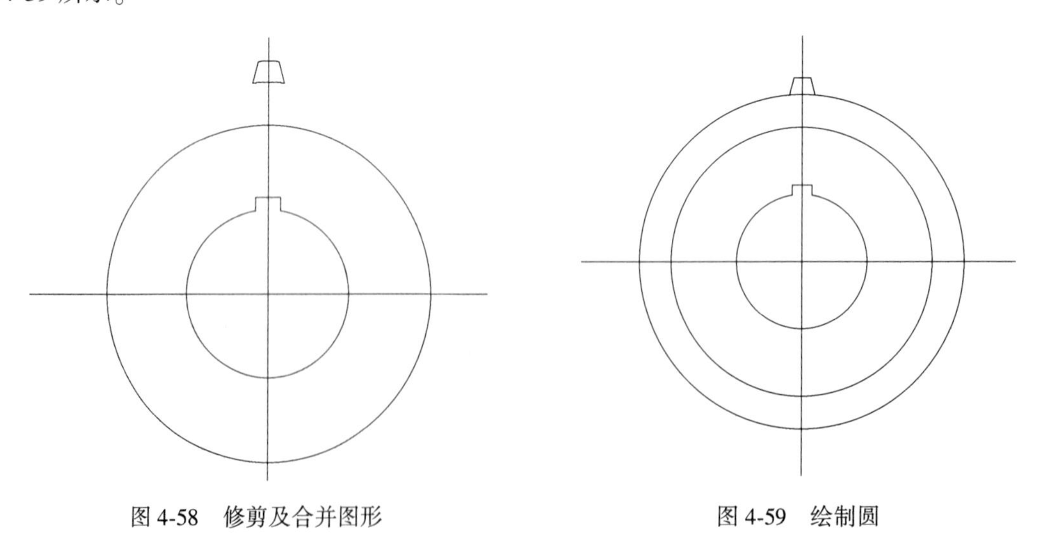

图 4-58　修剪及合并图形　　　　图 4-59　绘制圆

（7）单击“视图”工具栏中的“西南等轴测”按钮，转到西南等轴测视图模式；单击“建模”工具栏中的“拉伸”按钮，选择合并的图形及半径 50 的圆，沿 Z 轴拉伸 30；

重复拉伸命令，选择半径 40 的圆，沿 Z 轴拉伸 5，如图 4-60 所示。

（8）执行 COPPY 命令，以半径为 40 的圆柱体的顶面圆心为基点，将其移动复制到半径为 50 的圆柱体顶面圆心，如图 4-61 所示。

（9）执行 UCS 命令，指定半径为 50 的圆柱体顶面圆心为原点；执行 ERASE 命令，删除绘制的直线，如图 4-62 所示。

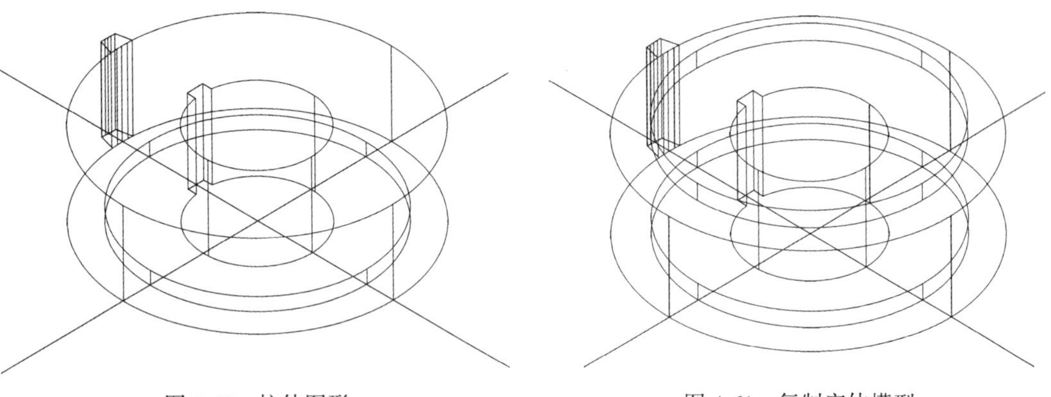

图 4-60　拉伸图形　　图 4-61　复制实体模型

（10）执行 3DARRAY 命令，选择外侧的轮齿实体，设置阵列项目数为 25、填充角度为 360、阵列中心点为（0，0，0）、旋转轴上的第 2 点为（0，0，-50），对轮齿部分进行环形阵列处理，如图 4-63 所示。

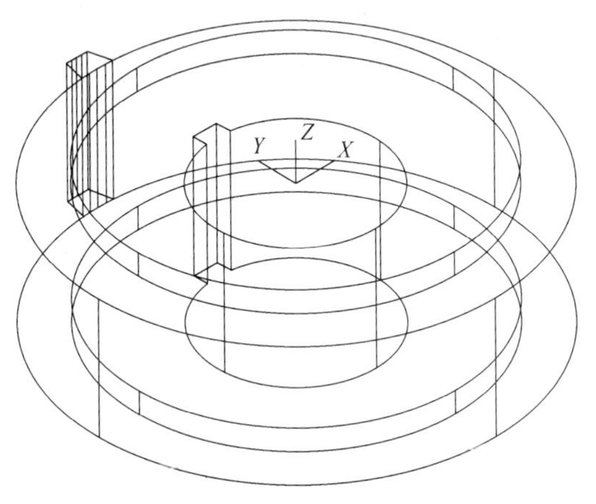

图 4-62　删除直线

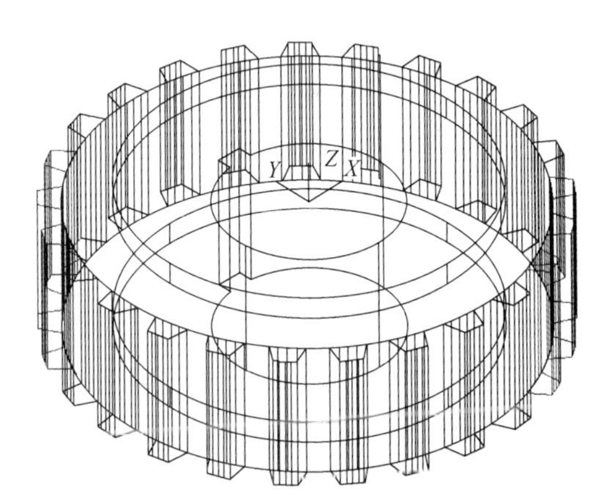

图 4-63　环形阵列实体

（11）单击“实体编辑”工具栏中的“并集”按钮，分别选择由阵列获得的实体与半径为 50 的圆柱体，进行并集运算，结果如图 4-64 所示。

（12）单击“实体编辑”工具栏中的“差集”按钮，选择合并后的实体，然后选择半径为 40 的圆柱体与半径为 20 的圆柱体，进行差集运算，选择“隐藏”视觉样式，结果如图 4-65 所示。

（13）单击“渲染”工具栏中的“材质浏览器”按钮，打开“材质浏览器”选项板，将“金属-钢”材质中的“机械加工 02”材质指定给齿轮模型，并调整材质的颜色，对模型进行渲染，最终效果如图 4-66 所示。

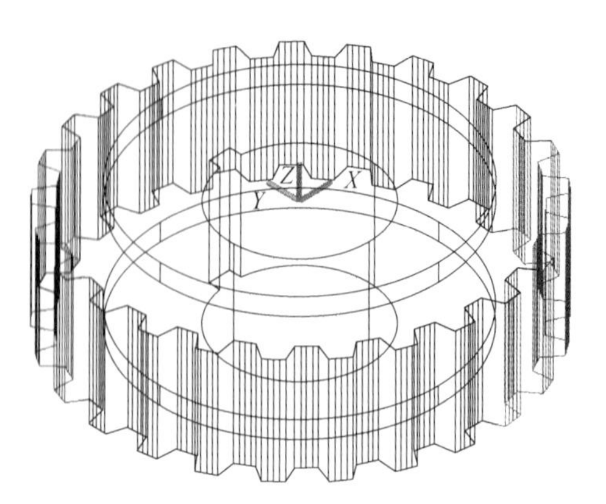

图 4-64　并集运算后效果

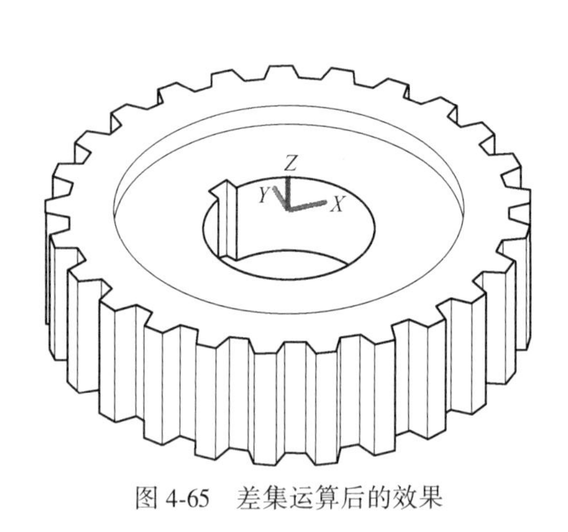

图 4-65　差集运算后的效果

图 4-66　渲染效果

【拓展训练】

根据图 4-67 所示的支座视图，创建其实体模型，指定材质为“金属”中的“铬-黑色抛光”材质并渲染。

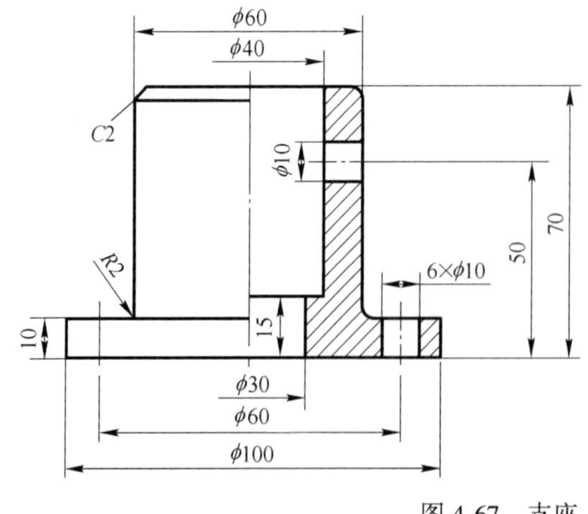

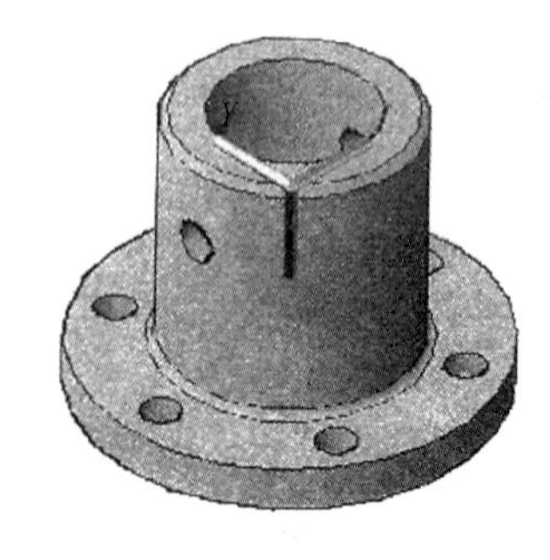

图 4-67　支座

任务五　泵 盖 建 模

导入案例

化工生产中会用到各种类型的泵，如离心泵、齿轮泵、计量泵等，其泵盖（如图4-68 所示）的材料多为灰口铸铁，毛坯为铸造件。在加工前，为消除铸造时形成的内应力，保证加工精度的稳定性，要安排人工时效处理。

在加工过程中，为减小工件的热变形，降低切削力和切削温度，改善工件与刀具之间的摩擦状况，应合理选择切削液与加工参数。

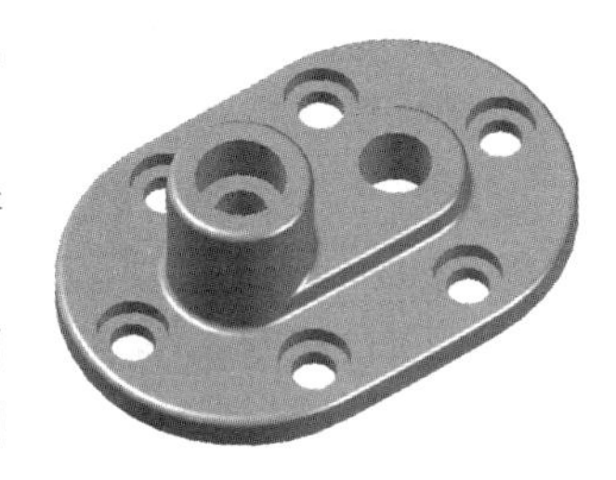

图 4-68　泵盖

【任务目标】

（1）巩固长方体与圆柱体建模、并集与差集运算。
（2）掌握为实体创建圆角、创建倒角及复制图形的方法。
（3）熟悉并掌握实体表面的编辑命令。

【任务分析】

（1）通过绘制长方体并进行圆角处理，创建出泵盖的底座。
（2）绘制长方体和圆柱体，进行并集与差集运算，创建出整个支撑底座部分。
（3）复制圆柱体，对实体进行差集运算，完成泵盖实体的绘制。

【相关知识】

一、长方体与圆柱体建模

长方体与圆柱体建模见第四模块任务二之相关知识介绍。

二、并集与差集运算

并集与差集运算见第四模块任务四之相关知识介绍。

三、创建圆角

命令行：输入 FILLETEDGE 或 FILLET。
功能区：单击功能区“实体”→“实体编辑”→“圆角边”按钮。
菜单栏：选择“修改”→“实体编辑”→ 圆角边(F)。
命令输入后，系统提示为：
命令：FILLETEDGE
半径 = 1. 0000

选择边或［链(C)/ 环(L)/ 半径(R)］: r(选择修改倒角距离选项)
输入圆角半径或［表达式(E)］< 1.0000 >: 5(修改圆角半径为 5)
选择边或［链(C)/ 环(L)/ 半径(R)］: (选择要倒圆角的边)
已选定 1 个边用于圆角。
按 Enter 键接受圆角或［半径(R)］:
选择边或［链(C)/ 环(L)/ 半径(R)］: c(链倒圆角)
选择边链或［边(E)/ 半径(R)］:
选择边链或［边(E)/ 半径(R)］:
已选定 3 个边用于圆角。
按 Enter 键接受圆角或［半径(R)］:
三维圆角如图 4-69 所示。

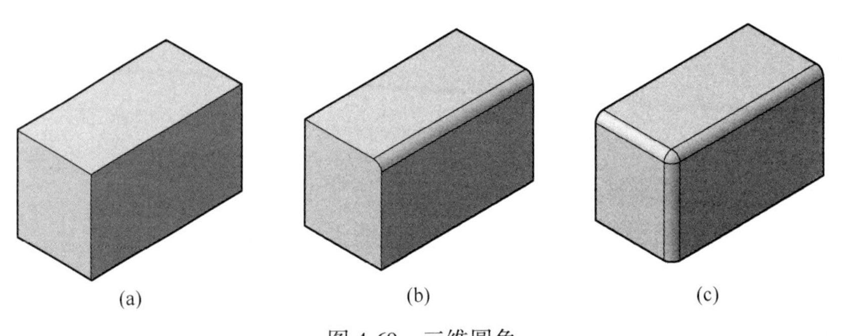

图 4-69　三维圆角
(a) 选择对象; (b) 边圆角; (c) 链圆角

四、创建倒角

命令行: 输入 CHAMFEREDGE 或 CHAMFER。
功能区: 单击功能区“实体”→“实体编辑”→“倒角边”按钮。
菜单栏: 选择“修改”→“实体编辑”→ 倒角边(C)。
命令输入后, 系统提示为:
命令: CHAMFEREDGE
距离 1=10.0000, 距离 2=10.0000
选择一条边或［环(L)/ 距离(D)］: d
指定距离 1 或［表达式(E)］< 10.0000 >: 8
指定距离 2 或［表达式(E)］< 10.0000 >: 8
选择一条边或［环(L)/ 距离(D)］:
选择同一个面上的其他边或［环(L)/ 距离(D)］:
按【Enter】键接受倒角或［距离(D)］:
选择一条边或［环(L)/ 距离(D)］: l
选择环边或［边(E)/ 距离(D)］:
输入选项［接受(A)/ 下一个(N)］< 接受 >:
选择环边或［边(E)/ 距离(D)］: d

指定距离 1 或［表达式(E)］< 8.0000 >：
指定距离 2 或［表达式(E)］< 8.0000 >：
选择同一个面上的其他边或［环(L)/距离(D)］：
按【Enter】键接受倒角或［距离(D)］：
三维倒角如图 4-70 所示。

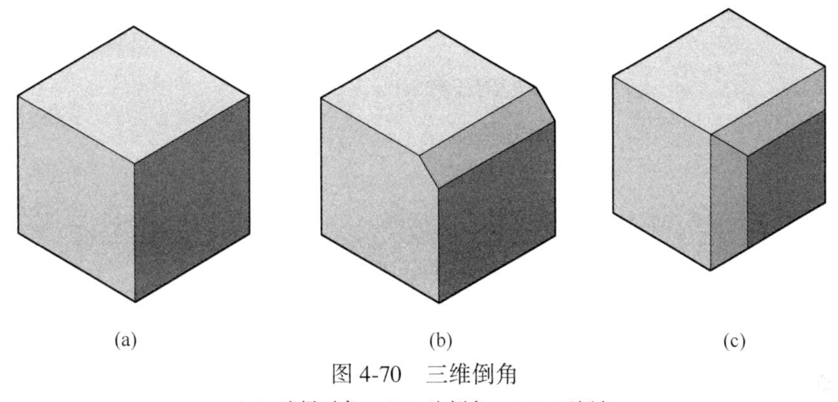

(a)　(b)　(c)

图 4-70　三维倒角
(a) 选择对象；(b) 边倒角；(c) 环倒角

五、实体表面的编辑命令

在 AutoCAD 中，可以通过对实体表面的拉伸、移动、偏移、删除、旋转等操作，完成对实体的编辑。

命令行：输入 SOLIDEDIT。

功能区：在功能区“常用”→“实体编辑”中单击展开按钮，弹出“实体编辑”工具栏，如图 4-71 所示。

菜单栏：在“修改”菜单的“实体编辑”子菜单中选择各命令项，可进行相关编辑操作，如图 4-72 所示。

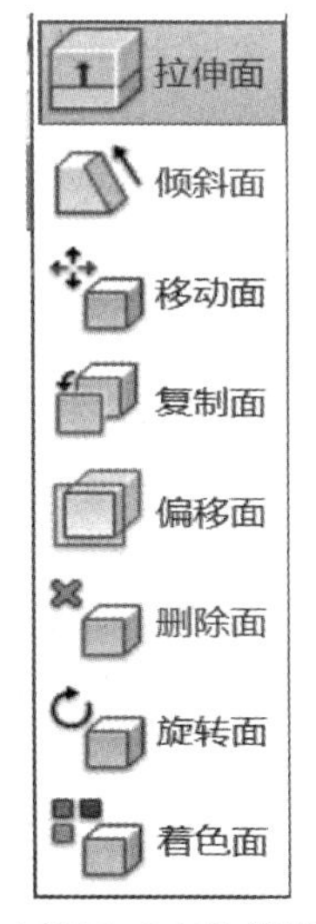

图 4-71　功能区“实体编辑”工具栏

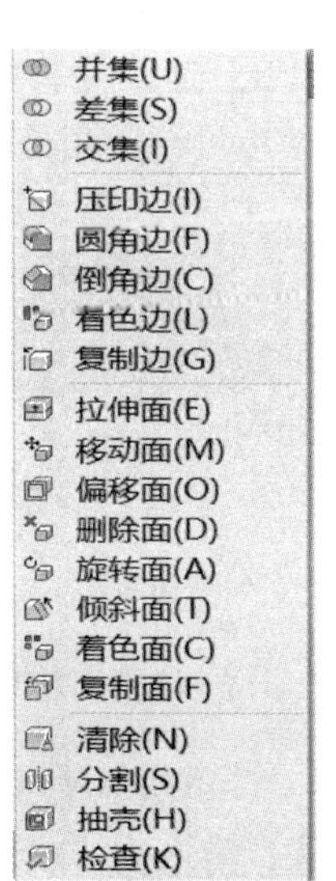

图 4-72　“实体编辑”子菜单

【任务实施】

一、创建绘图环境

启动 AutoCAD，新建一个“泵盖建模”的 CAD 文件，并将当前绘图环境设置为“AutoCAD 经典”，如图 4-73 所示。

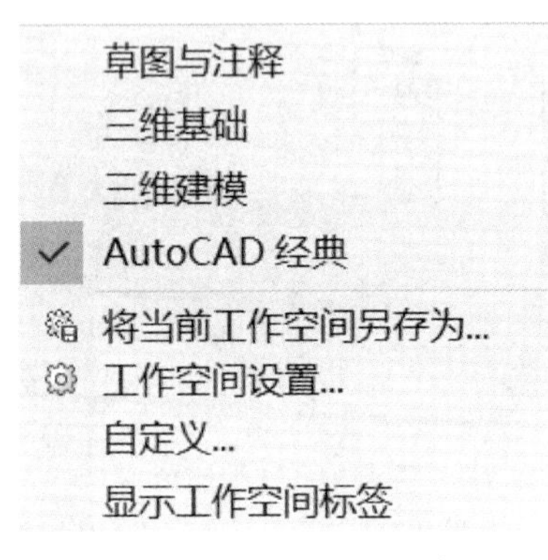

图 4-73 设置绘图环境

二、创建工具栏

（1）在“绘图”工具栏中单击鼠标右键，在弹出的快捷菜单中选择“视图”“视觉样式”“实体编辑”“三维导航”“建模”“渲染”命令，使相应的工具栏显示出来。

（2）单击“视图”工具栏中的“西南等轴测”按钮，切换到西南等轴测视图模式，按 F8 键，开启正交模式。执行 BOX 命令，根据命令行提示进行操作，输入（0，0，0）并按【Enter】键确认，输入 L 并确认，向右上方引导光标，输入 300 并确认，输入 200 并确认，输入 20 并确认，绘制长方体，结果如图 4-74 所示。

（3）执行 FILLET 命令，根据命令行提示进行操作，设置圆角半径为 100，分别对长方体侧面的 4 条边进行圆角处理，结果如图 4-75 所示。

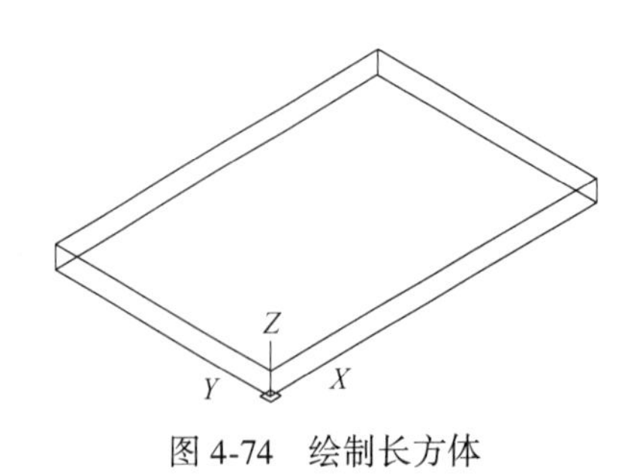

图 4-74 绘制长方体

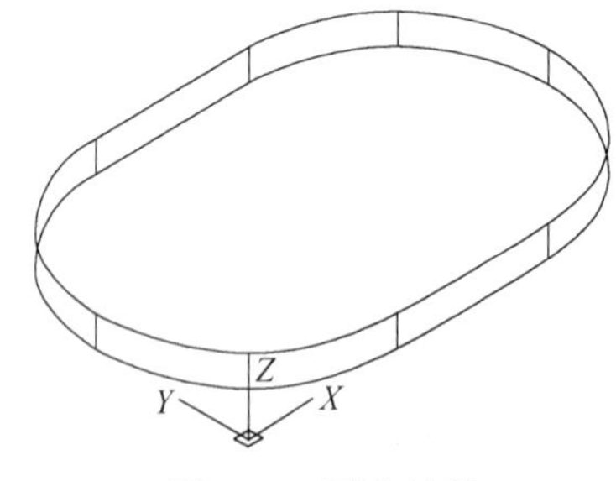

图 4-75 圆角处理

（4）执行 CYLINDER 命令，根据命令行提示进行操作，输入（100，100，0）并按【Enter】键确认，输入 15 并确认，输入 100 并确认，绘制圆柱体。同样方法，以（100，100，20）为底面中心点，绘制一个半径为 40、高为 80 的圆柱体，以（100，100，100）

为底面中心点，绘制一个半径为25、高为-30的圆柱体，以（200，100，20）为底面中心点，绘制一个半径为40、高为20的圆柱体，结果如图4-76所示。

（5）执行BOX命令，根据命令行提示进行操作，输入（100，60，20）并按【Enter】键确认，输入L并确认，向右上方引导光标，输入100并确认，输入80并确认，输入20并确认，绘制长方体，结果如图4-77所示。

（6）执行UNION命令，根据命令行提示进行操作，依次拾取长方体、圆角长方体、两个半径为40的圆柱体，按【Enter】键确认，进行并集运算，结果如图4-78所示。

（7）执行CYLINDER命令，根据命令行提示进行操作，输入（200，100，0）按【Enter】键确认，输入20并确认，输入40并确认，绘制圆柱体。执行SUBTRACT命令，根据命令行提示进行操作，选择并集实体并确认，依次拾取其他圆柱体并确认，进行差集运算，结果如图4-79所示。

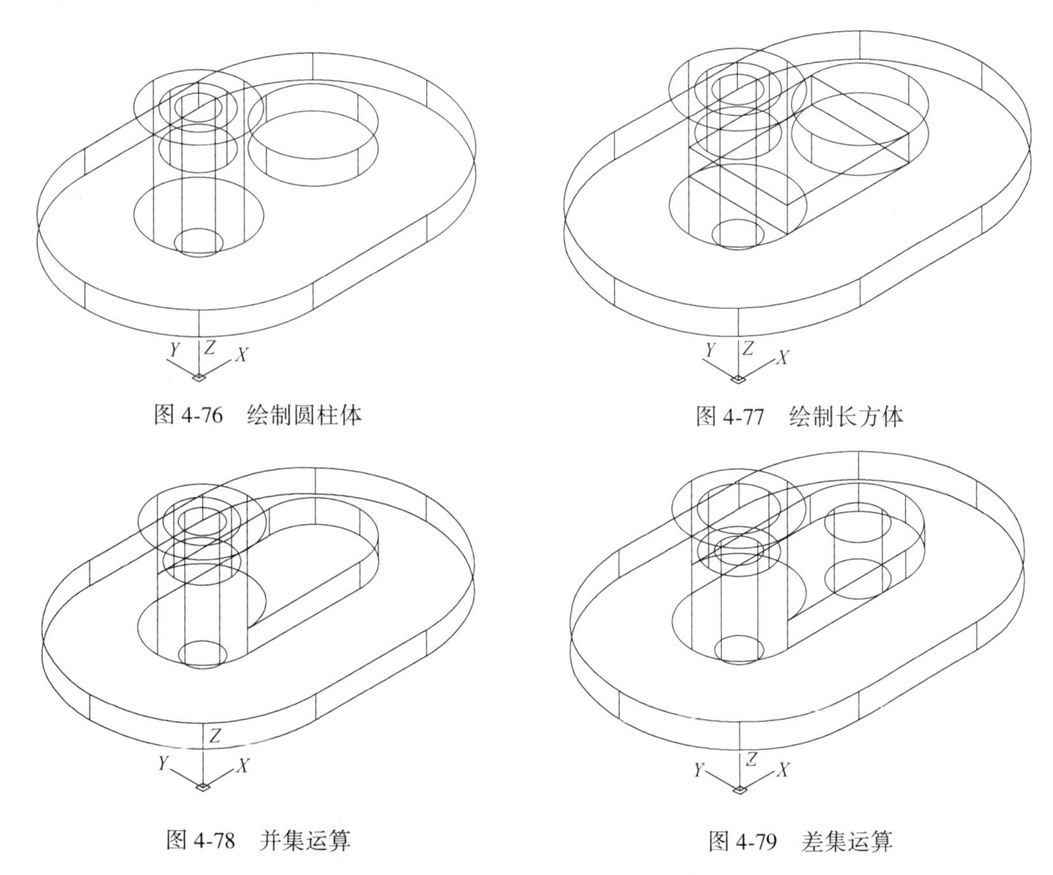

图4-76　绘制圆柱体

图4-77　绘制长方体

图4-78　并集运算

图4-79　差集运算

（8）执行CYLINDER命令，根据命令行提示进行操作，以（30，100，20）为底面中心点，分别绘制两个半径为12.5、高为-20和半径为20、高为-10的圆柱体。执行UNION命令，根据命令行提示进行操作，依次拾取所绘制的两个圆柱体，按【Enter】键确认，并集图形，结果如图4-80所示。

（9）执行COPY命令，根据命令行提示进行操作，选择并集圆柱体为复制对象，按【Enter】键确认，指定并集圆柱体的顶面中心点为基点，依次输入（100，30，20）、（200，30，20）、（270，100，20）、（200，170，20）、（100，170，20），且每输入一次都按【Enter】键确认，复制图形，结果如图 4-81 所示。

（10）执行 SUBTRACT 命令，根据命令行提示进行操作，选择并集实体并确认，依次拾取复制的并集圆柱体并确认，进行差集运算，结果如图 4-82 所示。

（11）执行 FILLET 命令，设置圆角半径为 5，对实体相应的边进行圆角处理。单击“视觉样式”工具栏中的“概念视觉样式”按钮，进入概念视觉模式，结果如图 4-83 所示。

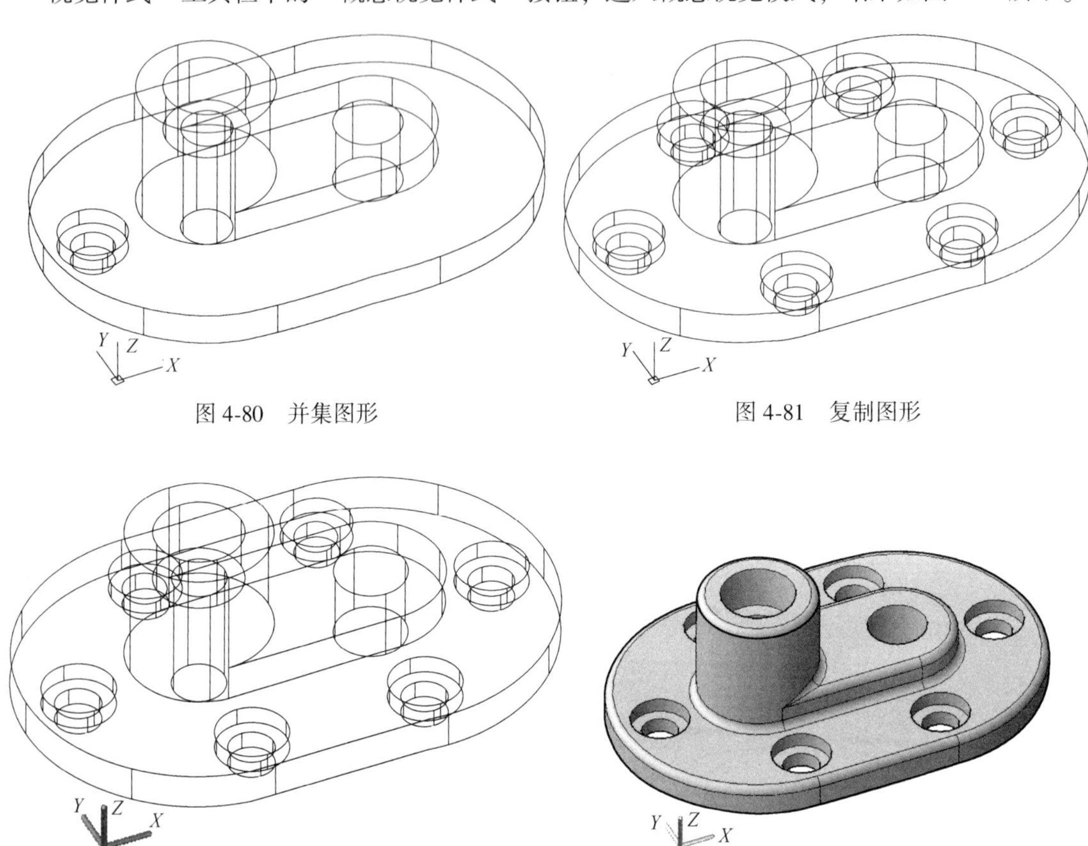

图 4-80　并集图形

图 4-81　复制图形

图 4-82　差集运算

图 4-83　圆角图形

（12）单击“渲染”工具栏中的“材质浏览器”按钮，打开“材质浏览器”选项板，将“金属”材质中的“氮化硅-抛光”材质指定给泵盖模型，调整材质的颜色。单击“渲染”工具栏中的“渲染”按钮，对模型进行渲染，结果如图 4-84 所示。

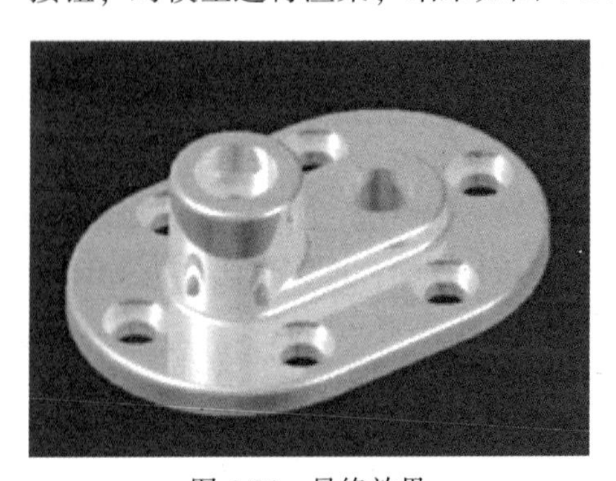

图 4-84　最终效果

【拓展训练】

根据图 4-85 所示底座视图创建其三维模型，指定材质为“金属”中的“氮化硅-抛光”并渲染。

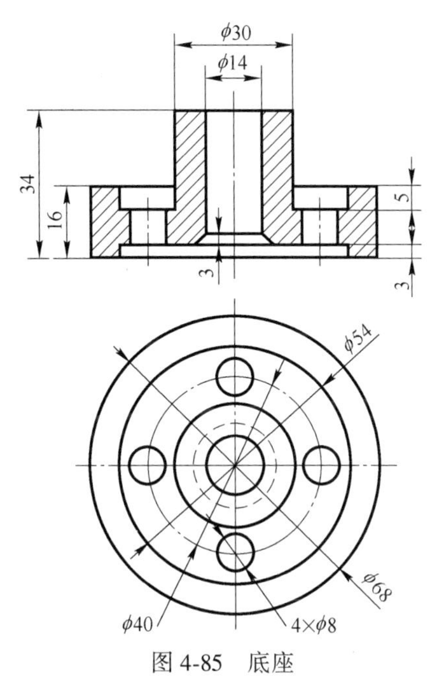

图 4-85　底座

任务六　手 柄 建 模

导入案例

手柄（如图 4-86 所示）是手柄座的主要组成部分，是机床操作部分的组成零件之一。其作用是实现运动由外部到内部的传递，实现纵向进给。手柄材料为 HT200，由于手柄体积较小，形状比较复杂，其毛坯一般采用砂型铸造。

图 4-86　手柄

手柄已经广泛被用到各个技术领域，它的存在使机床的操作很方便，大大提高了工业领域的生产效率。随着技术的不断进步，手柄生产已向着自动化、专业化和大批量化的方向发展。

【任务目标】

（1）巩固长方体与旋转建模，并集与差集运算。

（2）掌握三维旋转、三维镜像、三维剖切等三维操作命令。

【任务分析】

（1）通过 LINE、OFFSET、CIRCLE、TRIM 等命令绘制手柄的剖视图。
（2）通过旋转图形，创建出手柄模型。
（3）创建长方体，进行差集与并集运算，最后对实体进行渲染。

【相关知识】

一、长方体与旋转特征建模

长方体与旋转特征建模见第四模块任务二之相关知识介绍。

二、并集与差集运算

并集与差集运算见第四模块任务四之相关知识介绍。

三、三维移动

该命令的功能是将选定的实体在三维空间内任意移动。命令的输入方式有以下两种。
命令行：输入 3DMOVE。
功能区：单击功能区“常用”→“修改”→“三维移动”按钮。
命令输入后，系统提示为：
命令：3DMOVE
选择对象：找到 1 个（选择要移动的实体）
选择对象：（按【Enter】键结束选择）
指定基点或[位移(D)] < 位移 >：（指定移动基点）
指定第二个点或<使用第一个点作为位移>：（指定移动目标点）
由此可见，三维移动命令的使用方法与二维移动命令相似。

四、三维旋转

该命令的功能是将选定的实体绕在三维空间的 X、Y、Z 轴旋转任意角度。命令的输入方式有以下两种。
命令行：输入 3DROTATE。
功能区：单击功能区“常用”→“修改”→“三维旋转”按钮。
命令输入后，系统提示为：
命令：3DROTATE
UCS 当前的正角方向：ANGDIR＝逆时针　ANGBASE＝0
选择对象：找到 1 个（选择要旋转的实体）
选择对象：（按【Enter】键结束选择）
指定基点：（指定旋转基点，指定基点后，将在指定点显示旋转图标）
拾取旋转轴：（指定旋转轴）

指定角的起点或键入角度：-75（输入旋转角度）

三维旋转如图 4-87 所示。

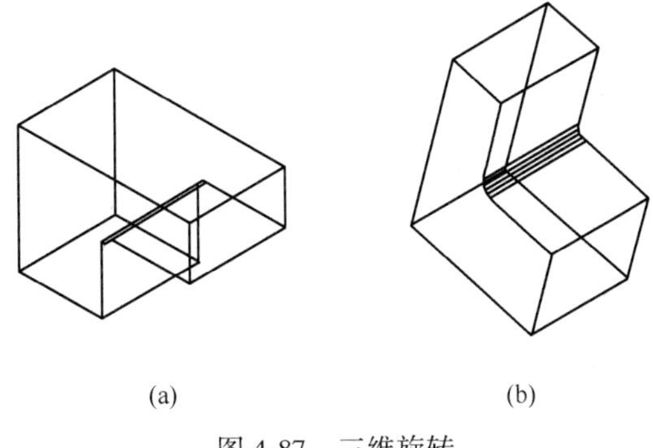

图 4-87　三维旋转
（a）旋转前；（b）旋转后

五、三维镜像

该命令的功能是将选定的实体相对于某一平面进行镜像，如图 4-88 所示。命令的输入方式有以下两种。

命令行：输入 MIRROR3D。

功能区：单击功能区“常用”→“修改”→“三维镜像”按钮%。

命令输入后，系统提示为：

命令：MIRROR3D

选择对象：找到 1 个（选择要镜像的对象）

选择对象：（按【Enter】键结束选择）

指定镜像平面（三点）的第一个点或[对象(O)/最近的(L)/Z 轴(Z)/视图(V)/XY 平面(XY)/YZ 平面(YZ)/ZX 平面(ZX)/三点(3)]<三点>：

在镜像平面上指定第一点：

在镜像平面上指定第二点：

在镜像平面上指定第三点：

是否删除源对象？[是(Y)/否(N)]<否>：n

三维镜像如图 4-88 所示。

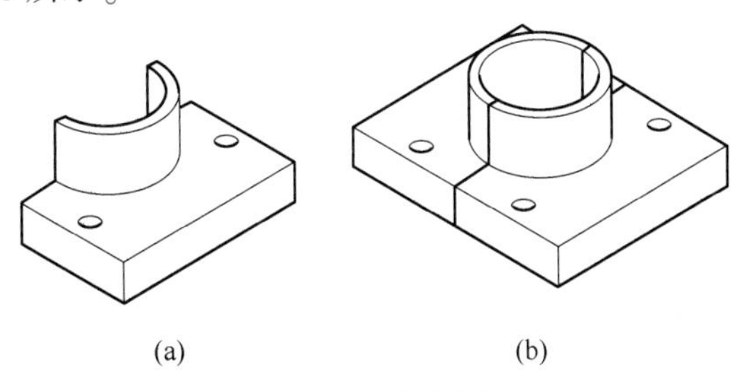

图 4-88　三维镜像
（a）镜像前；（b）镜像后

六、三维阵列

三维阵列见第四模块任务四之相关知识介绍。

七、三维实体的剖切

该命令的功能是用平面剖切实体并移去指定部分，从而获得新的实体，如图 4-89 所示。命令的输入方式有以下两种。

命令行：输入 SLICE。

功能区：单击功能区“常用”→“实体编辑”→“剖切”按钮。

命令输入后，系统提示为：

命令：SLICE

选择要剖切的对象：找到 1 个（选择要剖切的对象）

选择要剖切的对象：（按【Enter】键结束选择）

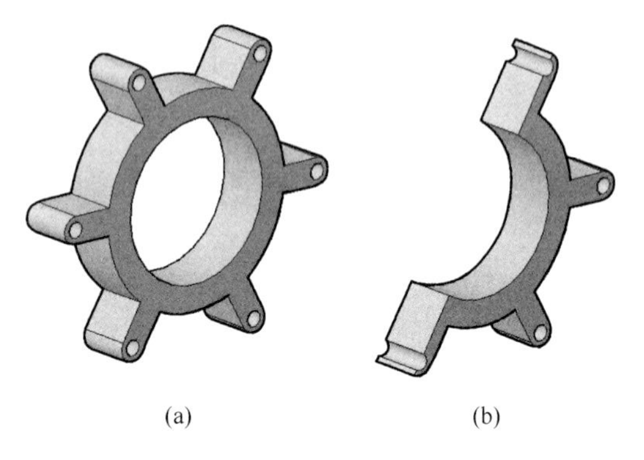

图 4-89　三维实体的剖切
（a）剖切前；（b）剖切后

指定切面的起点或[平面对象(O)/曲面(S)/Z 轴(Z)/视图(V)/XY(XY)/YZ(YZ)/ZX(ZX)/三点(3)]<三点>:3

指定平面上的第一个点：(在剖切平面上指定第一个点)

指定平面上的第二个点：(在剖切平面上指定第二个点)

指定平面上的第三个点：(在剖切平面上指定第三个点)

在所需的侧面上指定点或[保留两个侧面(B)] < 保留两个侧面 >：(指定要保留的一侧实体)

八、三维实体的对齐

该命令的功能是把一个实体按照指定位置对齐到另一个实体上，以便通过三维编辑获得新的实体，如图 4-90 所示。命令的输入方式有以下两种。

命令行：输入 3DALIGN。

功能区：单击功能区“常用”→“修改”→“对齐”按钮。

命令输入后，系统提示为：

命令：_ 3DALING

选择对象：找到 1 个（选择要对齐的对象）

选择对象：(按【Enter】键结束选择)

指定源平面和方向 ...

指定基点或[复制(C)]：(指定对象上对齐的点)

指定第二个点或[继续(C)] < C >：(指定对象上第二个源点)

指定第三个点或[继续(C)] < C >：(指定对象上第三个源点)

指定目标平面和方向 ...

指定第一个目标点：(指定另一对象上第一个目标点)
指定第二个目标点或［退出(X)］< X >：(指定另一对象上第二个目标点)
指定第三个目标点或［退出(X)］< X >：(指定另一对象上第三个目标点)

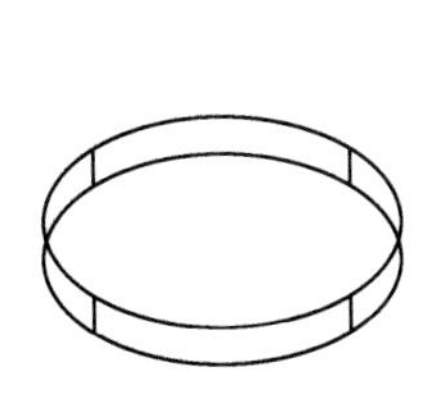

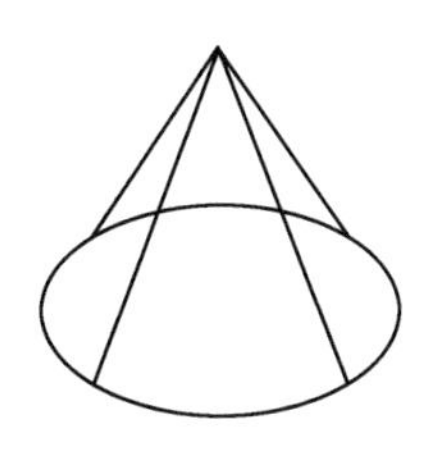

(a)

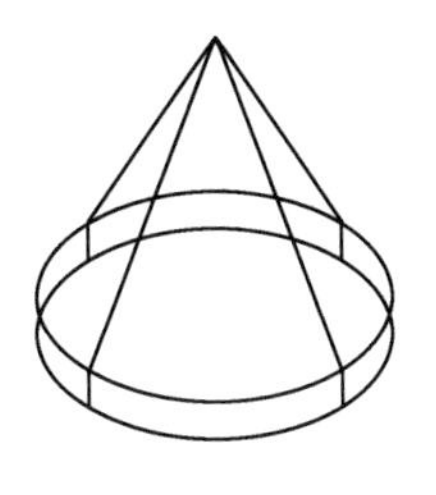

(b)

图 4-90　三维对齐
（a）三维对齐前；（b）三维对齐后

【任务实施】

一、创建绘图环境

启动 AutoCAD，新建一个“手柄建模”的 CAD 文件，并将当前绘图环境设置为“AutoCAD 经典”，如图 4-91 所示。

草图与注释
三维基础
三维建模
✓ AutoCAD 经典
将当前工作空间另存为...
工作空间设置...
自定义...
显示工作空间标签

图 4-91　设置绘图环境

二、创建工具栏

在“绘图”工具栏中单击鼠标右键，在弹出的快捷菜单中选择“视图”“视觉样式”“实体编辑”“三维导航”“建模”“渲染”命令，使相应的工具栏显示出来。

三、绘制视图

（1）执行 LAYER 命令，打开“图层特性管理器”选项板，新建一个“中心线”图层，设置其“线型”为 CENTER，“颜色”为红色。单击“视图”工具栏中的“左视”按钮，切换到左视图模式。按 F8 键，开启正交模式，执行 LINE 命令，绘制一条任意长度的水平线 a，再绘制一条任意长度的垂直线 b，并将直线 a 移至“中心线”图层中，如图 4-92 所示。

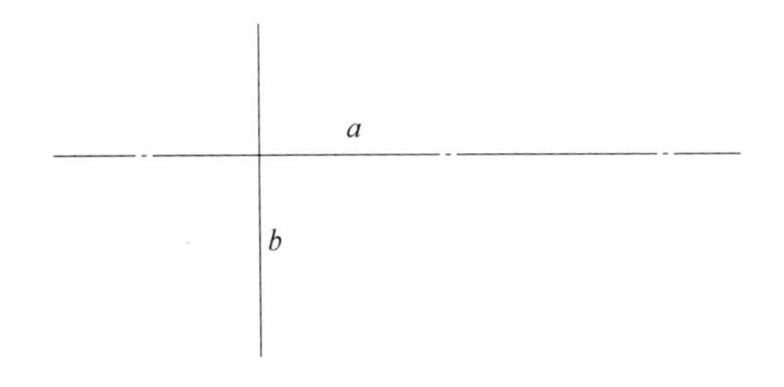

图 4-92　绘制辅助线

（2）执行 OFFSET 命令，将直线 b 向右偏移 80；执行 CIRCLE 命令，以直线 a 与直线 b 的交点为圆心，绘制一个半径为 12.5 的圆；重复执行此命令，以直线 a 与偏移直线的交点为圆心，绘制一个半径为 15 的圆，如图 4-93 所示。

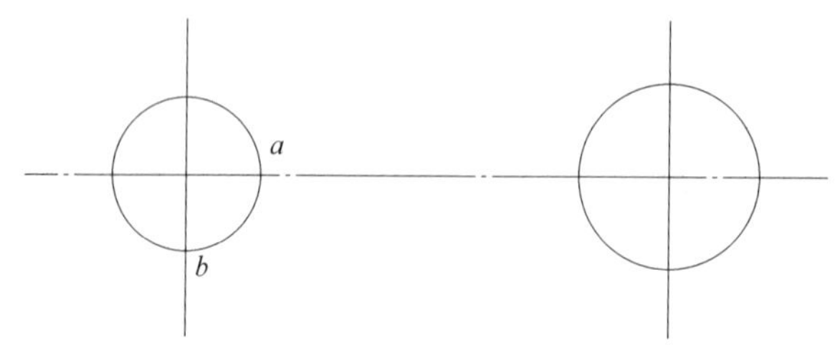

图 4-93　绘制圆

（3）执行 CIRCLE 命令，设置半径为 80，绘制一个与左侧圆内切和右侧圆外切的圆；重复执行此命令，设置半径为 25，绘制一个与半径 80 的圆和右侧圆均外切的圆，如图 4-94 所示。

（4）执行 TRIM 命令，对图形进行修剪，修剪后如图 4-95 所示。

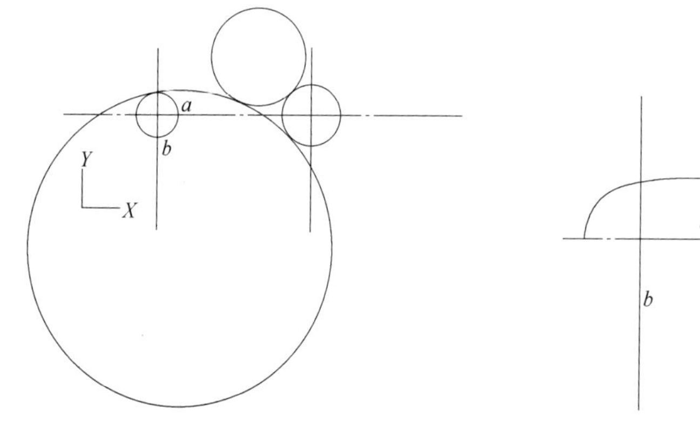

图 4-94　绘制相切圆

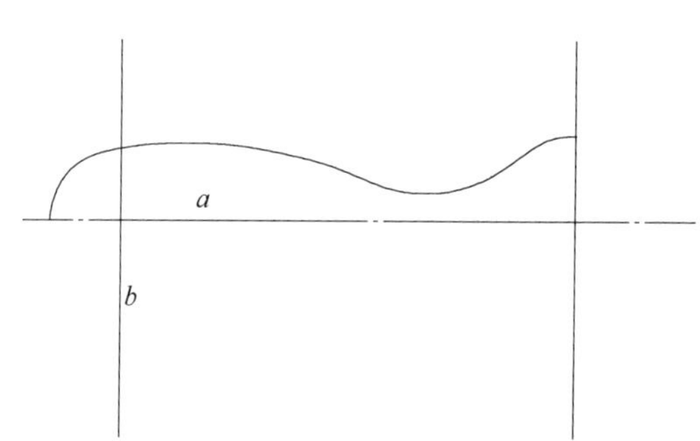

图 4-95　修剪图形

（5）执行 OFFSET 命令，将直线 a 向上偏移 10，并将偏移后的直线和直线 a 移至 0 图层，将直线 b 向右偏移 85，如图 4-96 所示。

（6）执行 TRIM 命令，对图形进行修剪，删除多余的直线；执行 PEDIT 命令，对图形进行合并，如图 4-97 所示。

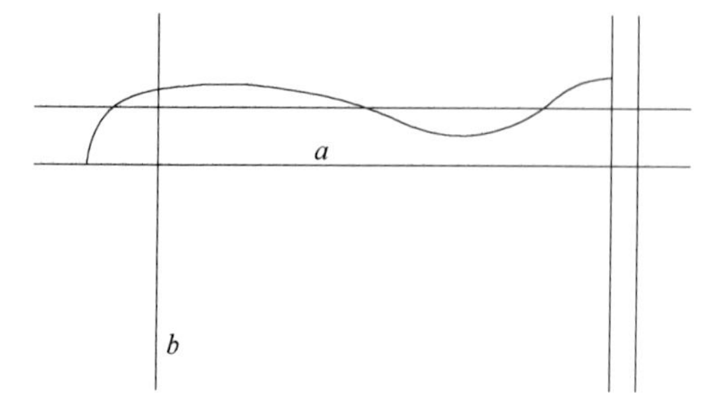

图 4-96　偏移直线

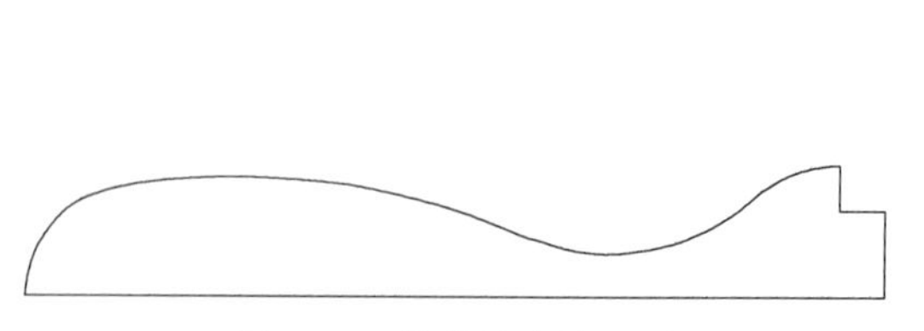

图 4-97　修剪并合并图形

（7）单击“视图”工具栏中的“西南等轴测”按钮，切换到西南等轴测视图模式，单击“建模”工具栏中的“旋转”按钮，分别选择图形中底部水平直线上的任意两点，对合并后的图形进行旋转，如图 4-98 所示。

（8）单击“建模”工具栏中的“长方体”按钮，在绘图区的任意位置绘制一个长为 3、宽为 8、高为 25 的长方体；执行 LINE 命令，绘制连接长方体前面对角的直线，如图 4-99 所示。

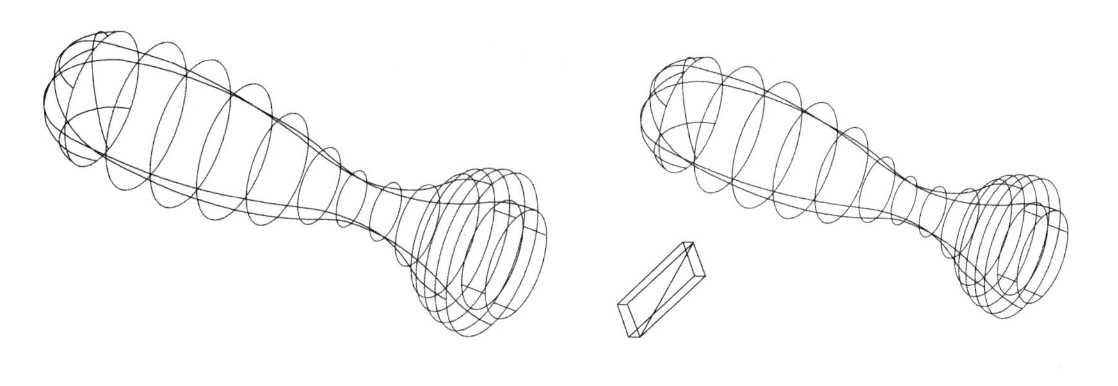

图 4-98　旋转图形　　　　图 4-99　绘制长方体

（9）执行 MOVE 命令，捕捉长方体左侧对角线的中点，将其移动到旋转体左侧圆的圆心上；执行 ERASE 命令，删除绘制的直线，如图 4-100 所示。

（10）单击“实体编辑”工具栏中的“差集”按钮，从实体中减去长方体；单击“视觉样式”工具栏中的“隐藏视觉样式”按钮，进入隐藏视觉模式，如图 4-101 所示。

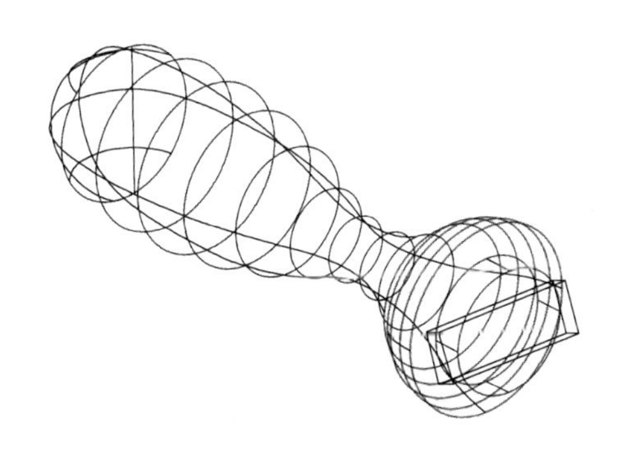

图 4-100　移动图形

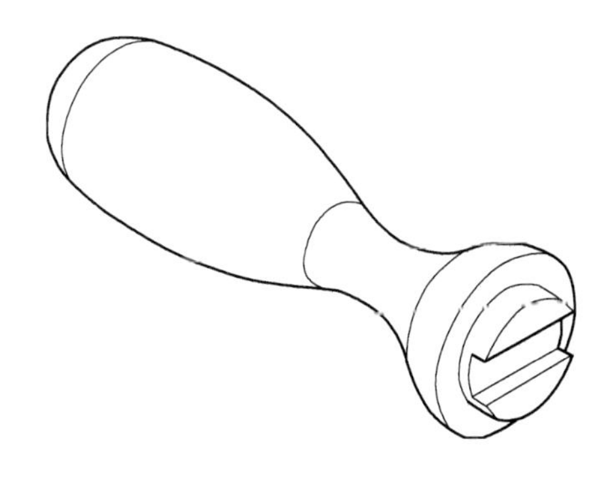

图 4-101　差集运算

（11）单击“渲染”工具栏中的“材质浏览器”按钮，打开“材质浏览器”选项板，将“金属”材质中的“铬-蓝色抛光”材质指定给手柄模型，并调整材质的颜色。单击“渲染”工具栏中的“渲染”按钮，对模型进行渲染，最终效果如图 4-102 所示。

图 4-102　最终效果

【拓展训练】

根据图 4-103 所示管道视图创建其三维模型，指定材质为“金属”中的“铬酸锌 1”并渲染。

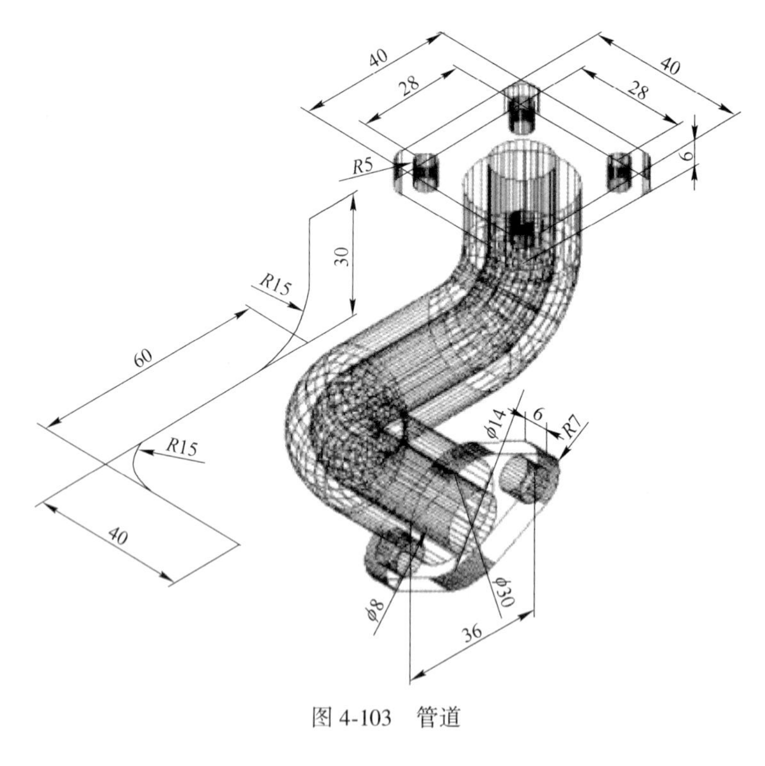

图 4-103　管道

上 机 练 习

4-1　根据图 4-104～图 4-109 所示形体的轴测图创建其三维模型。

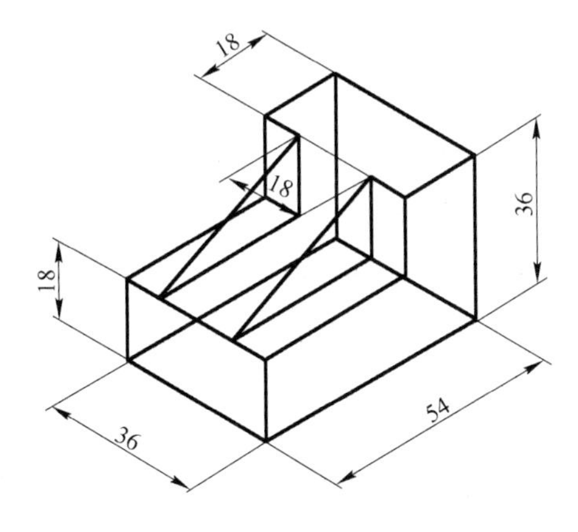

图 4-104　形体一

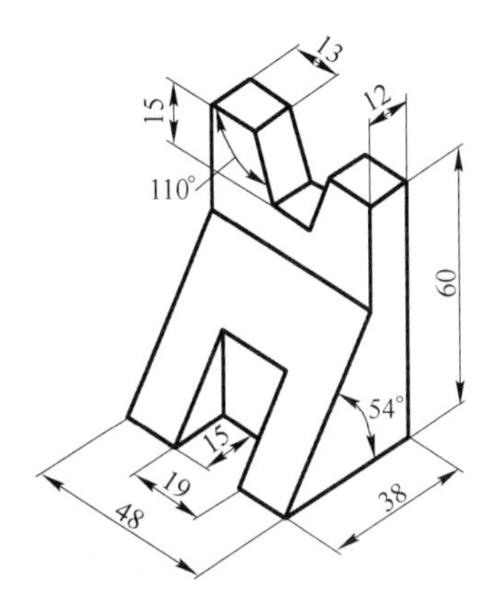

图 4-105　形体二

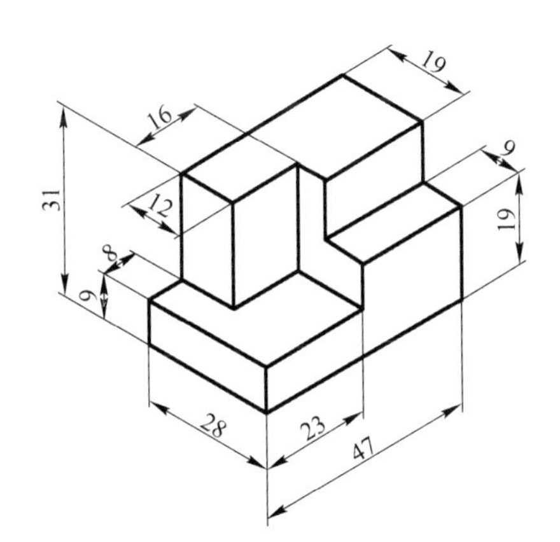

图 4-106　形体三

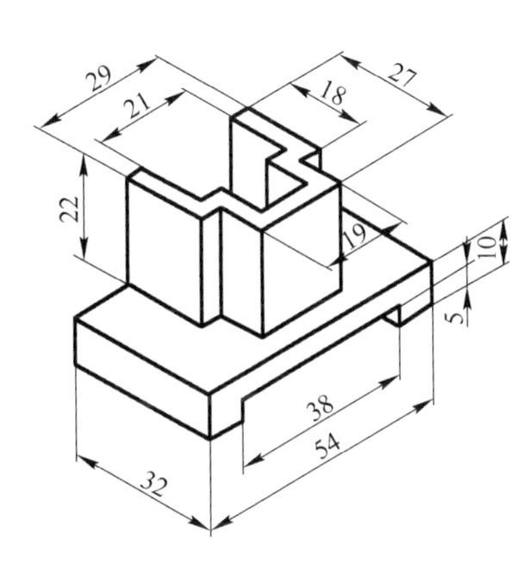

图 4-107　形体四

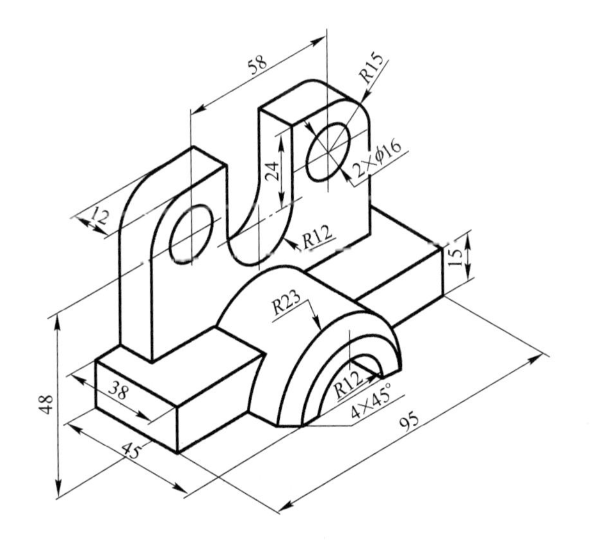

图 4-108　形体五

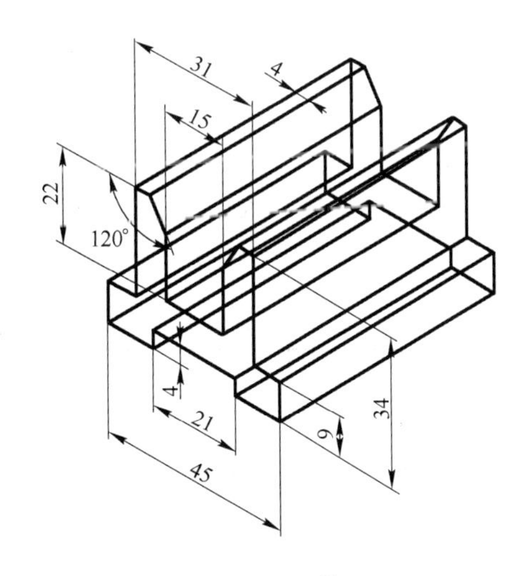

图 4-109　形体六

4-2　绘制图 4-110～图 4-113 所示实体，赋予材质并渲染。

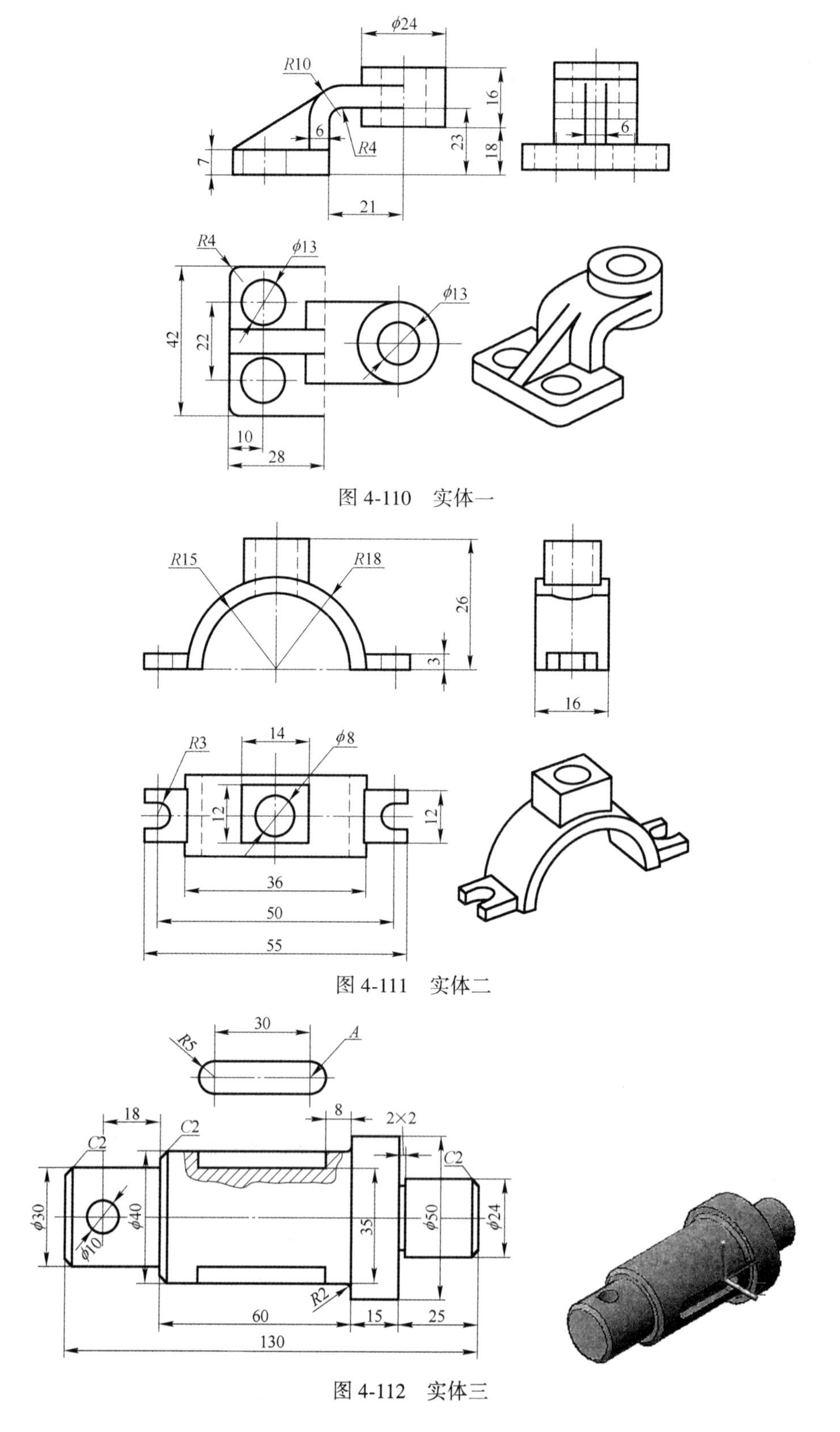

图 4-110　实体一

图 4-111　实体二

图 4-112　实体三

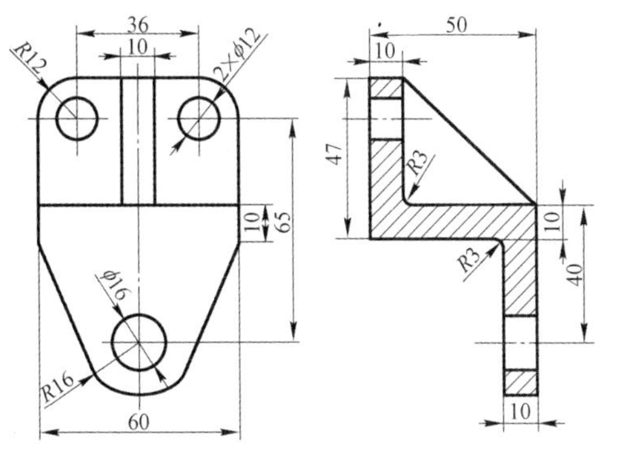

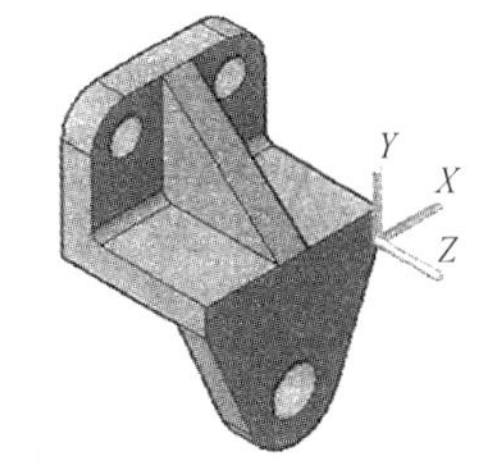

图 4-113　实体四

4-3　根据图 4-114~图 4-119 所示视图创建其三维模型。

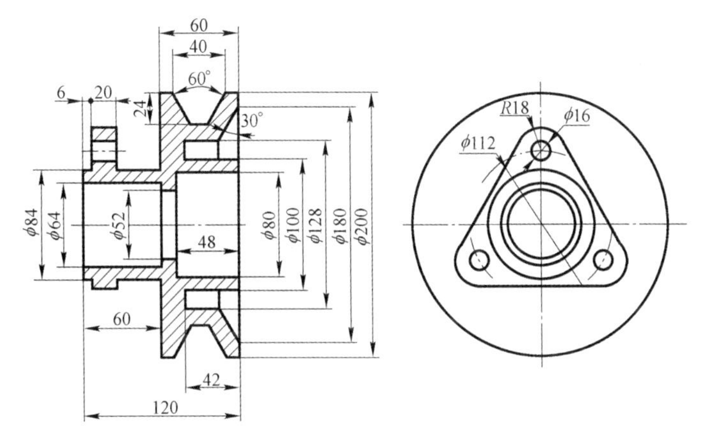

图 4-114　视图一

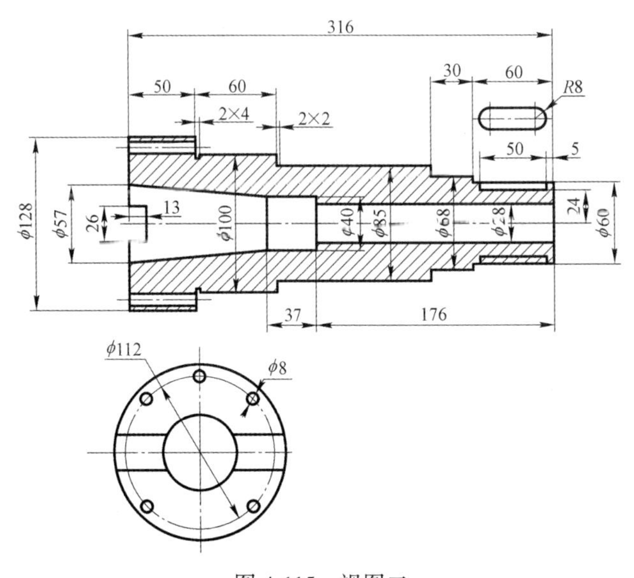

图 4-115　视图二

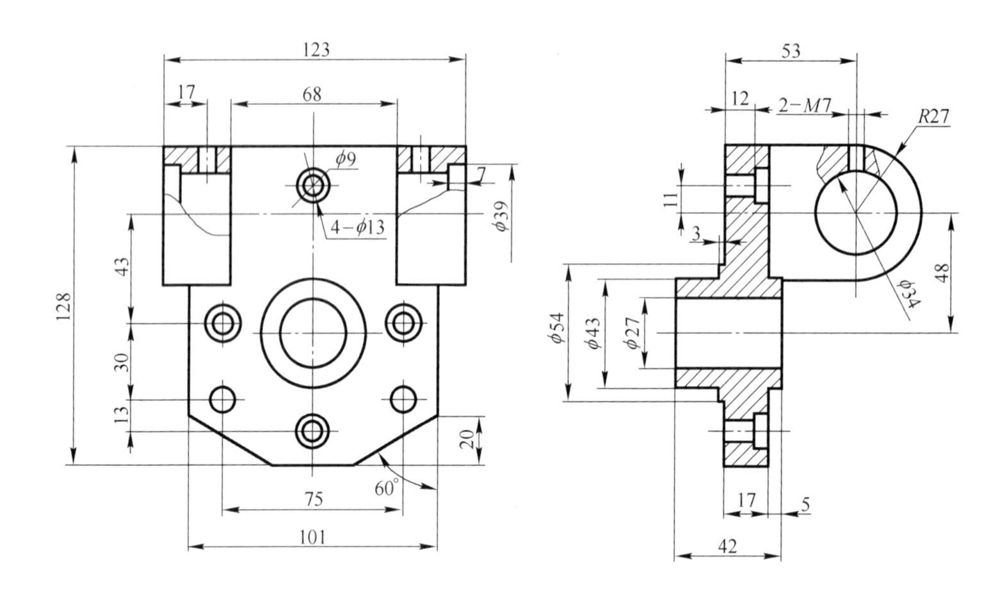

图 4-116　视图三

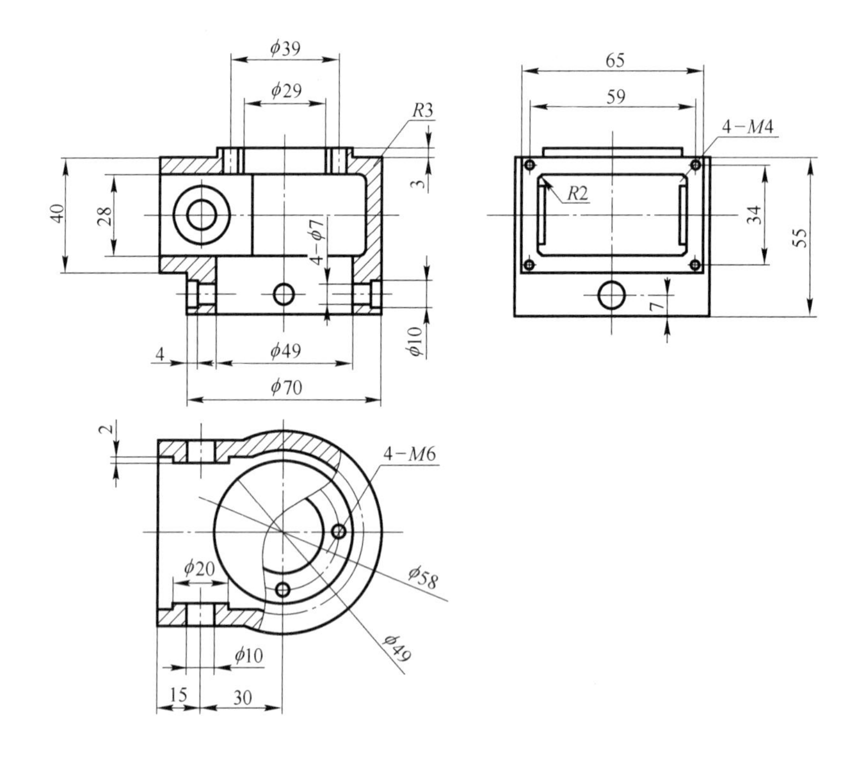

图 4-117　视图四

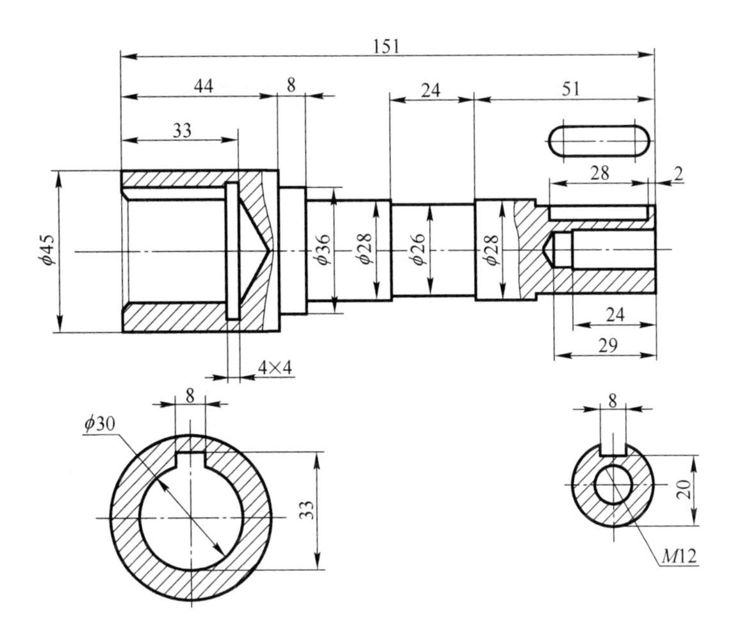

图 4-118 视图五

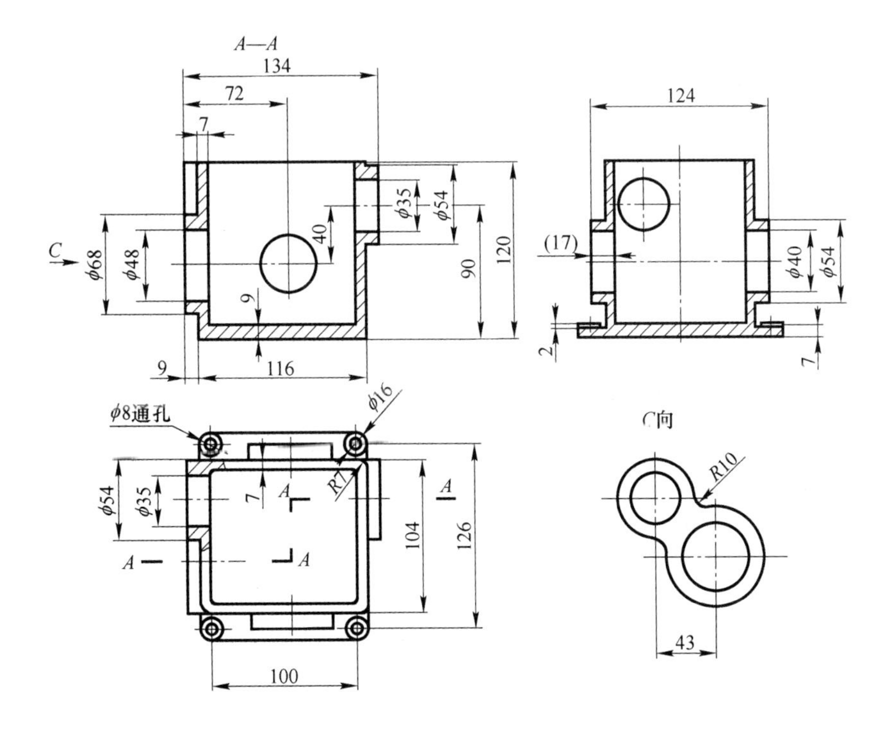

图 4-119 视图六

模块五　设备零部件的绘制

学习目标

知识目标	（1）熟悉筒体图的内容和表达特点； （2）了解筒体的种类、结构特点和常用的标准化筒体； （3）熟悉法兰的种类、结构特点和常用的标准化法兰； （4）熟悉人孔手孔的种类、结构特点和常用的标准化人孔手孔； （5）掌握支座的种类、结构特点和常用的标准化支座。
能力目标	（1）熟悉绘制筒体图的方法和步骤； （2）掌握绘制半球形封头、椭圆形封头的方法和步骤； （3）掌握阅读与绘制法兰图的方法和步骤； （4）掌握阅读与绘制人孔手孔图的方法和步骤； （5）通过案例，掌握阅读与绘制支座图的方法和步骤。

任务一　筒体的画法

导入案例

筒体为化工设备的主体结构，以圆柱形筒体应用最广。筒体通常采用钢板卷焊制成（特殊或高压设备的筒体除外），其大小是由工艺要求确定的，内径为公称直径。直径小于500mm的容器可直接使用无缝钢管制成；筒体较长时可由多个筒节焊接组成，也可用设备法兰连接组装。

筒体的主要尺寸是直径、高度（或长度）和壁厚，壁厚由强度计算决定，直径和高度（或长度）应考虑满足工艺要求确定，而且筒体直径应符合《压力容器公称直径》（GB/T 9019—2001）规定的尺寸系列。其中，公称直径是指筒体内径，但当采用无缝钢管作筒体时，其公称直径是指钢管的外径。

【任务目标】

（1）了解筒体的种类、结构特点和常用的标准化筒体。

（2）熟悉筒体图的内容和表达特点。

（3）了解筒体尺寸标注方法。

（4）了解绘制筒体图的方法和步骤。

（5）掌握阅读与绘制筒体图的方法和步骤。

【任务分析】

筒体的作图方法：

（1）制中心线。

（2）半侧筒体作图。

（3）镜像出完整筒体。

（4）尺寸标注。

【相关知识】

筒体绘图的关键尺寸只有 3 个：公称直径 D、筒体的厚度 S、高度 H。以如图 5-1 筒体为例，进行筒体的作图。

“筒体 $\phi1000\times10$，$H=2000$” 表示筒体内径 1000mm，壁厚 10mm，高 2000mm（若为卧式容器，则用 L 代替 H，表示筒长）。

【任务实施】

一、绘图界面熟悉

启动 AutoCAD，观察屏幕绘图界面，熟练掌握移动、旋转、缩放等工具栏命令的使用。

二、筒体的绘制练习

（1）绘制垂直中心线（如图 5-2 所示）。

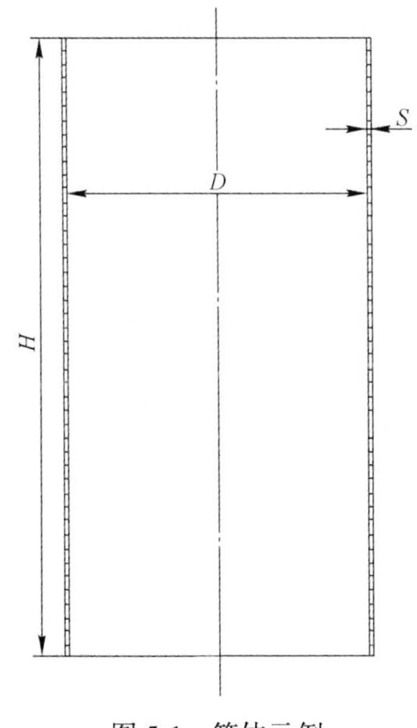

图 5-1　筒体示例

图 5-2　绘制中心线

（2）以中心线为基础，按照筒体的公称直径的一半（$D/2$）及高度（H）画出筒体的右半部分（如图 5-3 所示）。

（3）以筒体右边线为基础，按照筒体的厚度（S），使用偏移命令完成筒体厚度的绘制。采用图案填充功能对厚度进行剖面线填充，如图 5-4 所示。

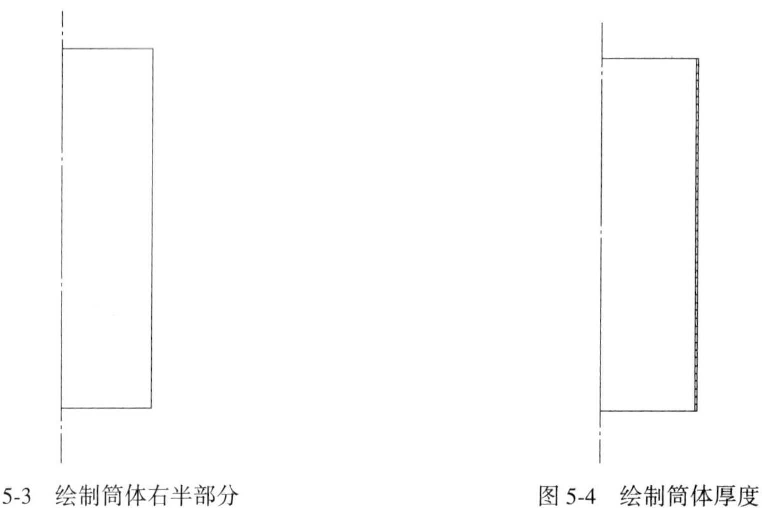

图 5-3　绘制筒体右半部分　　　　图 5-4　绘制筒体厚度

（4）以中心线垂直方向为轴，使用镜像功能，绘制出完整筒体图形，如图 5-5 所示。

（5）采用线性标注，标注出筒体的基本尺寸，如图 5-6 所示。

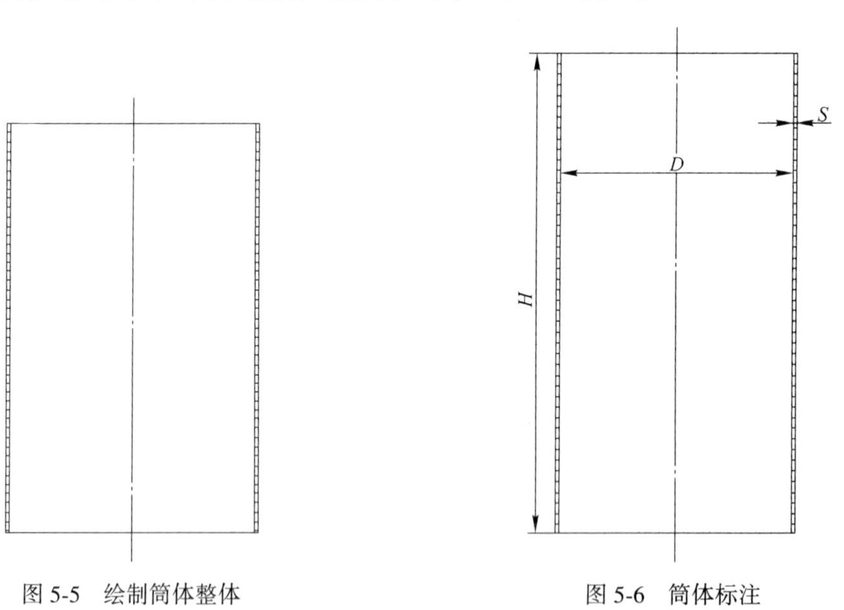

图 5-5　绘制筒体整体　　　　图 5-6　筒体标注

【拓展训练】

（1）圆筒直径的确定，壁厚的设置。

（2）偏移、镜像命令的使用。

任务二　封头绘制的基本方法

导入案例

封头是石油化工、原子能、食品制药诸多行业压力容器设备中不可缺少的重要部件。封头是压力容器上的端盖，是压力容器的一个主要承压部件，所起的作用是密封。一是做成了罐形压力容器的上下底，二是管道到头了，不准备再向前延伸了，那就用一个封头把管子用焊接的形式密封住。

封头可分为球形、椭圆形、碟形、球冠形、锥壳和平盖等几种，其中球形、椭圆形、蝶形、球冠形封头又统称为凸形封头。

【任务目标】

（1）掌握半球形封头尺寸标注方法；掌握阅读半球形封头图的方法和步骤。

（2）熟悉椭圆形封头图的内容和表达特点；掌握绘制椭圆形封头的方法和步骤。

（3）了解蝶形封头的结构特点和常用的标准化尺寸；掌握蝶形封头尺寸的标注方法。

（4）了解锥形封头的结构特点和常用的标准化尺寸；掌握锥形封头尺寸标注的方法。

【任务分析】

（1）半球形封头绘图的关键尺寸有两个：半球形封头的内直径 D 或半径 R，封头的厚度 S。

1）绘制垂直中心线。

2）以中心线交点为中心，按照半球形封头的半径（R）画出半球形封头的轮廓线。

3）以半球形封头轮廓线为基础，按照半球形封头的厚度（S），使用偏移命令完成半球形封头厚度的绘制。

4）使用合并功能将两条半球形封头轮廓线及底部封闭线进行合并，采用图案填充功能将封头厚度剖面线进行填充。

5）采用线性标注，标注出半球形封头的基本尺寸。

（2）椭圆形封头的绘制尺寸为内轮廓线的长轴 D、短轴 $2h$、直边高度 H_1 及厚度 S，有了这些数据就可以绘制任意形状的椭圆形封头。

1）绘制垂直中心线，并以中心线为绘制基准，以长轴 D 为定位尺寸，绘制长轴的定位点 1、2。

2）使用椭圆绘制命令，以长轴定位点 1、2 为端点，输入短轴半轴高度（$D/4$）画出椭圆轮廓线。

3）采用修剪命令，去除下半部分椭圆。

4）以椭圆轮廓线为基础，按照椭圆封头的厚度（S），使用偏移命令完成椭圆形封头厚度的绘制。

5）使用合并功能将两条椭圆封头轮廓线及底部封闭线进行合并，同时画出直边高度（H_1）。

6）采用图案填充功能对封头厚度进行剖面线填充。

7）采用线性标注，标注出椭圆形封头的基本尺寸。

（3）蝶形封头轮廓线由四部分组成，分别是：以半径为 R 的部分球面；以半径为 r 的过渡圆；以 H_1 为高度的直边；公称直径 D。

1）绘制任意垂直辅助线。

2）以垂直辅助线为绘制基准，使用偏移命令功能向右偏移（$D/2-r$）的距离。

3）以偏移后垂直辅助线的交点，使用圆绘制功能画半径为 r 的过渡圆。通过三角函数关系式，确定大圆的圆心位置，并以该圆心绘制半径为 R 的圆。圆心位置计算公式：圆心位置 $= \sqrt{(R-r)^2-(D/2-r)^2}$。

4）采用修建命令去除多余辅助线，保留垂直辅助线、大圆与过渡圆的连接线。

（4）锥形封头绘制。

1）绘制两条相交的垂直中心线。

2）以垂直中心线为绘制基准，画两条辅助线，一条与垂直中心线距离为 $d/2$，另一条距离为 $D-r$。

3）以最左侧辅助线与水平中心线交点为基准绘制半径为 r 的圆。

4）以圆心为基点，使用直线命令选择【Tab】键绘制出与水平中心线夹角为 α 的直线。

5）以圆的相切线与 $d/2$ 辅助线为基准绘制水平中心线的平行线。

6）采用修建命令去除多余辅助线，保留锥形封头的半轮廓线。

7）以锥形封头的半轮廓线为基础，按照锥形封头的厚度（S），使用偏移命令完成锥形封头厚度的绘制。

【相关知识】

半球形封头实际上是球形容器的一半，在同样体积下球的表面积最小，在同样的承压条件下应力最小，故可选用较小的壁厚，所以节省材料、强度好。半球形封头深度大，整体冲压制造较困难，所以除了压力较高、直径较大的压力容器或特殊需要者外，一般很少采用。

椭圆形封头由半个椭球和一段高度为 H_0 的质变部分组成。在椭圆形封头中，椭圆曲线是连续变化的光滑曲线，没有形状突变处，因此受力情况较好，仅次于半球形封头。由于椭圆形封头深度较浅，制造上比半球形封头方便，所以标准椭圆形封头在中低压容器上被广泛采用。

蝶形封头又称带折边的球面形封头，它由形状不同的三部分组成，第一部分是以 R_i 为半径的部分球面；第二部分是高度为 H_0 的直边部分；第三部分是连接以上两部分的过渡部分，其曲率半径为 r_i。蝶形封头的主要优点是加工制造比较容易，只要有球面胎具和折边胎具就可以模压成型。

锥形封头有两端都无折边、大端有折边而小端无折边、两端都有折边三种形式。带折边锥形封头由四部分组成：封头大端内直径 D、封头的小端内直径 d、封头的厚度 S、封头的锥角 α。封头的过渡圆即折边部分小圆半径 r 及封头的直边高度 H_1。

【任务实施】

一、半球形封头的画法

半球形封头绘图的关键尺寸有两个：半球形封头的内直径 D 或半径 R，封头的厚度 S。

(1) 绘制垂直中心线，如图 5-7 所示。

(2) 以中心线交点为中心，按照半球形封头的半径（R）画出半球形封头的轮廓线，如图 5-8 所示。

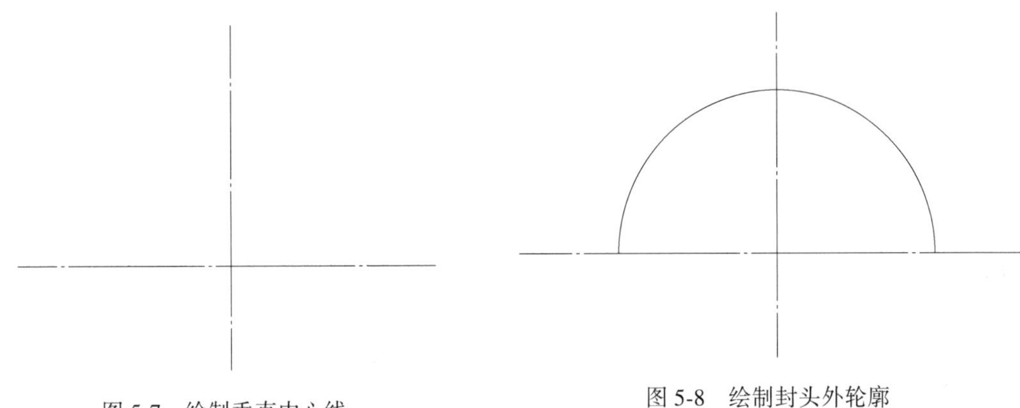

图 5-7　绘制垂直中心线　　图 5-8　绘制封头外轮廓

(3) 以半球形封头轮廓线为基础，按照半球形封头的厚度（S），使用偏移命令完成半球形封头厚度的绘制，如图 5-9 所示。

(4) 使用合并功能将两条半球形封头轮廓线及底部封闭线进行合并，采用图案填充功能对封头厚度进行剖面线填充，如图 5-10 所示。

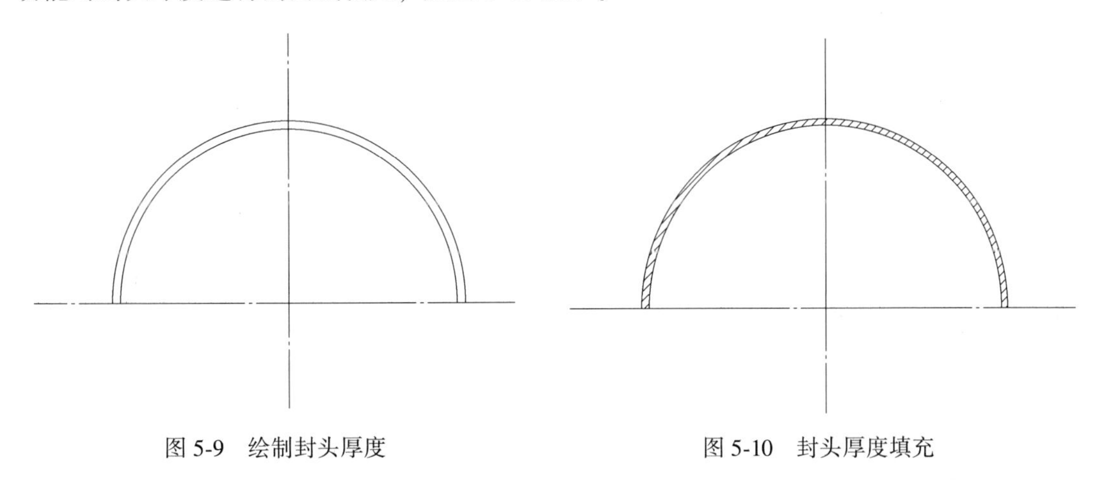

图 5-9　绘制封头厚度　　图 5-10　封头厚度填充

(5) 采用线性标注，标注出半球形封头的基本尺寸，如图 5-11 所示。

二、椭圆形封头的画法

椭圆形封头的绘制尺寸为内轮廓线的长轴 D、短轴 $2h$、直边高度 H_1 及厚度 S，有了这些数据就可以绘制任意形状的椭圆形封头。

（1）绘制垂直中心线，并以中心线为绘制基准，以长轴 D 为定位尺寸，绘制长轴的定位点 1、2，如图 5-12 所示。

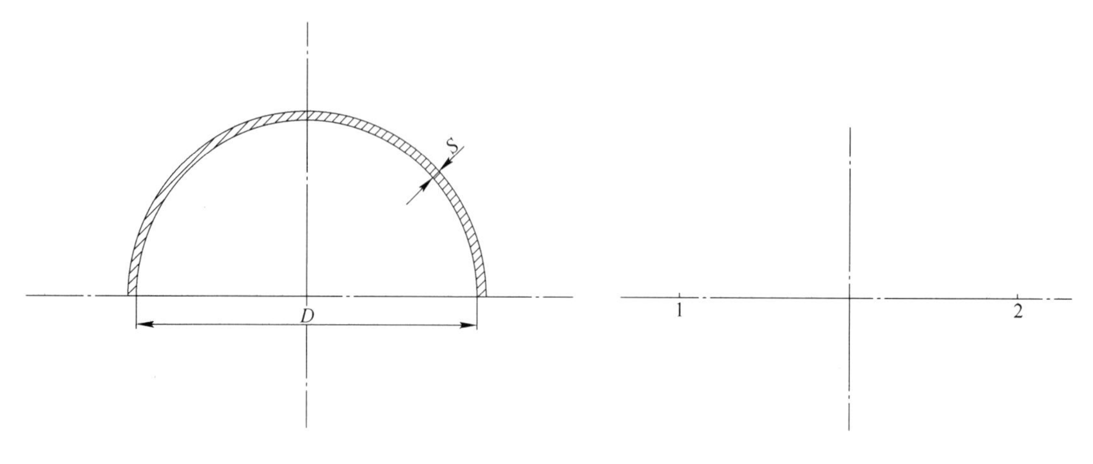

图 5-11　封头尺寸标注　　图 5-12　绘制椭圆形封头的定位点

（2）使用椭圆绘制命令，以长轴定位点 1、2 为端点，输入短轴半轴高度（$D/4$）画出椭圆轮廓线，如图 5-13 所示。

（3）采用修剪命令，去除下半部分椭圆，如图 5-14 所示。

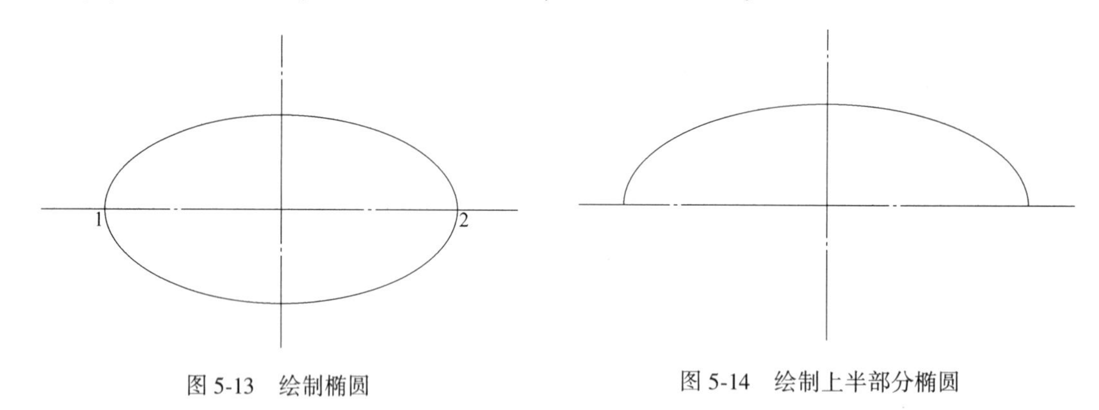

图 5-13　绘制椭圆　　图 5-14　绘制上半部分椭圆

（4）以椭圆轮廓线为基础，按照椭圆封头的厚度（S），使用偏移命令完成椭圆形封头厚度的绘制，如图 5-15 所示。

（5）使用合并功能将两条椭圆封头轮廓线及底部封闭线进行合并，同时画出直边高度（H_1），如图 5-16 所示。

（6）采用图案填充功能对封头厚度进行剖面线填充，如图 5-17 所示。

（7）采用线性标注，标注出椭圆形封头的基本尺寸，如图 5-18 所示。

三、蝶形封头的画法

蝶形封头轮廓线由四部分组成，分别是（1）以半径为 R 的部分球面；（2）以半径为 r 的过渡圆；（3）以 H_1 为高度的直边；（4）公称直径 D。

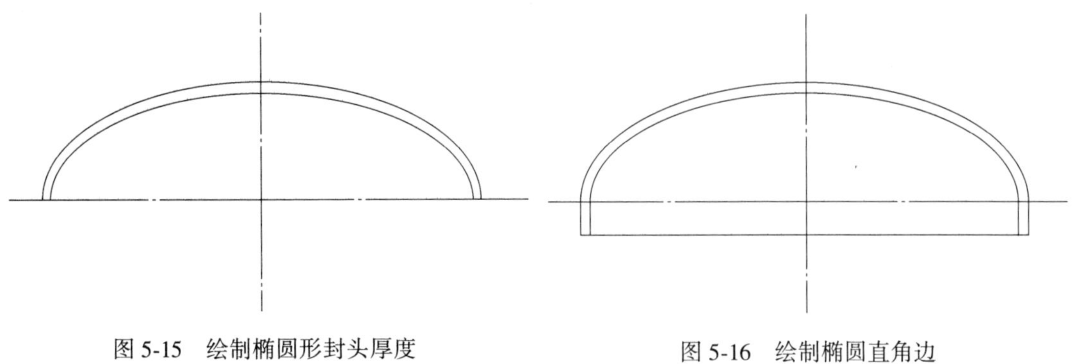

图 5-15　绘制椭圆形封头厚度　　　　图 5-16　绘制椭圆直角边

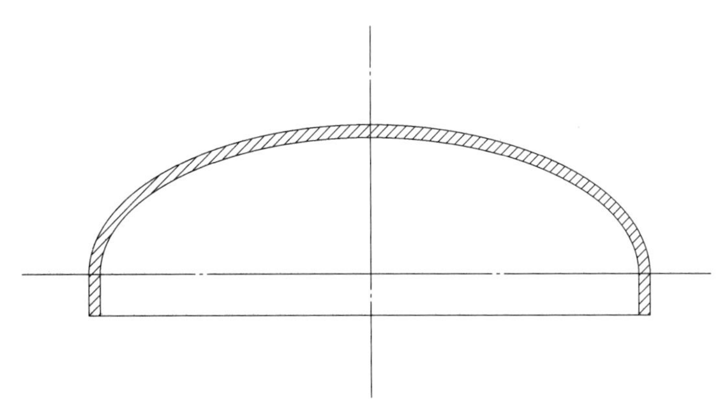

图 5-17　椭圆封头厚度填充

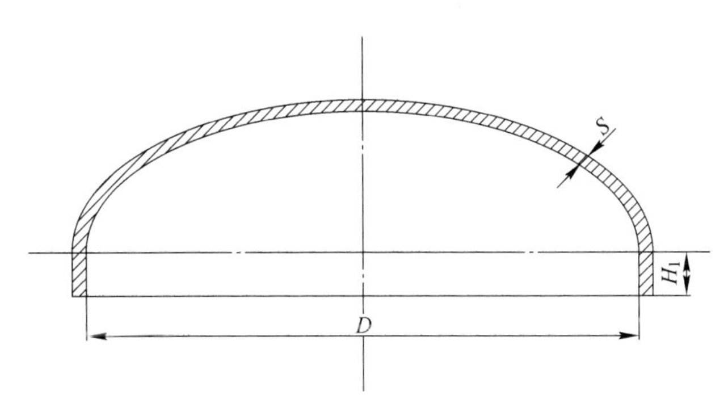

图 5-18　椭圆形封头尺寸标注

已知公称直径 D、半径为 R 的圆、半径为 r 的过渡圆、直边高度 H_1 及厚度 S，就可以绘制任意形状的蝶形封头。

（1）绘制任意垂直辅助线，如图 5-19 所示。

（2）以垂直辅助线为绘制基准，使用偏移命令功能向右偏移（$D/2-r$）的距离，如图 5-20 所示。

（3）以偏移后垂直辅助线交点，使用圆绘制功能画半径为 r 的过渡圆，如图 5-21 所示。

（4）通过三角函数关系式，确定大圆的圆心位置，并以该圆心绘制半径为 R 的圆（如图 5-22 所示）。圆心位置计算公式：圆心位置 = $\sqrt{(R-r)^2-(D/2-r)^2}$。

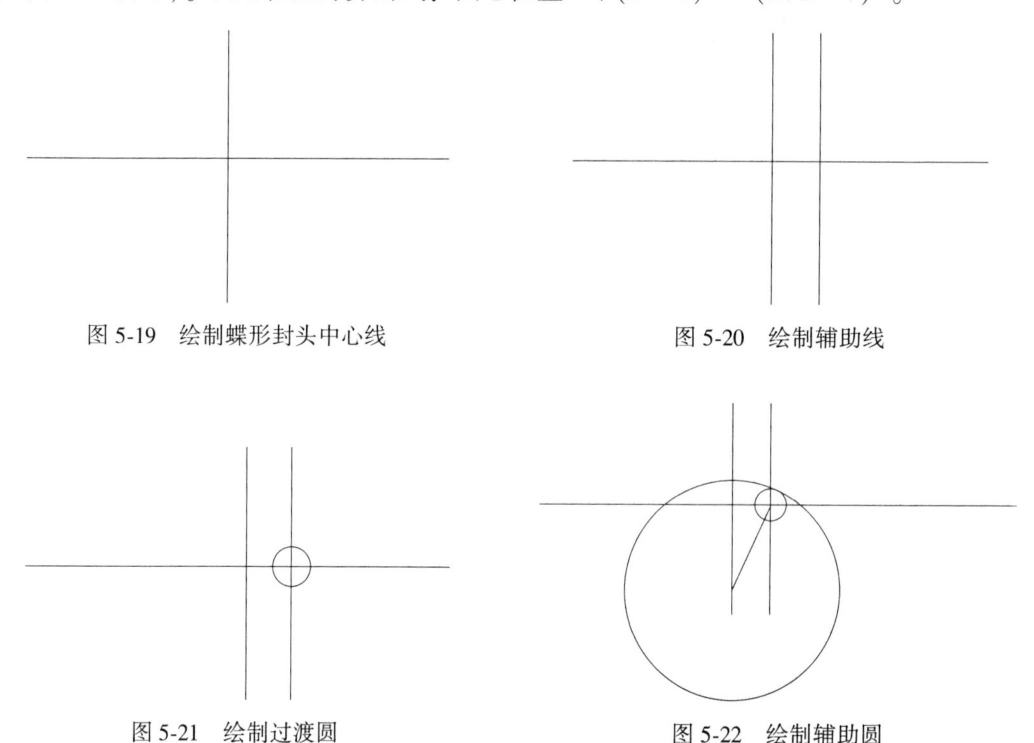

图 5-19　绘制蝶形封头中心线　　图 5-20　绘制辅助线

图 5-21　绘制过渡圆　　图 5-22　绘制辅助圆

（5）采用修建命令去除多余辅助线，保留垂直辅助线、大圆与过渡圆的连接线，如图 5-23 所示。

（6）采用镜像命令并以垂直线为轴线，将蝶形封头轮廓线进行镜像，如图 5-24 所示。

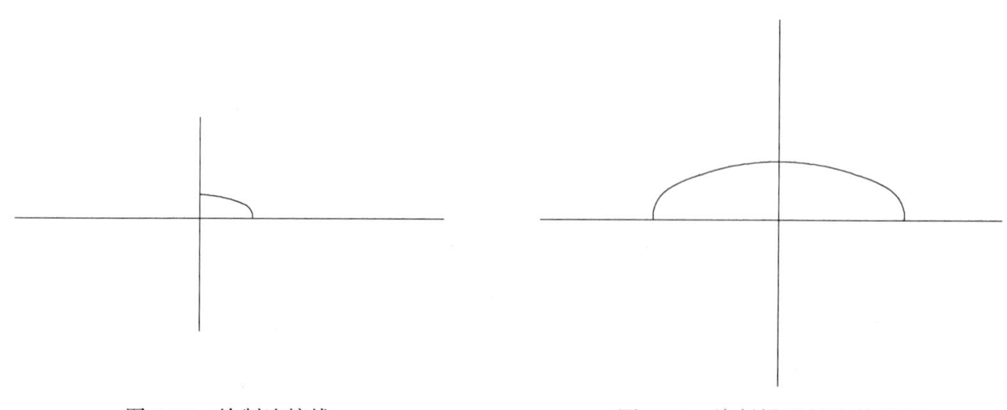

图 5-23　绘制连接线　　图 5-24　绘制蝶形封头外轮廓

（7）以蝶形轮廓线为基础，按照蝶形封头的厚度（S），使用偏移命令完成蝶形封头厚度的绘制，如图 5-25 所示。

（8）使用合并功能将两条蝶形封头轮廓线及底部封闭线进行合并，同时画出直边高度（H_1），采用图案填充功能对封头厚度进行剖面线填充，并标注尺寸，如图 5-26 所示。

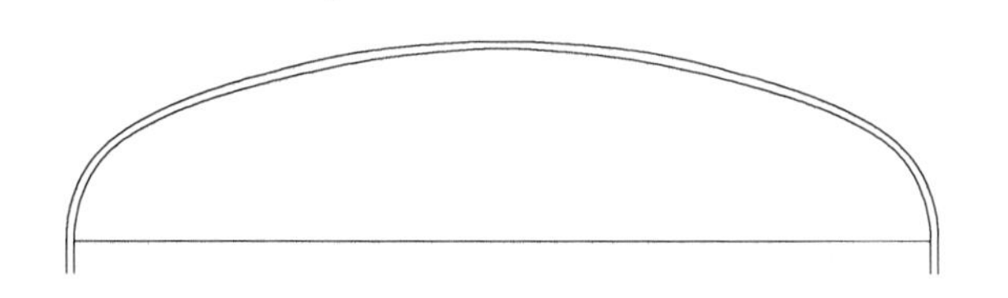

图 5-25　绘制蝶形封头厚度

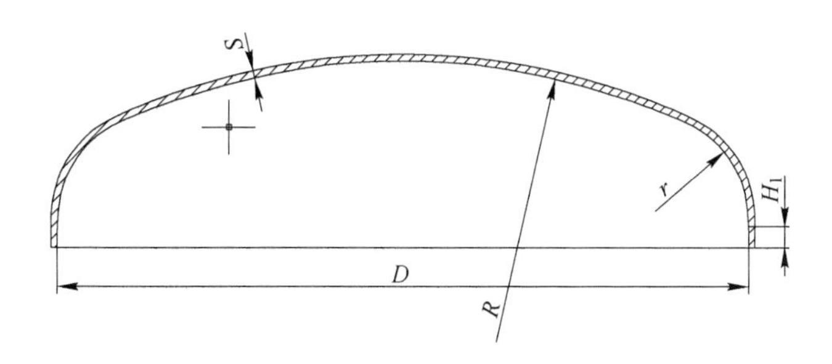

图 5-26　蝶形封头图案填充及标注

四、锥形封头的画法

带折边锥形封头由 4 部分组成：封头大端内直径 D、封头的小端内直径 d、封头的厚度 S、封头的锥角 α，封头的过渡圆即折边部分小圆半径 r 及封头的直边高度 H_1。

（1）绘制两条相交的垂直中心线，如图 5-27 所示。

（2）以垂直中心线为绘制基准，画两条辅助线，一条与垂直中心线距离为 $d/2$，另一条距离为 $D-r$，如图 5-28 所示。

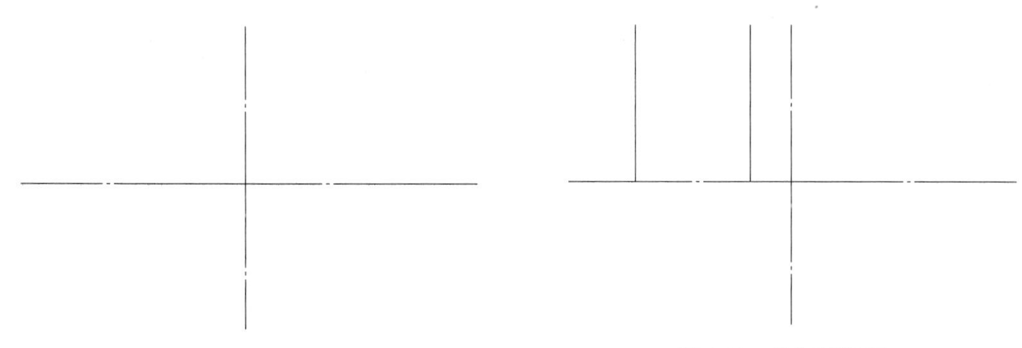

图 5-27　绘制锥形封头中心线　　图 5-28　绘制辅助线一

（3）以最左侧辅助线与水平中心线交点为基准绘制半径为 r 的圆，如图 5-29 所示。

（4）以圆心为基点，使用直线命令选择【Tab】键绘制出与水平中心线夹角为 α 的直线，如图 5-30 所示。

（5）以夹角直线与圆的交点为基准，绘制该直线的垂线，并与小圆相切，同时相交于 $d/2$ 辅助线，如图 5-31 所示。

（6）以圆的相切线与 $d/2$ 辅助线为基准绘制水平中心线的平行线，如图 5-32 所示。

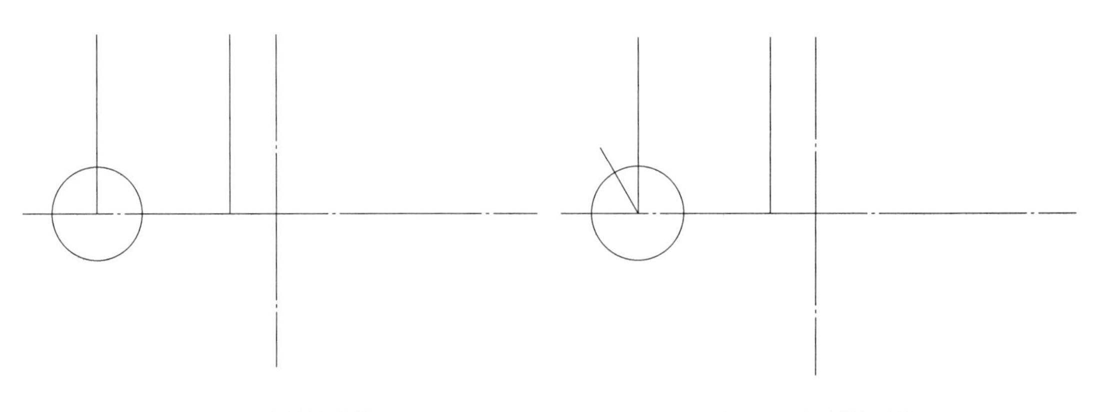

图 5-29　绘制辅助线二　　图 5-30　绘制辅助线三

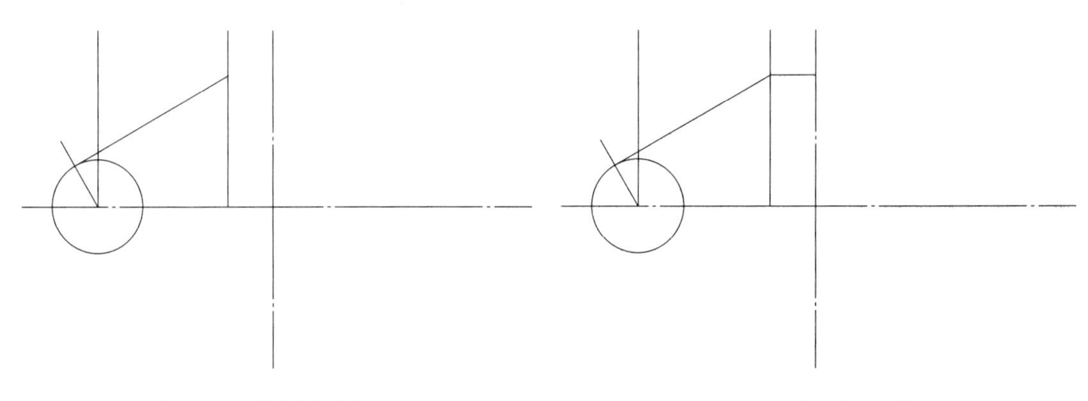

图 5-31　绘制辅助线四　　图 5-32　绘制辅助线五

（7）采用修剪命令去除多余辅助线，保留锥形分头的半轮廓线，如图 5-33 所示。

（8）以锥形封头的半轮廓线为基础，按照锥形封头的厚度（S），使用偏移命令完成锥形封头厚度的绘制，如图 5-34 所示。

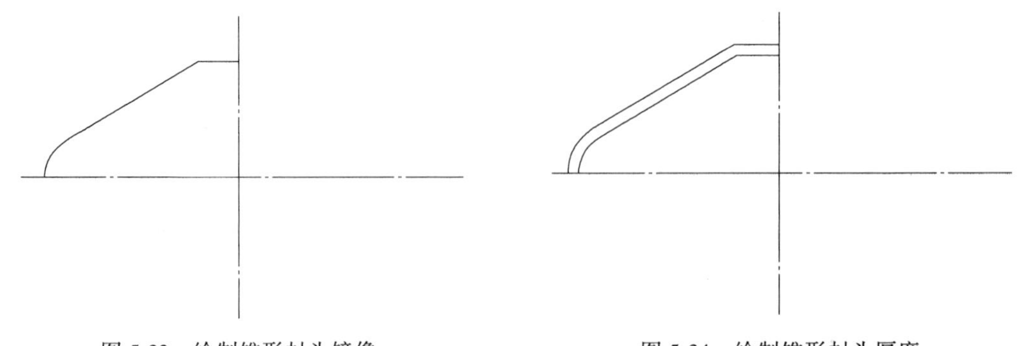

图 5-33　绘制锥形封头镜像　　图 5-34　绘制锥形封头厚度

（9）绘制直边并与锥形封头的半轮廓线进行合并，采用图案填充功能对封头厚度进行剖面线填充，如图 5-35 所示。

（10）使用镜像功能，以垂直辅助线为基准绘制整体锥形封头，如图 5-36 所示。

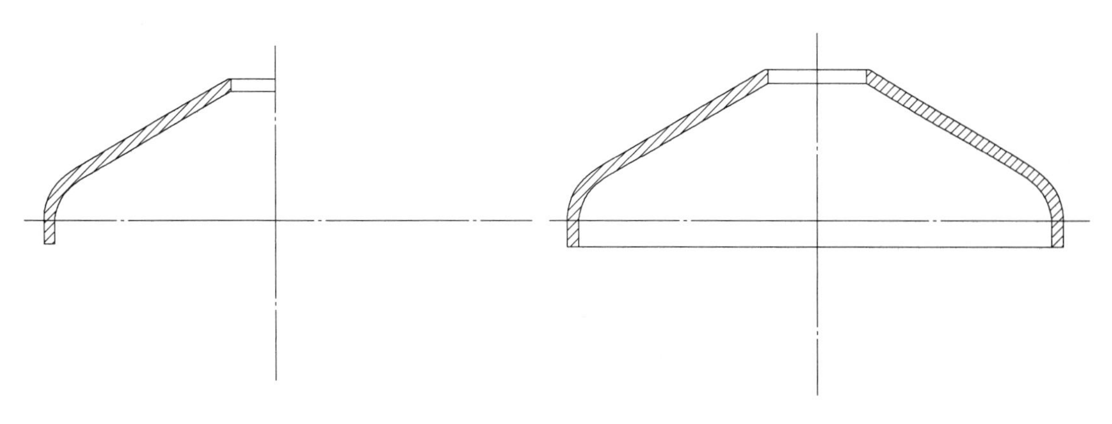

图 5-35　锥形封头镜像图案填充　　　　图 5-36　绘制整体锥形封头

（11）使用尺寸标注对封头的关键参数进行标注，如图 5-37 所示。

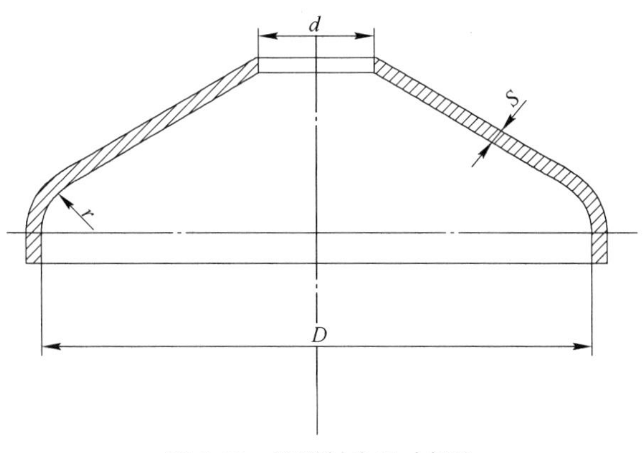

图 5-37　锥形封头尺寸标注

【拓展训练】

（1）练习半球形封头、椭圆形封头、蝶形封头和锥形封头的绘制。

（2）练习使用镜像、旋转等方式创建。

任务三　法兰的画法

导入案例

法兰连接是由一对法兰、密封垫片和螺栓、螺母、垫圈等零件组成的一种可拆卸连接。法兰是法兰连接中的一个主要零件。

化工设备用的标准法兰有两类：管法兰和压力容器法兰（又称设备法兰）。前者用于管道连接，后者用于设备筒体（或封头）的连接。标准法兰的主要参数是公称通径（D_N）和公称压力（P_N），管法兰的公称直径应与所连接的管子的公称直径相一致。压力容器法兰的公称直径应与所连接的筒体（或封头）公称直径（通常指内径）相一致。所以这两类标准法兰即使公称直径相同，他们的实际尺寸也是不一样的，选用时必须注意，相互并不通用。如果设备筒体系由无缝钢管制成，则应选用管法兰的标准。

【任务目标】

（1）了解法兰的种类、结构特点和常用的标准化法兰。

（2）熟悉法兰图的内容和表达特点。

（3）了解法兰尺寸标注方法。

（4）了解绘制法兰图的方法和步骤。

（5）掌握阅读与绘制法兰图的方法和步骤。

【任务分析】

法兰的作图方法：

（1）绘制两条相交的垂直中心线。

（2）以两条相互垂直中心线为绘制基准，按照法兰外径 $D/2$、法兰高度 $C/2$，绘制法兰右半部分外轮廓。

（3）以垂直中心线为基准按照螺栓孔中心圆直径 $K/2$ 找出螺栓孔中心线，依据螺孔中心线依照直径 L 绘制出螺孔边界线。

（4）以垂直中心线为基准，按照法兰内径 $B/2$ 画出内径轮廓线，依据密封面平台和螺栓孔平台之间的距离 f，绘制出法兰凸台尺寸。

（5）使用去除命令将多余线条去掉。

（6）使用图案填充功能对实体部分进行填充。

（7）使用镜像功能，以垂直辅助线为基准绘制整体法兰。

【相关知识】

管法兰用于管道间技术设备上的接管和管道的连接。管法兰按其与管子的连接方式可分为平焊法兰、对焊法兰、整体法兰、承插焊法兰、螺纹法兰、环松套法兰、法兰盖、衬里法兰盖等。法兰密封面形式主要有图面、凹面、凸面、榫槽面、全平面和环连接面等。

管法兰的标准为《管法兰》（HG 20592~20164—1997）。管法兰的主要参数为公称压力、公称直径、密封面形式和法兰形式等，公称压力为 0.25~25.0MPa 共 10 个等级，公称直径根据公称压力的不同有不同的系列。

压力容器法兰用于设备筒体与封头的连接。压力容器法兰分为甲型平焊法兰、乙型平焊法兰和长颈对焊法兰三种。压力容器法兰密封形式有平面密封面、榫槽密封面、凹凸密封面三种，另外还有三种相应的衬环密封面。

压力容器法兰的标准为《压力容器法兰》（JB/T 4700~4707—2000）。拉力容器法兰的主要性能参数为公称压力 P_N、公称直径 D_N、密封面形式、材料和法兰结构形式等。

要绘制板式平焊法兰需知道以下几个关键尺寸：法兰的外径 D、螺栓孔中心圆直径 K、螺孔直径 L、密封面外直径 d、法兰内径 B、法兰高度 C，以及密封面平台和螺栓孔平台之间的距离 f。

【任务实施】

（1）绘制两条相交的垂直中心线，如图 5-38 所示。

（2）以两条相互垂直中心线为绘制基准，按照法兰外径 $D/2$、法兰高度 $C/2$，绘制法兰右半部分外轮廓，如图 5-39 所示。

图 5-38　绘制中心线　　图 5-39　绘制法兰右半部分外轮廓

（3）以垂直中心线为基准按照螺栓孔中心圆直径 $K/2$ 找出螺栓孔中心线，依据螺孔中心线依照直径 L 绘制出螺孔边界线，如图 5-40 所示。

（4）以垂直中心线为基准，按照法兰内径 $B/2$ 画出内径轮廓线，依据密封面平台和螺栓孔平台之间的距离 f，绘制出法兰凸台尺寸，如图 5-41 所示。

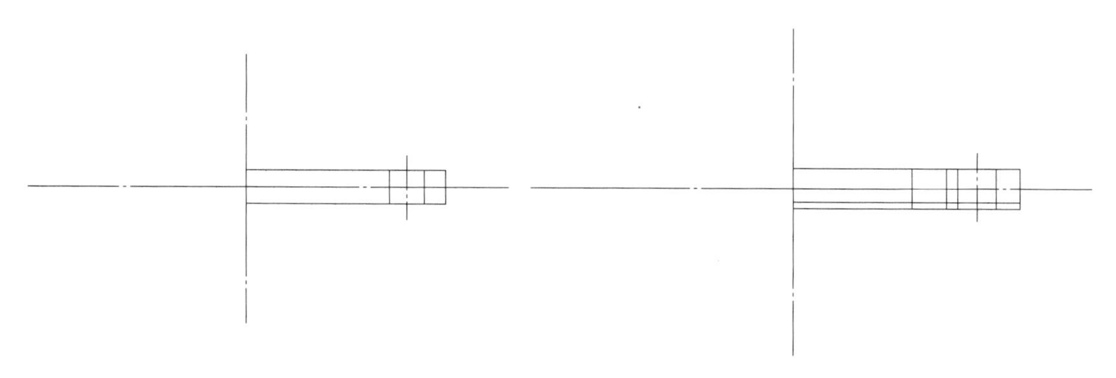

图 5-40　绘制螺孔边界线　　图 5-41　绘制法兰凸台

（5）使用去除命令将多余线段去掉，如图 5-42 所示。

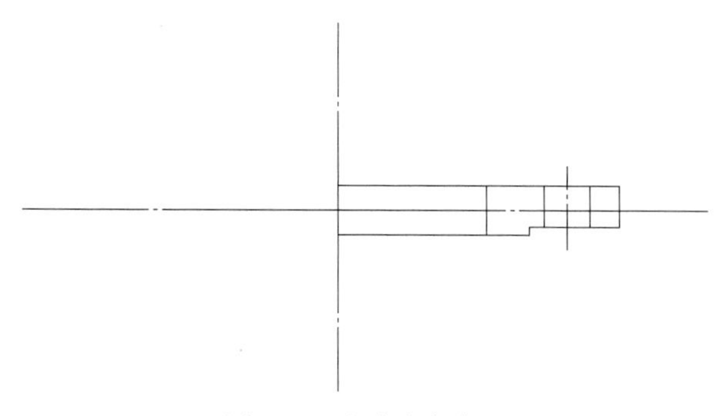

图 5-42　去除多余线段

（6）使用图案填充功能对实体部分进行填充，如图 5-43 所示。

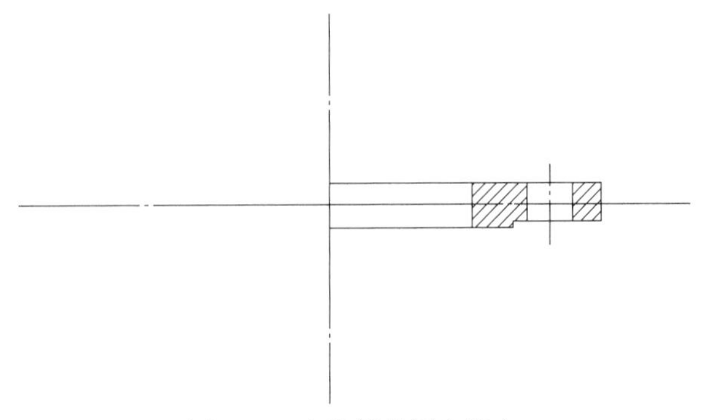

图 5-43　实体部分图案填充

（7）使用镜像功能，以垂直辅助线为基准绘制整体法兰，如图 5-44 所示。

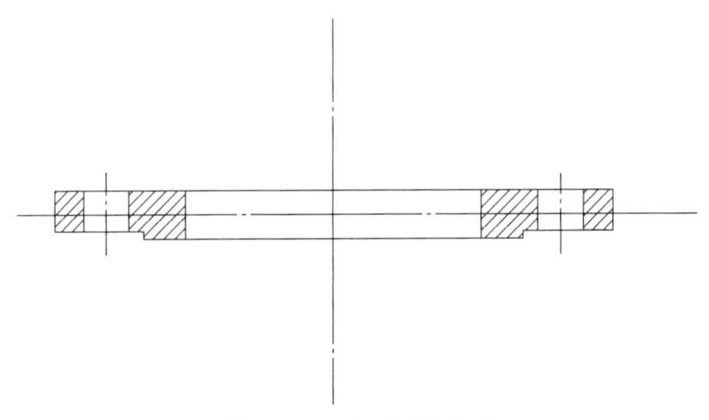

图 5-44　绘制整体法兰

（8）使用尺寸标注对法兰的关键参数进行标注，如图 5-45 所示。

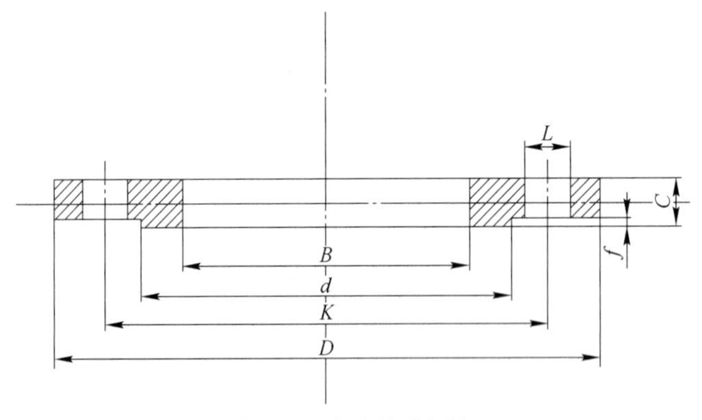

图 5-45　法兰尺寸标注

【拓展训练】

（1）练习法兰的绘制。
（2）练习使用图案填充、标注等功能。

任务四　人孔及手孔的画法

导入案例

需进行内部清理或安装制造以及检查上有要求的容器，必须开设手孔与人孔。手孔的结构通常是在突出接口或短接管上加盲板构成，这种结构用于常压、低压及不需经常打开的场合。需要经常打开的手孔应设置快速压紧装置。手孔的直径应使工人戴手套并握有工具的手能顺利通过，故其直径不宜小于 ϕ150mm，一般为 ϕ150mm、ϕ250mm。

当设备直径在 ϕ900mm 以上时，应开设人孔，以便在检修设备时人能进入容器内部，及时发现容器内表面的腐蚀、磨损或裂缝等缺陷。人孔通常有圆形和椭圆形两种，圆形人孔制造较为方便，椭圆形人孔对器壁的削弱较少，但制造较为困难，在制造时应尽量使其短轴平行于容器筒身轴线。圆形人孔的直径一般为 ϕ400mm，当容器压力不高时，直径可以选大一些，常用的是 ϕ450mm、ϕ500mm、ϕ600mm。椭圆形人孔的最小尺寸为 400mm×300mm。若容器在使用过程中人孔需要经常打开，可选用快开式人孔结构。

【任务目标】

（1）了解人孔手孔的种类、结构特点和常用的标准化人孔手孔。

（2）熟悉人孔手孔图的内容和表达特点。

（3）了解人孔手孔尺寸标注方法。

（4）了解绘制人孔手孔图的方法和步骤。

（5）掌握阅读与绘制人孔手孔图的方法和步骤。

【任务分析】

以常压平盖人孔为例，可知人孔由把手、法兰盖、垫片、法兰及筒节组成。要完全表达人孔的结构及其大小，必须对该 5 个部分的本身大小及其相互之间的关系表达清楚。

关键尺寸：把手的高度 h_1、长度 l_1、直径 d_1 及其与法兰的关系（在法兰盖的直径线上）；法兰盖外径 D_2、螺栓孔直径 K_2、凸面直径 B_2、凸面高度 f_2、法兰总高 h_2。垫片外径 $D_3=B_2$、内径 d_3、厚度 S_1；法兰外径 $D_4=D_3=B_2$，螺栓孔直径 K_4（采用标准螺栓）、凸面直径 B_4、凸面高度 f_4、法兰总高 h_4、法兰内径 d_4；筒节高度 h_5、外径 D_5、厚度 S_2。

（1）绘制垂直方向中心线。

（2）根据把手的高度 $h_1/2$、长度 $l_1/2$ 的尺寸绘制把手半轮廓线。根据把手的直径 d_1，使用偏移命令绘制出把手的内轮廓线。

（3）根据法兰盖外径 $D_2/2$、法兰总高 h_2，绘制法兰半轮廓线。

（4）垫片外径 $D_3=B_2$，内径 d_3、厚度 S_1 绘制垫片轮廓线。

（5）根据螺栓孔直径 $K_2/2$、标准螺栓的轮廓线（查阅标准）、下法兰外径 $D_4/2$、法兰总高 h_2，绘制出下法兰的轮廓线。

【相关知识】

人孔和手孔的种类较多，若选用标准件时，碳素钢和低合金钢人、手孔标准选用《人孔、手孔》(HG 21514～21535—1995)；不锈钢人、手孔可查阅标准《人孔、手孔》(HG 21594～21604—1999)。人、手孔的主要性能参数为公称压力、公称直径、密封面形式及人、手孔结构形式等。

【任务实施】

(1) 绘制垂直方向中心线，如图 5-46 所示。

(2) 根据把手的高度 $h_1/2$、长度 $l_1/2$ 的尺寸绘制把手半轮廓线。根据把手的直径 d_1，使用偏移命令绘制出把手的内轮廓线，如图 5-47 所示。

图 5-46　绘制垂直中心线　　图 5-47　绘制把手内轮廓线

(3) 根据法兰盖外径 $D_2/2$、法兰总高 h_2绘制法兰半轮廓线，如图 5-48 所示。

(4) 根据垫片外径 $D_3=B_2$，内径 d_3、厚度 S_1绘制垫片轮廓线，如图 5-49 所示。

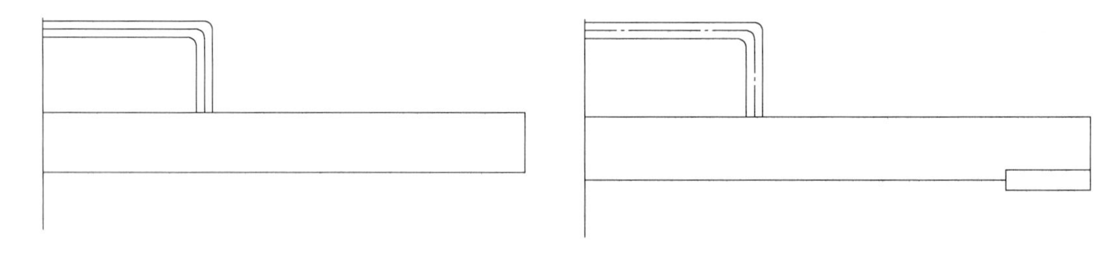

图 5-48　绘制法兰半轮廓线　　图 5-49　绘制垫片轮廓线

(5) 根据螺栓孔直径 $K_2/2$、标准螺栓的轮廓线（查阅标准)、下法兰外径 $D_4/2$、法兰总高 h_2，绘制出下法兰的轮廓线，如图 5-50 所示。

(6) 根据标准螺栓画法画出配套螺栓，此部分不再详细描述，查阅模块四内容，如图 5-51 所示。

(7) 依照筒节高度 h_5，外径 D_5、厚度 S_2绘制出筒体的轮廓线，如图 5-52 所示。

(8) 采用图案填充功能，将法兰盖、法兰及筒节的填充式样取 ASNI31，比例为 1，垫片填充式样取 ASNI37，垫片比例取 0.1 进行填充。此部分未标注焊缝填充，详细内容填充功能介绍已讲述，如图 5-53 所示。

(9) 以垂直中心线为轴采用镜像功能，完成整体人孔的构建，如图 5-54 所示。

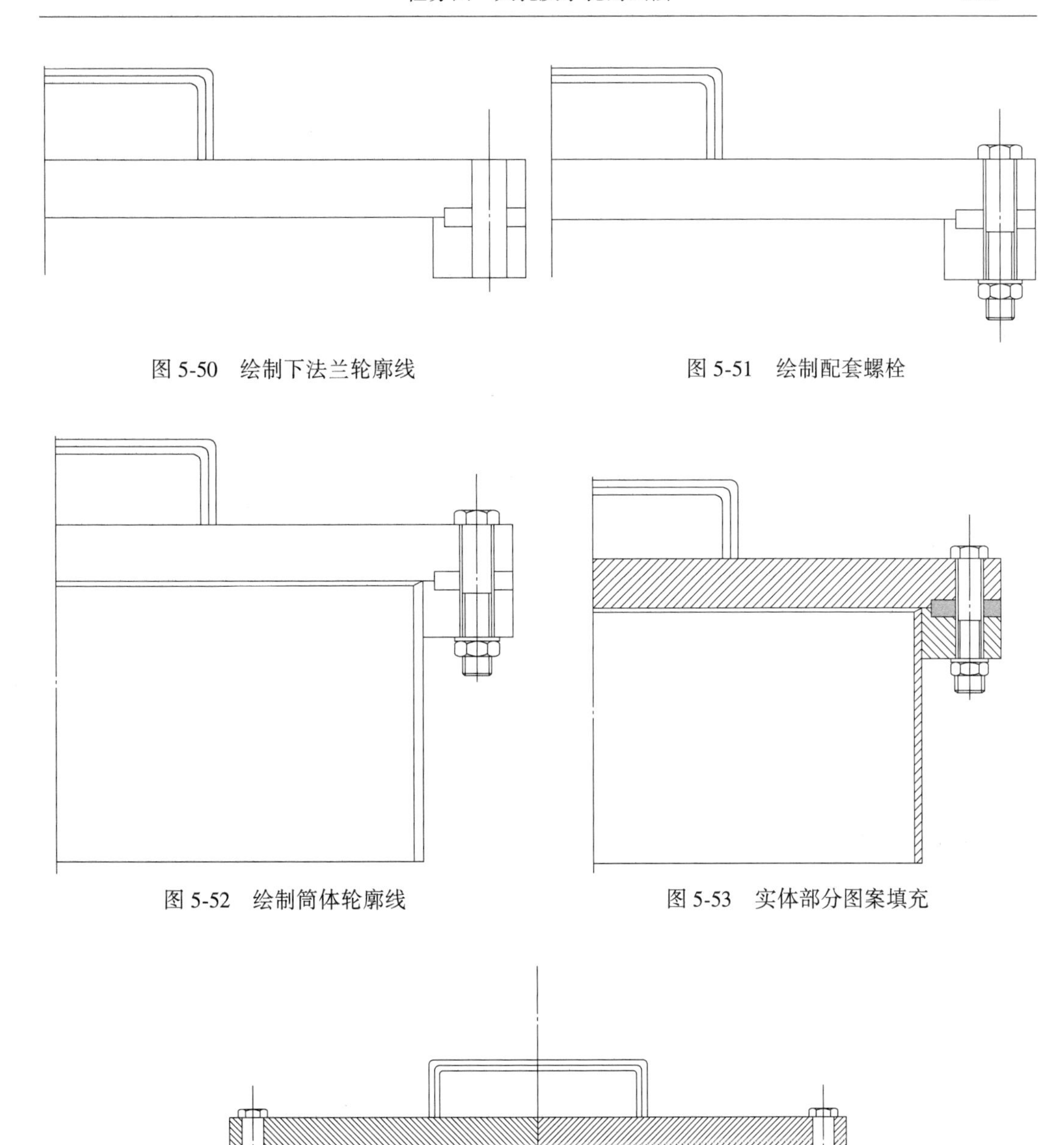

图 5-50　绘制下法兰轮廓线

图 5-51　绘制配套螺栓

图 5-52　绘制筒体轮廓线

图 5-53　实体部分图案填充

图 5-54　绘制整体轮廓

（10）绘制人孔俯视图：依照把手的长度 l_1 及把手与法兰的关系、法兰盖外径 D_2、螺栓孔位置 K_2，查阅螺栓孔直径，并通过阵列命令画出法兰面上螺栓孔，如图 5-55 所示。

（11）对人孔进行尺寸标注，如图 5-56 所示。

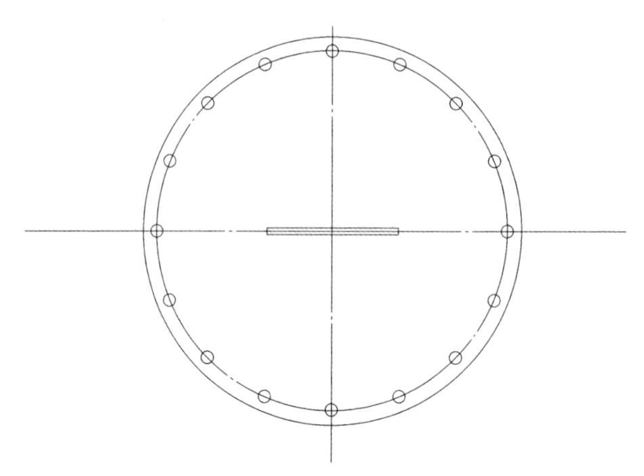

图 5-55　绘制螺栓孔

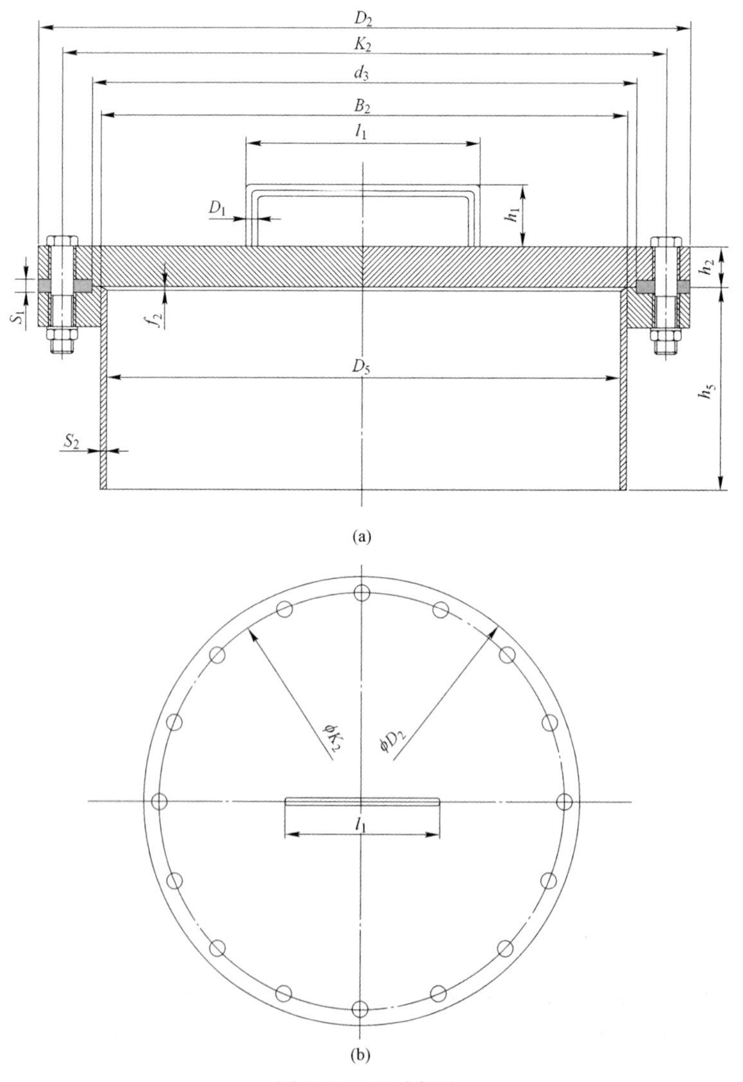

(a)

(b)

图 5-56　尺寸标注

【拓展训练】

（1）练习人孔、手孔的绘制。
（2）练习法兰盖的绘制。

任务五　A 形耳式支座的画法

导入案例

支座有各种形式，按照其固定的设备不同，可分为卧式容器支座和立式容器支座两种。而卧式容器支座常用的是鞍式支座，简称鞍座。立式容器的支座可分为耳式支座、支撑式支座和裙式支座。前两种立式容器支座常在小型直立设备中使用，裙式支座常在大型塔设备中使用。

【任务目标】

（1）了解支座的种类、结构特点和常用的标准化支座。
（2）熟悉支座图的内容和表达特点。
（3）了解支座尺寸标注方法。
（4）了解绘制支座图的方法和步骤。
（5）掌握阅读与绘制支座图的方法和步骤。

【任务分析】

A 形耳式支座是由两块筋板和一块支脚板组成。要想正确绘制该图，必须首先知道筋板和支脚板本身的大小及其相互关系。

已知 A 形耳式支座的关键尺寸：总高为 H，支脚板厚度为 S_1，筋板一边高度为H-S_1，另一边高度为 H_1，厚度为 S_2，下端长为 L_3，上端长为 L_5，两筋板外侧之间距离为 L_2，长度为 L_1，宽度为 L_4，其中心有一半径为 r 的螺孔；两筋板在支脚板的长度中心线两侧互相对称。有了以上数据及相互关系，就可以绘制支座图了。

（1）绘制任意垂直辅助线，并根据地板长度 L_1、厚度 S_1、螺孔半径 r 绘制出地板左侧轮廓图。

（2）根据筋板一边高度 H-S_1、厚度 S_2绘制出筋板的轮廓图。

（3）根据筋板另一边高度 H_1，绘制出筋板轮廓线。

（4）采用镜像功能将支座主视图画出。

（5）通过中心线画支座的俯视图，并依照筋板长度为 L_1，宽度为 L_4，下端长为 L_3，绘制出俯视图的轮廓图。

【知识链接】

国家能源局行业标准新版容器支座 NB/T 47065. 1～5—2018，代替 JB/T 4712—2007，

对于支座的具体设计参考行业设计标准。

【任务实施】

（1）绘制任意垂直辅助线，并根据地板长度 L_1、厚度 S_1、螺孔半径 r 绘制出地板左侧轮廓图，如图 5-57 所示。

（2）根据筋板一边高度为 $H\text{-}S_1$、厚度为 S_2 绘制出筋板的轮廓图，如图 5-58 所示。

图 5-57　绘制地板左轮廓图　　图 5-58　绘制筋板轮廓图

（3）根据筋板另一边高度 H_1，绘制出筋板轮廓线，如图 5-59 所示。

（4）采用镜像功能将支座主视图画出，如图 5-60 所示。

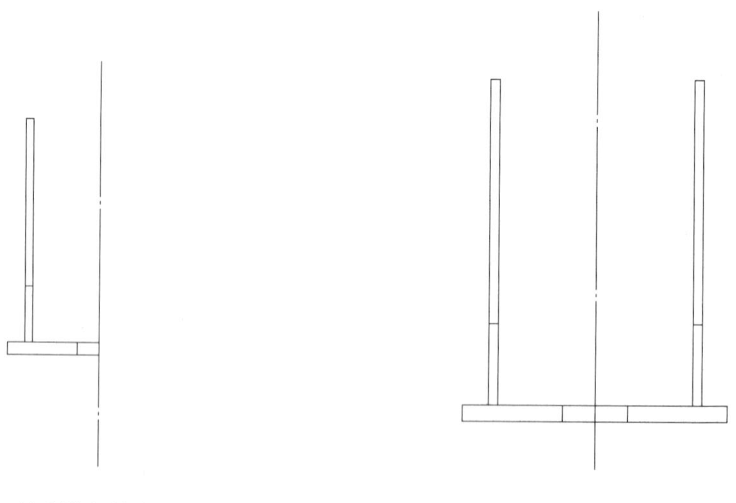

图 5-59　绘制筋板轮廓线　　图 5-60　绘制完整支座

（5）通过中心线画支座的俯视图，并依照筋板长度为 L_1，宽度为 L_4，下端长为 L_3，绘制出俯视图的轮廓图，如图 5-61 所示。

（6）根据主视图位置确定俯视图筋板位置，并根据筋板尺寸 L_5 与 L_3，画出筋板，如图 5-62 所示。

（7）通过镜像功能生成筋板全轮廓俯视图，如图 5-63 所示。

（8）依据主视图、俯视图定位尺寸及筋板宽度 L_5 与 H_1，中心孔半径 r 画出左视图的支座轮廓线，如图 5-64 所示。

（9）通过修建功能去除左视图多余辅助线，并采用图案填充功能进行剖面线的填充，如图 5-65 所示。

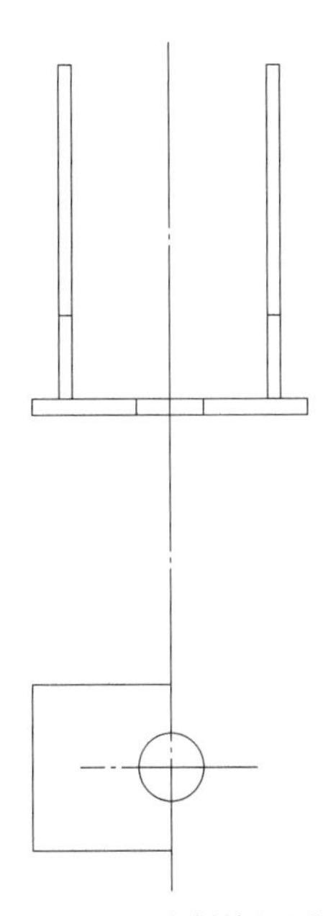

图 5-61　绘制俯视图

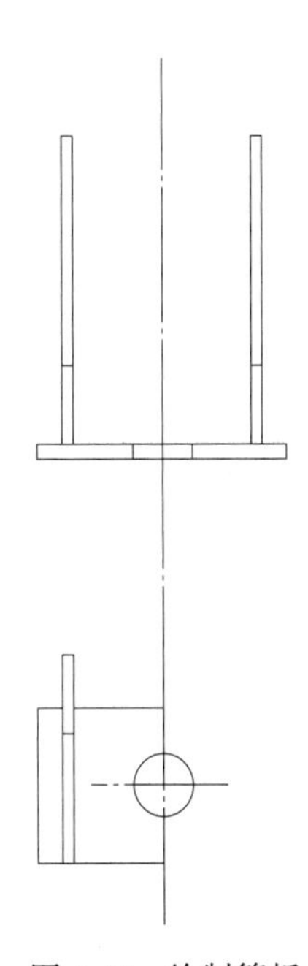

图 5-62　绘制筋板

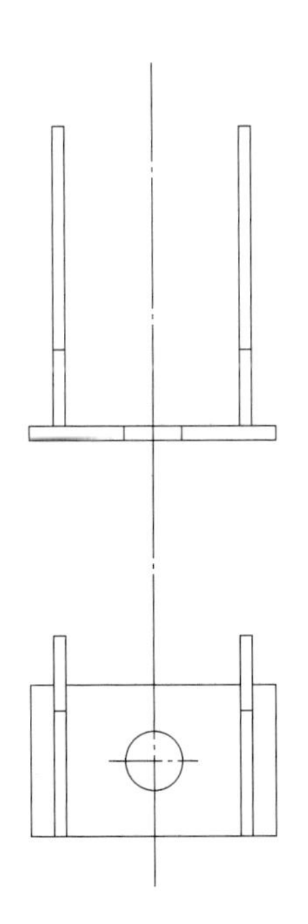

图 5-63　绘制筋板全轮廓俯视图

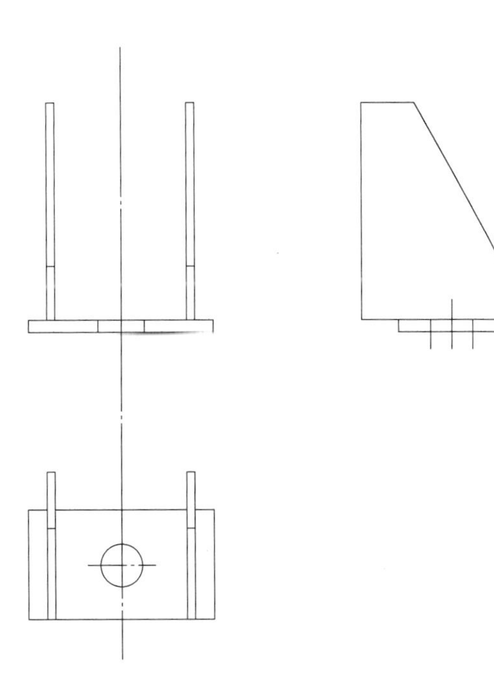

图 5-64　绘制左视图支座轮廓线

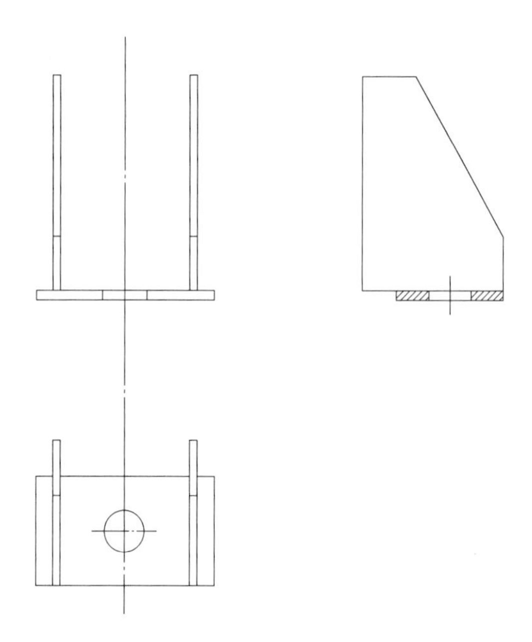

图 5-65　剖面线填充

（10）对支座进行尺寸标注，如图 5-66 所示。

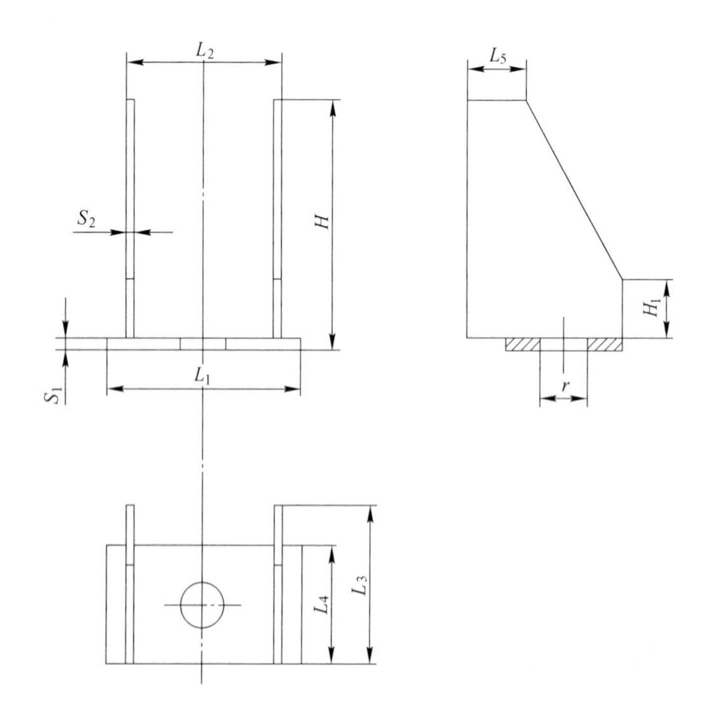

图 5-66　尺寸标注

【拓展训练】

(1) 练习鞍式支座的绘制。

(2) 练习耳式支座的绘制。

上机练习

5-1 根据图 5-67～图 5-72 所示绘制设备焊接图。

接管与筒体焊接详图

1:1

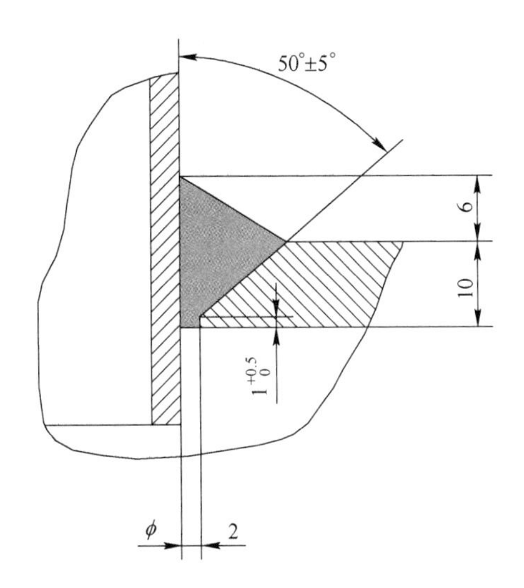

图 5-67 焊接图一

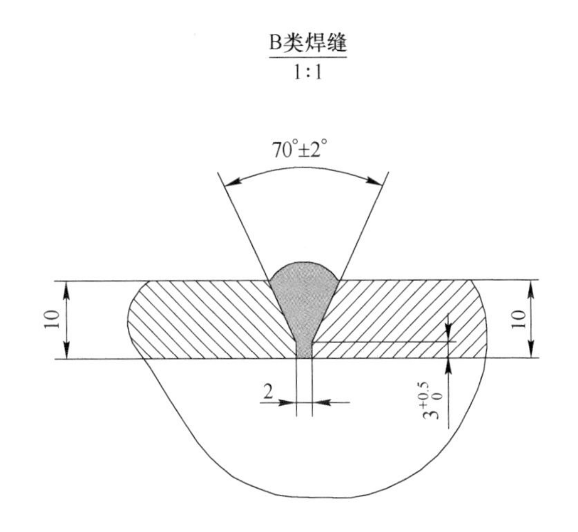

图 5-68 焊接图二

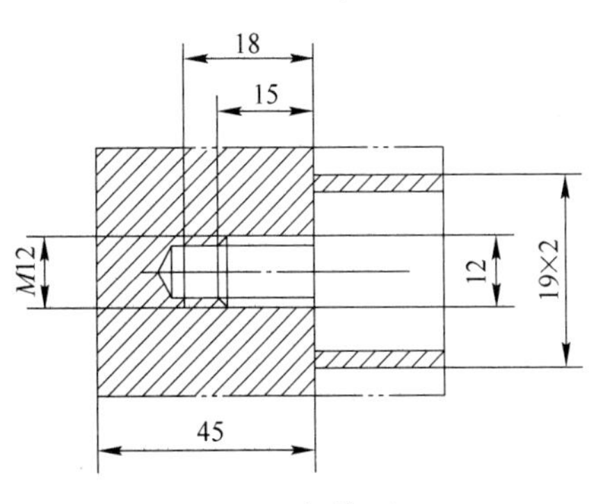

图 5-69 焊接图三

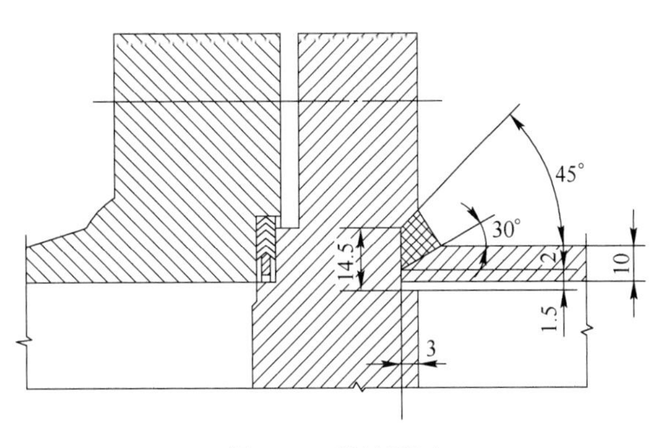

图 5-70 焊接图四

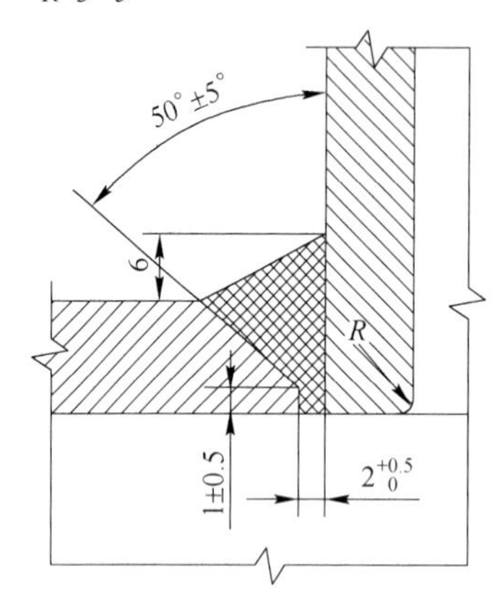

图 5-71　焊接图五

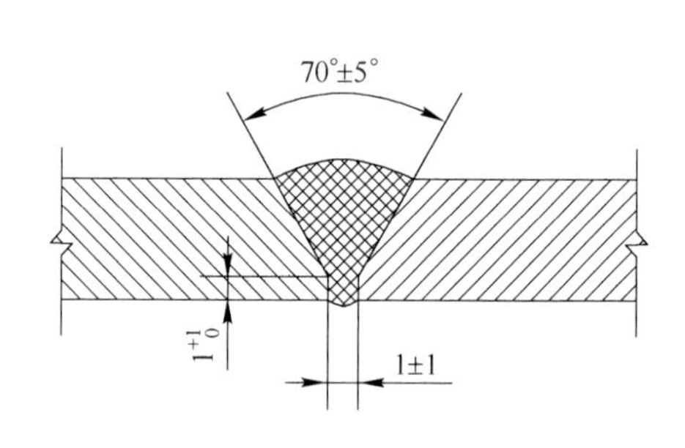

图 5-72　焊接图六

5-2　根据图 5-73 所示图形绘制塔设备手柄图。

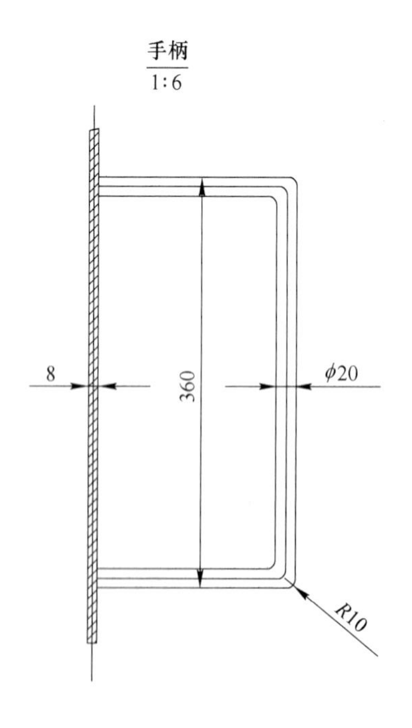

图 5-73　手柄

5-3　根据图 5-74 所示要求绘制鞍座。

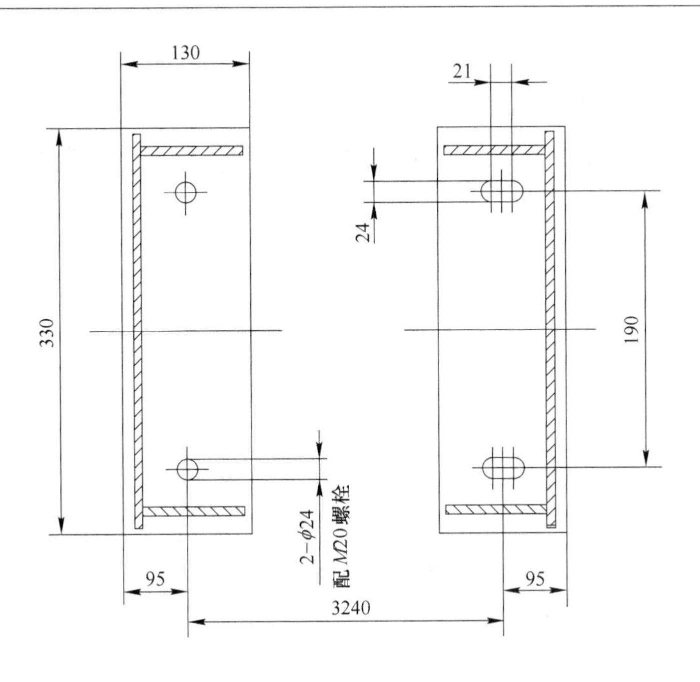

图 5-74 鞍座

5-4 按要求绘制技术特性表（见表 5-1）。

表 5-1 技术特性表

工作压力	1.0MPa	工作温度	184℃
设计压力	1.1MPa	设计温度	188℃
工作介质	饱和水蒸气	腐蚀裕度	1.0mm
焊接接头系数	0.85	容器类别	一类
配套锅炉蒸发量		分汽头数	

5-5 按表 5-2 要求绘制管口表。

表 5-2 管口表（NOZZLE SCHEDULE）

符号 MARK	公称尺寸 NOMINAL SIZE	连接尺寸标准 CONNECTIONS SIZES STANDARDS	法兰类型及密封面形式 TYPE & FACING	用途或名称 SERVICE	接头形式 WELDING IOINT NO.	伸出高度 FACING TO C. L. OR W. L.
N8	3/4″	ANSI B16.5 150# SCH160	WN/RF	排液口	G2	380
N7	3/4″	ANSI B16.5 150# SCH160	WN/RF	排气口	G2	380
N6	3/4″	ANSI B16.5 150# SCH160	WN/RF	排液口	G2	380
N5	3/4″	ANSI B16.5 150# SCH160	WN/RF	排气口	G2	380
N4	4″	ANSI B16.5 150# SCH120	WN/RF	冷却水出口	G2	380
N3	4″	ANSI B16.5 150# SCH120	WN/RF	冷却水入口	G2	380
N2	10″	ANSI B16.5 150# SCH60	WN/RF	混合气出口	G2	405
N1	10″	ANSI B16.5 150# SCH60	WN/RF	混合气入口	G2	405

模块六　化工设备图绘制

学习目标

知识目标	（1）了解化工设备图的绘制规则； （2）认识主要的化工设备； （3）掌握化工设备图的阅读方法； （4）利用 Auto CAD 进行化工设备的绘制； （5）阅读和理解化工设备图。
能力目标	（1）设备设计条件单； （2）化工设备图的视图选择； （3）化工设备图的绘制方法及步骤； （4）反应器的视图选择； （5）反应器的绘制方法及步骤。

任务一　化工设备图的绘制

导入案例

化工设备图的绘制与机械制图有许多相似之处，但又具有独特的内容和要求。化工设备图的绘制一般方法：对已有设备进行测绘主要应用于仿制引进设备或对现有设备进行革新改造，与机械制图方法基本相同。依据化工工艺设计人员提供的“设备设计条件单”进行设计和绘制。

【任务目标】

（1）设备设计条件单。

（2）化工设备图的视图选择。

（3）化工设备图的绘制方法及步骤。

【任务分析】

一、设备设计条件单

（1）设备单线条绘成的简图，表示工艺设计所要求的设备结构形式、尺寸、设备上的管口及其初步方位。

（2）技术特性指标列表给出工艺要求，如设备操作压力和温度、介质及其状态、材质、容积、传热面积、搅拌器形式、功率、转速、传动方式以及安装、保温等各项要求。

（3）管口表列表注明各管口的符号、公称尺寸和压力、连接面形式、用途等。

二、设备机械设计

（1）根据设备设计条件单并参考有关图纸资料进行设备结构设计。

（2）对设备进行机械强度计算，以确定主体壁厚等有关尺寸。

（3）常用零件的选型设计。

【相关知识】

化工设备图的绘制一般有两种方法：（1）对已有设备进行测绘。主要应用于仿制引进设备或对现有设备进行革新改造，与机械制图方法基本相同。（2）依据化工工艺设计人员提供的“设备设计条件单”进行设计和绘制。

设备设计条件单包括以下内容：

（1）设备单线条绘成的简图，表示工艺设计所要求的设备结构形式、尺寸、设备上的管口及其初步方位。

（2）技术特性指标列表给出工艺要求，如设备操作压力和温度、介质及其状态、材质、容积、传热面积、搅拌器形式、功率、转速、传动方式以及安装、保温等各项要求。

（3）管口表列表注明各管口的符号、公称尺寸和压力、连接面形式、用途等。

设备机械设计：

（1）根据设备设计条件单并参考有关图纸资料，进行设备结构设计。

（2）对设备进行机械强度计算，以确定主体壁厚等有关尺寸。

（3）常用零件的选型设计。

【任务实施】

绘制化工设备图前，应确定视图表达的表达方案，包括选择主视图、确定视图数量和表达方法。在选择设备图的视图方案时，应考虑到化工设备的结构特点和图示特点。

一、选择主视图

（1）一般应按设备的工作位置，选用最能清楚地表达各零部件间装配和连接关系、设备工作原理及设备的结构形状的视图作为主视图。

（2）主视图一般采用全剖视的表达方法，并结合多次旋转的画法，将管口等零部件的轴向位置及其装配关系连接方法等表达出来。

储罐设备图示例如图 6-1 所示。视图的表达如图 6-2 所示。

二、确定其他基本视图

根据设备的结构特点，确定基本视图数量及选择其他基本视图，用以补充表达设备的主要装配关系、形状、结构等。一般立式设备用立、俯两个基本视图，卧式设备则用立、

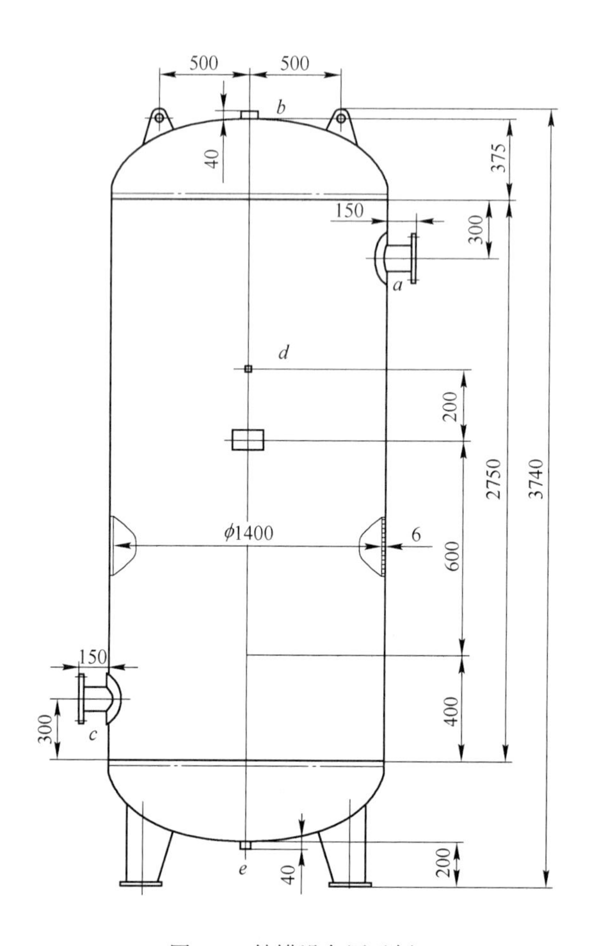

图 6-1　储罐设备图示例

左两个基本视图。俯（或左）视图也可配置在其他空白处，但需在视图上方写上图名。俯（左）视图常用以表达管口及有关零部件在设备上的周向方位。在化工设备图中，常采用局部放大图，*X* 向视图等辅助视图及剖视、剖面等各种表达方法来补充基本视图的不足，将设备中的零部件的连接、管口和法兰的连接、焊缝结构以及其他由于尺寸过小无法在基本视图上表达清楚的装配关系和主要结构形状表达清楚（如图 6-2 所示）。

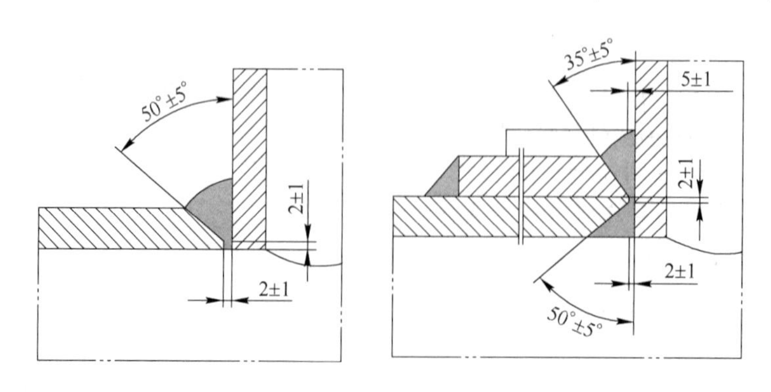

图 6-2　视图的表达

三、图纸幅面及图框

表 6-1 中尺寸单位为 mm。L(长边) = B(短边)。A1 号幅面为 A0 号幅面的对裁，A2 号幅面为 A1 号幅面的对裁，依此类推。图纸有横式和立式两种。A4 只用立式。为了缩微复制，需画对中标志。图纸必须按图幅大小裁，且要画图框线。若有必要，可按国标的规定加长图纸长度。

表 6-1　图幅尺寸　（mm）

幅面代号	A0	A1	A2	A3	A4
$B \times L$	841×1189	594×841	420×594	297×420	210×297
e	20		10		
c	10			5	
a	25				

四、图框格式

图框格式分为不留装订边和留装订边两种格式，但同一套图纸只能采用一种格式。无论哪种格式都可以采用横式布置或立式布置。

（1）不留装订边格式，如图 6-3 所示。

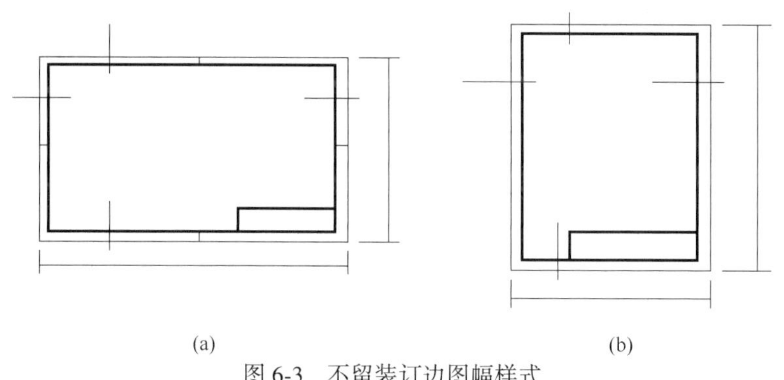

图 6-3　不留装订边图幅样式
（a）横式；（b）立式

（2）留装订边格式，如图 6-4 所示。

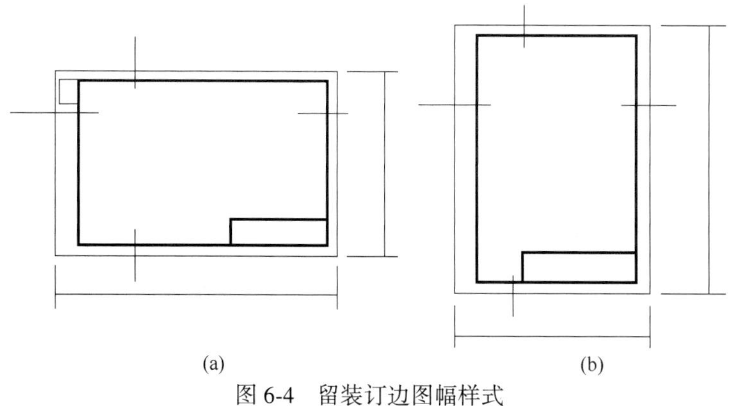

图 6-4　留装订边图幅样式
（a）横式；（b）立式

(3) 确定绘制比例、选择图幅、安排图面；绘图比例（原则上按标准中的优先选用比例）；图纸幅面（标准图幅，必要时加长或加宽）；图面安排如图 6-5 和图 6-6 所示。

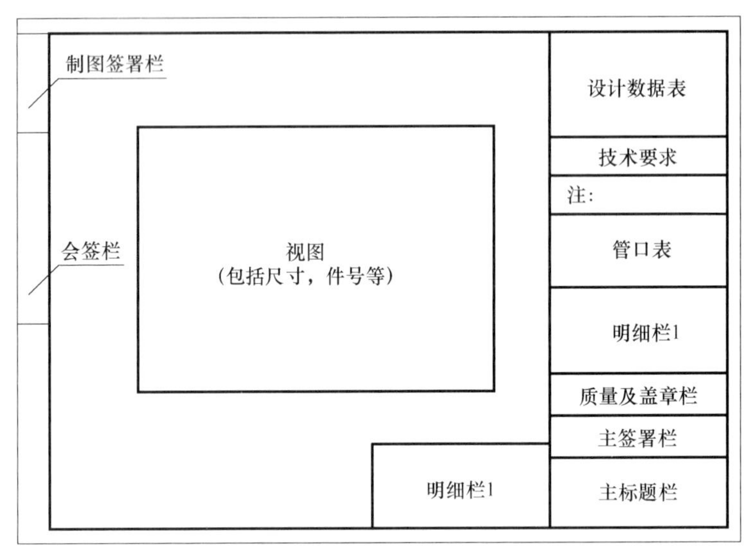

图 6-5　图面安排样式一

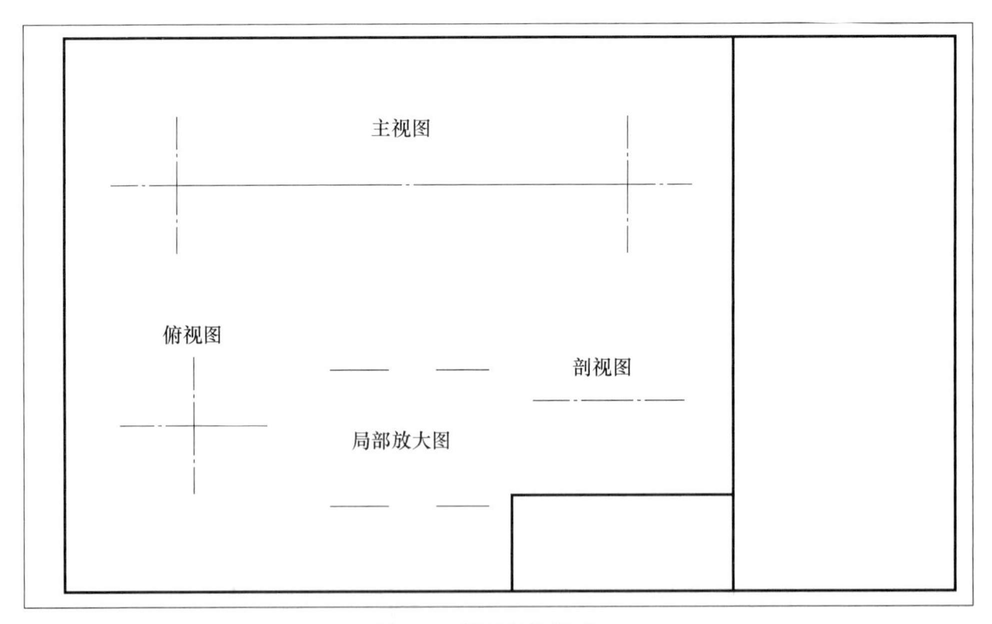

图 6-6　图面安排样式二

(4) 先选定位（画轴线、对称线、中心线、作图基准线），后定形（画视图）。

(5) 先画基本视图，后画其他视图。

(6) 先画主体（筒体、封头），后画附件（接管等）。

(7) 先画外件，后画内件。

(8) 最后画剖面符号、书写等。

(9) 各视图画好后，应按照“设备设计条件单”校核。

五、尺寸和焊缝代号的标注

（1）尺寸种类：规格性能尺寸、装配尺寸、安装尺寸、外形尺寸、其他尺寸。

（2）尺寸基准：设备筒体和封头的中心线和轴线、设备筒体和封头焊接时的环焊缝、设备容器法兰的端面、设备支座的底面。

尺寸和焊缝标注示例如图 6-7 所示。

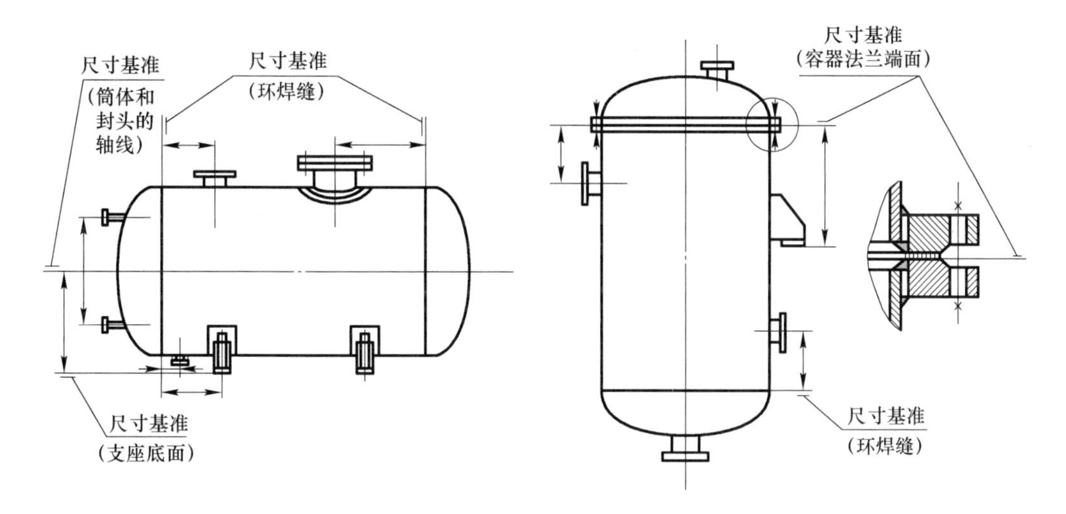

图 6-7　尺寸和焊缝标注示例

六、典型结构尺寸标注法

（1）筒体尺寸：标注内容、壁厚和高度（或长度）。

（2）封头尺寸：标注壁厚和封头高（包括直边高度）。

（3）管口尺寸：标注规格尺寸和伸出长度。

（4）规格尺寸：直径×壁厚（无缝钢管为外径，卷焊钢管为内径），图中一般不标注。伸出长度：管口在设备上的伸出长度，一般标注管法兰端面到接管中心线和相接零件（如筒体和封头）外表面交点间的距离。当设备上所有管口的伸出长度都相等时，图上可不标注，而在附注中写明，或在管口表中注明。

典型结构尺寸标注示例如图 6-8 所示。

七、焊缝符号的标注

化工设备图的焊缝，除了按有关规定画出其位置、范围和剖面形状外，还需根据国家标准的有关规定代号，确切清晰地标注出对焊缝的要求。

八、编写零部件序号和管口符号

（1）所有零部件都需编写序号，同一结构、规格和材料的零部件编成同一件号，并且一般只标注一次。

（2）直接组成设备的零部件（如薄衬层、厚衬层、厚涂层等）不论有无零部件图，

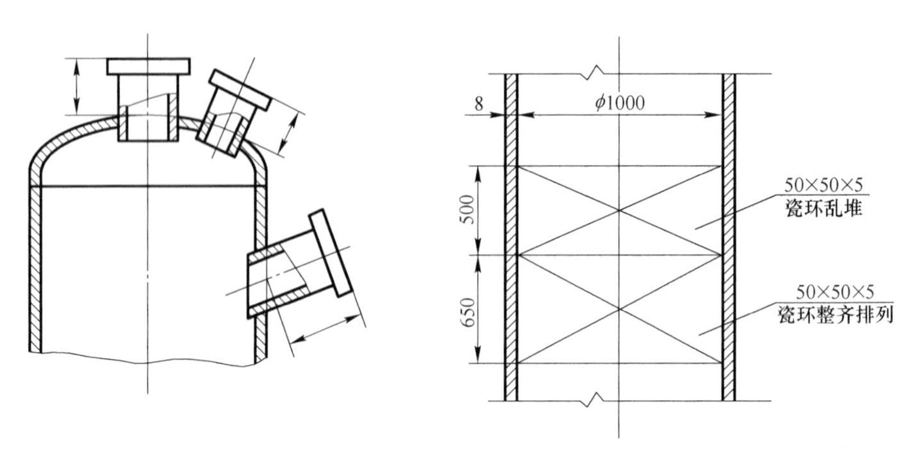

图 6-8　典型结构尺寸标注示例

均需编写件号。

（3）外购部件作为一种部件编号。

（4）编写零部件序号和管口符号。

部件装配图中若沿用设备装配图中的序号，则在部件图上编件号时，件号由两部分组成：一是该部件的设备装配图中的部件件号；二是部件中的零件或二级部件的顺序号，中间用横线隔开。如某部件在设备装配图中件号为 2，在其部件装配图中的零件（或部件）的编号则为 2-1，2-2，…，若有二级以上部件的零件件号，则按上述原则依次加注顺序号，如 2-1-1，2-1-2 等。

零部件序号标注示例如图 6-9 所示。

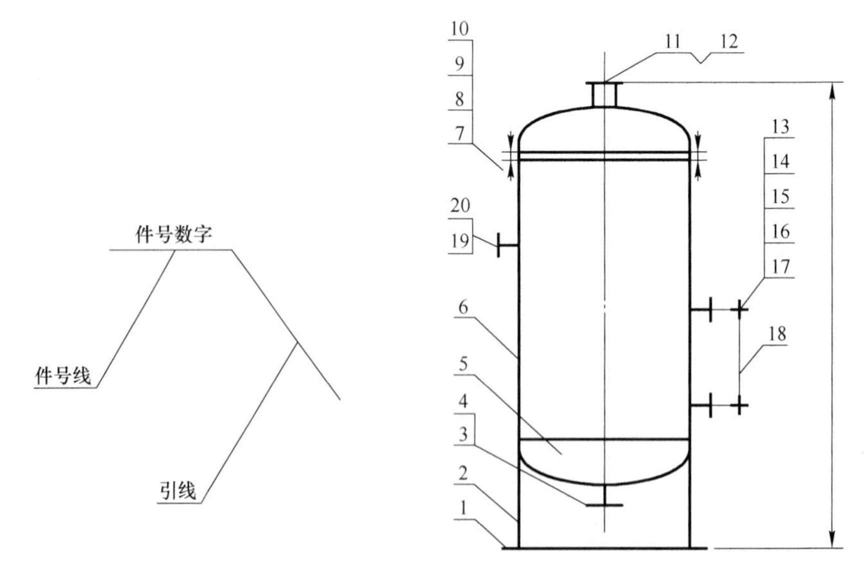

图 6-9　零部件序号标注示例

九、编写管口序号

（1）符号一律注写在各视图中管口的投影旁，一般注写在尺寸线的外侧，同一接管在主、左（俯）视图上应重复注写。

（2）管口符号一律用小写字母（a，b，c，…）编写，字体大小一般与零部件件号相同。字母一般不用 o、l 等容易引起误解的字母。

（3）规格、用途及连接面形式不同的管口需单独编号，而规格、用途及连接面形式完全相同的管口，则编为同一个符号，但需要在符号的右下角加注阿拉伯数字以示区别，如 a_1，a_2，…。

（4）管口符号一般从主视图的左下方开始，按顺时针方向依次编写，其他视图（或管口方位图）上的管口符号，则应按主视图中对应符号注写。

管口符号及标题栏标注示例如图 6-10 所示。

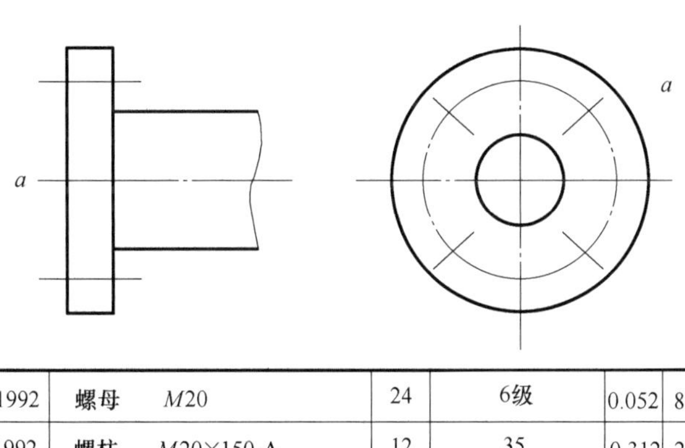

3	GB 6170—1992	螺母　$M20$	24	6级	0.052	8.74	
2	JB 4707—1992	螺柱　$M20\times150$-A	12	35	0.312	26.2	
1	25-EF0201-4	管箱(1)	1	—		140	
件号 PARTS NO.	图号或标题号 DWG.NO.OR STDNO.	名称 PARTS.NAME	数量 QTY.	材料 MATL	单 SINGLE 质量 MASS/kg	总 TOTAL	备注 REMARKS
15	30	55	10	30	20		

180；8×n；8；15

×	平盖	16Mn	138	1:5	××××××	××××××
件号 PARTS.NO.	名称 PARTS.NAME	材料 MATL	质量 MASS/kg	比例 SCALE	所在图号 DWG.NO.	装配图号 ASSY.DWG. NO.
20	45	30	20	15	25	

180；8；12

F		接管　$\phi34\times4.5L=104$	1	20		0.3	长度制造厂定
		拉筋　30×4	2	Q235-A.F		—	
	BG20615	法兰　WN25-2.ORF Sch.80	3	16Mn		1.1	
管口符号 NOZZLE S.NO.	图号或标准号 DWG.NO.OR. STD.NO.	名称 PARTS.NAME	数量 QTY.	材料 MATL	单 SINGLE 质量 MASS/kg	总 TOTAL	备注 REMARKS
15	30	55	10	30	20		

180；8×n；8；15

图 6-10　管口符号及标题栏标注示例

十、填写明细栏和管口表

（1）件号栏。件号应与图中零部件件号一致，并由下向上依序逐件填写。

（2）图号或标准号栏。零部件图的图号，不绘图样的零部件此栏空，填写标准为零、部件的标准号，若材料不同于标准的零部件，此栏不填。

（3）名称栏。应采用公认和简明的提法填写零部件或外构件的名称和规格。标准零部件按标准规定填写，如“封头 DN1000×10”“填料箱 PN6、DN50”等。

（4）数量栏。填写设备中属同一件号的零部件的全部件数。填写大量木材或填充物时数量以 m^3 计。填写各种耐火砖、耐酸砖以及特殊砖等材料时，其数量应以块计或以 m^3 计。填写大面积的衬里材料，如铝板、橡胶板、石棉板、金属网等时，其数量应以 m^2 计。

（5）材料栏。按国家标准或行业标准的规定填写各零件的材料代号或名称。无标准规定的材料，按习惯名称注写。外购件或部件在本栏填写“组合件”或画斜细实线，对需注明材料的外购件，此栏仍需填写。大型企业标准或外国标准材料，标注名称时应同时注明其代号。必要时，需在“技术要求”中作一些补充说明。

（6）质量栏。质量栏分单和总两项，均以千克为单位；数量为多件的零部件，单重及总重都要填写；数量只有一件时，可将质量直接填入总质量栏内；一般零部件的质量应准确到小数点后两位（贵重金属除外）。

普通材料的小零件，若重量轻、数量少时可不填写，用斜细实线表示。

（7）备注栏。只填写必要的参考数据和说明，如接管长度 $L=150$，外购件的“外购”等，如无需说明一般不必填写。当件号较多位置不够时，可按顺序将一部分放在主标题栏左边，此时该处明细栏一的表头中各项字样可不重复。

（8）管口表的填写。管口表是说明设备上所有管口的用途、规格、连接面形式等内容的表格，在《化工设备设计文件编制规定》（HG/T 20668—2000）中推荐的管口表格式如图 6-11 所示。管口表一般画在明细栏上方。

管口表							
符号	公称尺寸	公称压力	连接标准	法兰形式	连接面形式	用途或名称	设备中心线至法兰面距离
A	250	2	HG 20615	WN	平面	气体进口	660
B	600	2	HG 20615	—	—	人孔	见图
C	150	2	BG 20615	WN	平面	液体进口	660
D	50×50	—	—	—	平面	加料口	见图
E	椭 300×200	—	—	—	—	手孔	见图
F_{1-2}	15	2	BG 20615	WN	平面	取样口	见图

图 6-11　管口表标注示例

（9）管口符号栏。用英文小写字母 a，b，c，…从上至下按顺序填写，且应与视图中管口符号一一对应。当管口规格、用途、连接面形式完全相同时，可合并为一项。

（10）公称尺寸栏。按管口的公称直径填写。无公称直径的管口，按管口实际内径填写（如椭圆孔填写“长轴×短轴”，矩形孔填写“长×宽”）。带衬管的接管，按衬管的实际内容填写，带薄衬里的接钢管，接钢管的公称直径填写，若无公称直径，则按实际内容填写。

（11）其他。表名“管口表”书写于表的上方，字体不小于 7 号字体。表中汉字采用 5 号字体书写，数字或字母则采用 3.5 号字体。

设计数据表标注示例如图 6-12 所示。

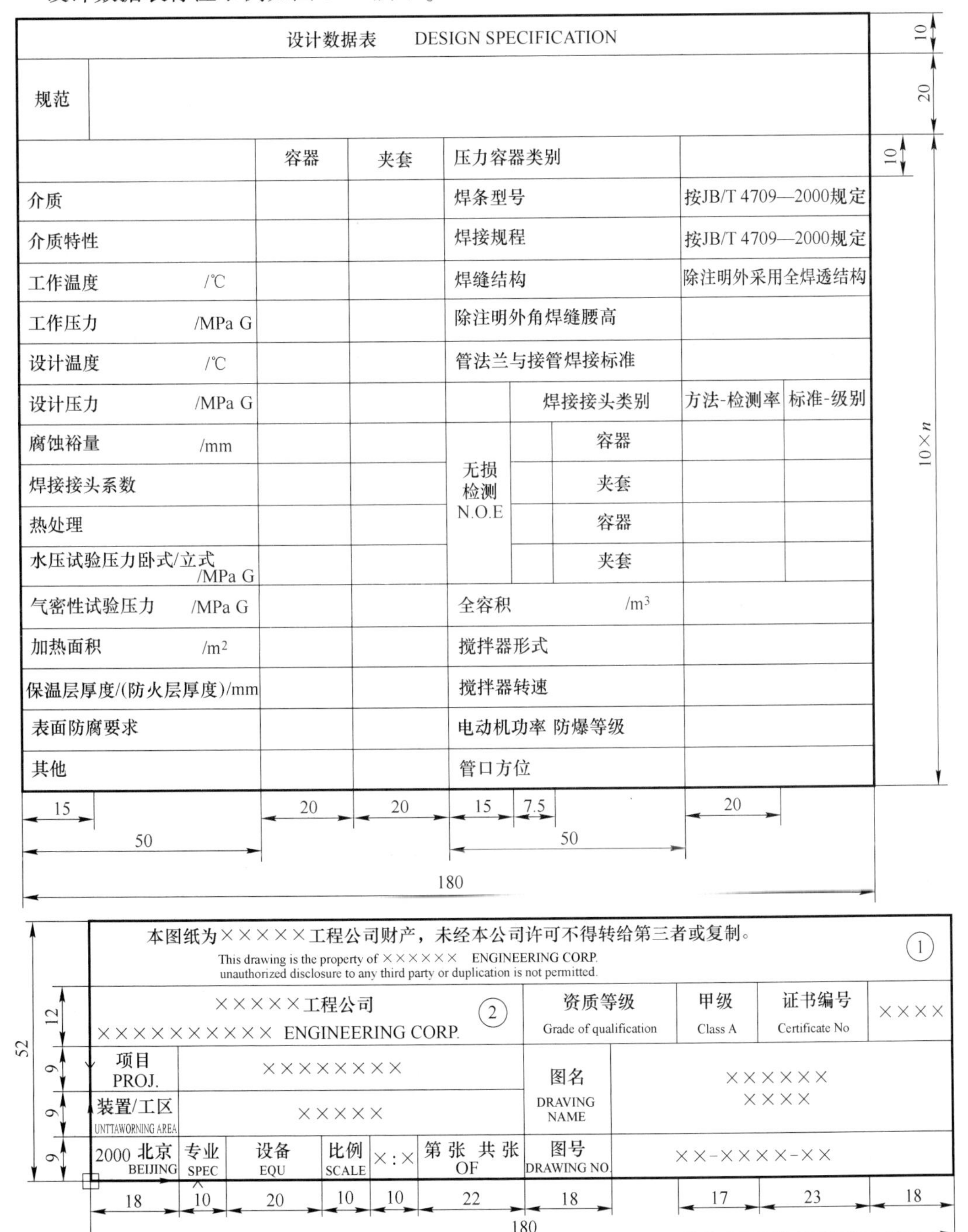

图 6-12　设计数据表标注示例

【拓展训练】

（1）视图的选择，局部放大的运用练习。

（2）图幅、明细栏和管口表的填写练习。

任务二　反应器的绘制

反应器（Reactor）是实现反应过程的设备，广泛应用于化工、炼油、冶金、轻工等工业部门。一般用于实现液相单相反应过程和液液、气液、液固、气液固等多相反应过程。器内常设有搅拌（机械搅拌、气流搅拌等）装置。在高径比较大时，可用多层搅拌桨叶。在反应过程中物料需加热或冷却时，可在反应器壁处设置夹套，或在器内设置换热面，也可通过外循环进行换热。

反应器的应用始于古代，制造陶器的窑炉就是一种原始的反应器。近代工业中的反应器形式多样，例如冶金工业中的高炉和转炉、生物工程中的发酵罐以及各种燃烧器，都是不同形式的反应器。

【任务目标】

（1）了解反应器的绘制规则。

（2）认识主要的反应器。

（3）掌握反应器的阅读方法。

（4）利用 AutoCAD 进行反应器的绘制。

（5）阅读和理解反应器。

【任务分析】

壳体以回转形体为主，尺寸相差悬殊，有较多的开孔和管口，大量采用焊接结构，广泛采用标准化、通用化、系列化的零部件。化工设备具有典型的如上特性，因而化工设备的图示方面也有一些特殊的表达方法。

反应罐设计条件单见表 6-2。管口表见表 6-3。

表 6-2　反应罐设计条件单

序号	标准号	名　称	数量	材料	单	总	备注
1	A1	支承式支座	4	Q235-C			
2	HG20592-97	法兰 *DN*80-1. 6RF	1	Q235-C			
3		接管 *DN*80×4. 5	1	Q235-C			
4	HG20592-97	法兰 *DN*40-1. 6RF	1	Q235-C			
5		接管 *DN*40×4	1	Q235-C			
6	HG20592-97	法兰 *DN*40-1. 6RF	1	Q235-C			
7		接管 *DN*40×4	1	Q235-C			

续表 6-2

序号	标准号	名　　称	数量	材料	单	总	备注
8		筒体 *DN*1000×12 PN2.0	1	Q235-C			
9	JB/T 4071—2000	甲型平焊法兰	1	Q235-C			
10		封头 *DN*1000×12 PN2.0	1	Q235-C			
11	HG20592-97	法兰 *DN*40-1.6 RF	1	Q235-C			
12		接管 *DN*40×4	1	Q235-C			
13	HG20592-97	法兰 *DN*80-1.6 RF	1	Q235-C			
14		接管 *DN*80×4.5	1	Q235-C			
15		压力表座 G1/2″	1	Q235-C			
16	HG20592-97	法兰 *DN*50-1.6 RF	1	Q235-C			
17		接管 *DN*50×4	1	Q235-C			
18	HG20592-97	法兰 *DN*40-1.6 RF	1	Q235-C			
19		接管 *DN*40×4	1	Q235-C			
20	HG20592-97	法兰 DN50-1.6 RF	1	Q235-C			
21		接管 *DN*50×4	1	Q235-C			
22	HG20592-97	法兰 *DN*50-1.6 RF	1	Q235-C			
23		接管 *DN*50×4	1	Q235-C			
24	HG20592-97	法兰 *DN*40-1.6 RF	1	Q235-C			
25		接管 *DN*40×4	1	Q235-C			

表 6-3　管口表

序号	公称尺寸	公称压力	连接尺寸标准	法兰形式	连接面形式	用途或名称	设备中心线距离
A1	*DN*80	1.6	HG20592-97	RF	突面	计量器口	
A2	*DN*80	1.6	HG20592-97	RF	突面	加热管接口	
B1	*DN*40	1.6	HG20592-97	RF	突面	安全阀座	
B2	*DN*40	1.6	HG20592-97	RF	突面	电梯阀座	
B3，B4	*DN*40	1.6	HG20592-97	RF	突面	液位开关座	
B5	*DN*40	1.6	HG20592-97	RF	突面	排污管	
C1	*DN*50	1.6	HG20592-97	RF	突面	进料接管	
C2，C3	*DN*50	1.6	HG20592-97	RF	突面	出液接管	
D			G1/2″		外螺纹	压力表座	

该反应罐筒体公称直径为 *DN*500，壁厚为 10mm；封头为标准椭圆封头，壁厚为 12mm，支座为 4 个 A 型支座；绘制比例为 1∶10。

【相关知识】

实现一个或几个化学反应，并使反应物通过化学反应转变为反应产物的设备，称为反应器。反应设备在化工设备中是非常重要的，大多都是化工生产中的关键设备。

【任务实施】

一、反应罐的画法

（1）反应器的绘制一般有两种方法：1）对已有设备进行测绘。主要应用于仿制引进设备或对现有设备进行革新改造。与机械制图方法基本相同。2）依据化工工艺设计人员提供的“设备设计条件单”进行设计和绘制（如图 6-13 所示）。

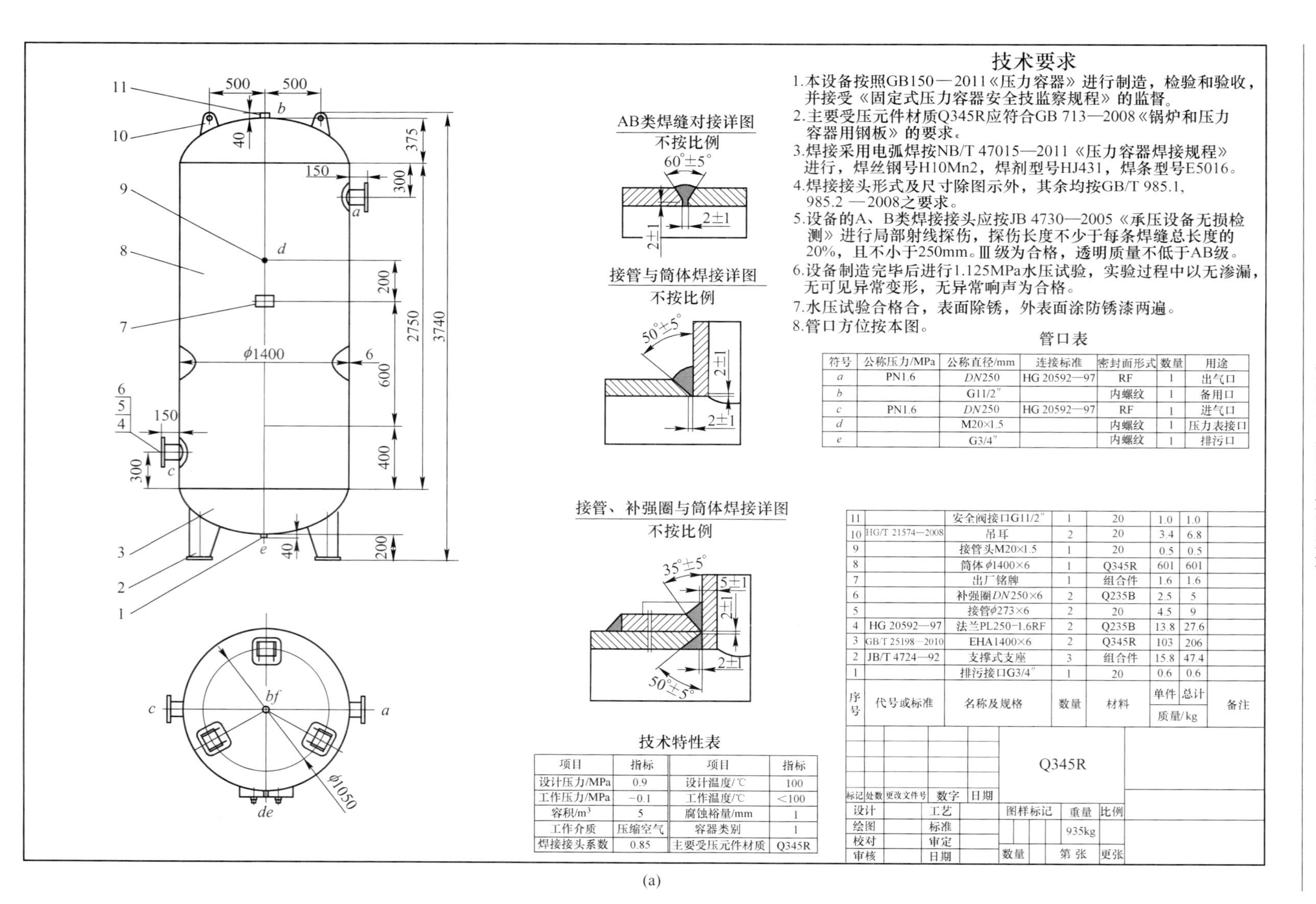

管口表

符号	公称压力/MPa	公称直径/mm	连接标准	密封面形式	数量	用途
a	PN1.6	DN250	HG 20592—97	RF	1	出气口
b		G11/2″		内螺纹	1	备用口
c	PN1.6	DN250	HG 20592—97	RF	1	进气口
d		M20×1.5		内螺纹	1	压力表接口
e		G3/4″		内螺纹	1	排污口

技术特性表

项目	指标	项目	指标
设计压力/MPa	0.9	设计温度/℃	100
工作压力/MPa	−0.1	工作温度/℃	<100
容积/m^3	5	腐蚀裕量/mm	1
工作介质	压缩空气	容器类别	1
焊接接头系数	0.85	主要受压元件材质	Q345R

序号	代号或标准	名称及规格	数量	材料	单件质量/kg	总计质量/kg	备注
11		安全阀接口G11/2″	1	20	1.0	1.0	
10	HG/T 21574—2008	吊耳	2	20	3.4	6.8	
9		接管头M20×1.5	1	20	0.5	0.5	
8		筒体φ1400×6	1	Q345R	601	601	
7		出厂铭牌	1	组合件	1.6	1.6	
6		补强圈DN250×6	2	Q235B	2.5	5	
5		接管φ273×6	2	20	4.5	9	
4	HG 20592—97	法兰PL250-1.6RF	2	Q235B	13.8	27.6	
3	GB/T 25198—2010	EHA1400×6	2	Q345R	103	206	
2	JB/T 4724—92	支撑式支座	3	组合件	15.8	47.4	
1		排污接口G3/4″	1	20	0.6	0.6	

标记	处数	更改文件号	数字	日期	图样标记	重量	比例
设计		工艺				935kg	
绘图		标准			数量	第 张	更张
校对		审定					
审核		日期					

(a)

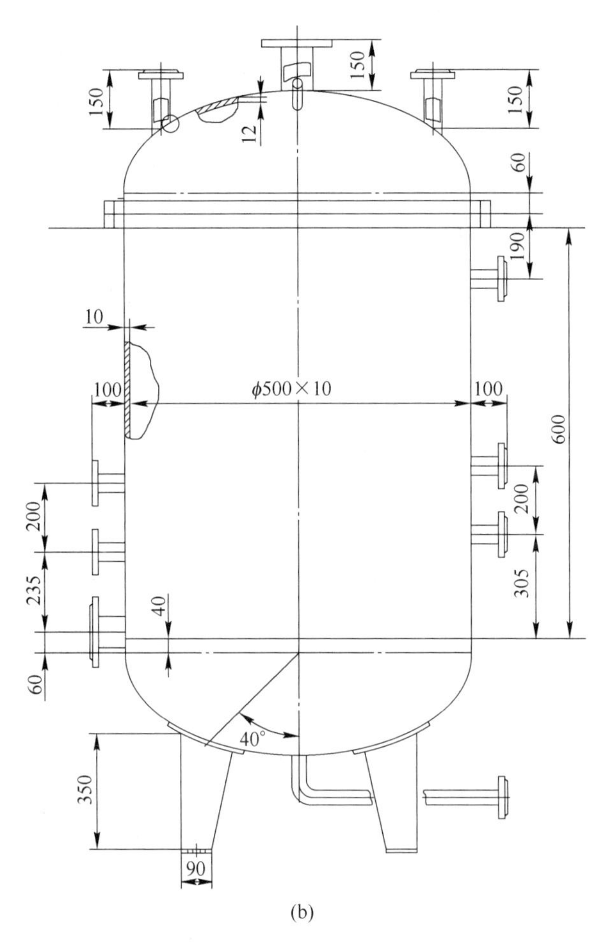

(b)

图 6-13　反应罐

（2）技术特性表见表 6-4。

表 6-4　技术特性表

工作温度/℃	<50
工作压力/MPa	2.0
工作介质	原油
腐蚀性	低腐蚀

二、具体作图步骤

（1）化工设备图的视图选择。绘制化工设备图前，应确定视图表达方法。在选择设备图的视图方案时，应考虑到化工设备的结构特点和图示特点。

选择主视图：

1）一般应按设备的工作位置，选用最能清楚地表达各零部件间装配和连接关系、设备工作原理及设备的结构形状的视图作为主视图。

2）主视图一般采用全剖视的表达方法，并结合多次旋转的画法，将管口等零部件的轴向位置及其装配关系连接方法等表达出来（如图 6-14 所示）。

（2）确定其他基本视图。根据设备的结构特点，确定基本视图数量及选择其他基本视图，用以补充表达设备的主要装配关系、形状、结构等。一般立式设备用立、俯两个基本视图，卧式设备则用立、左两个基本视图。俯（或左）视图也可配置在其他空白处，但需在视图上方写上图名。俯（左）视图常用以表达管口及有关零部件在设备上的周向方位。

（3）图纸幅面及图框。图纸幅面（简称图幅），图幅——绘图所采用的图纸幅面，是为了合理使用图纸，便于管理、装订而规定的。我们应优先采用表 6-5 所列的尺寸（GB/T 4689—1993）。

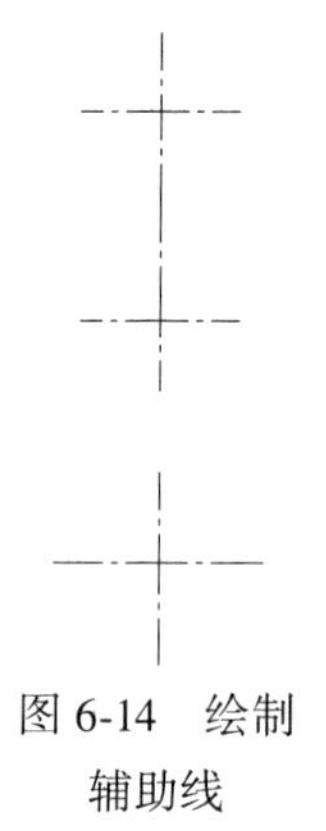

图 6-14　绘制辅助线

表 6-5　图纸幅面的尺寸　　（mm×mm）

幅面代号	尺寸 $B \times L$
A0	841×1189
A1	594×841
A2	420×594
A3	297×420
A4	210×297

（4）本次绘制选用 A1 图纸立式。确定绘制比例、选择图幅、安排图面绘图比例（原则上按标准中的优先选用比例），图纸幅面（标准图幅，必要时加长或加宽）如图 6-15 所示，幅面选择如图 6-16 所示。

图 6-15　绘制图幅

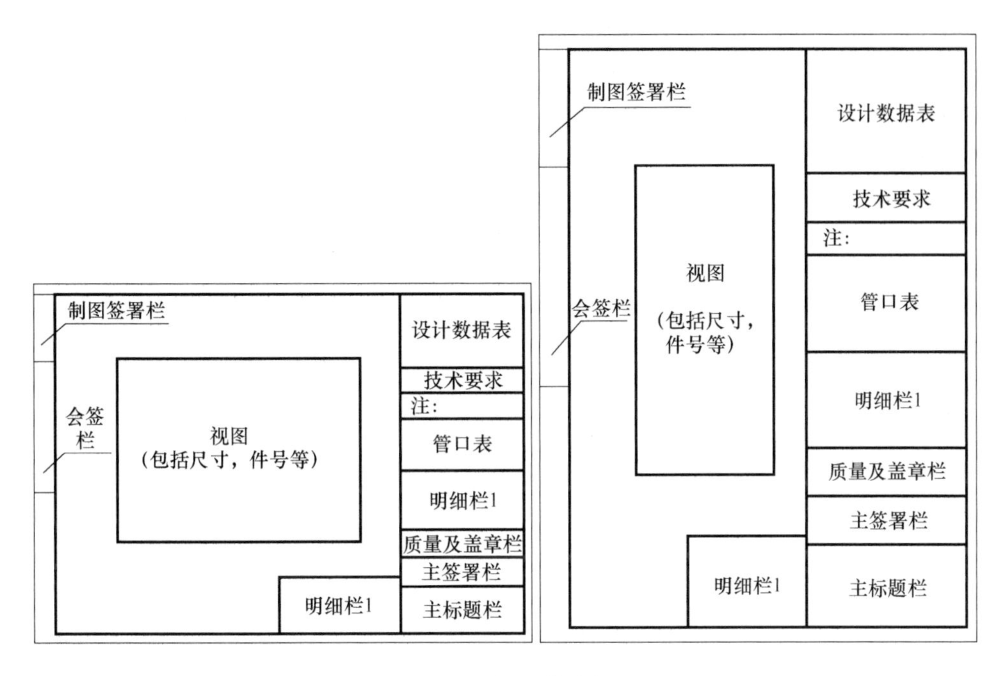

图 6-16　幅面的选择

（5）在绘制的图幅当中进行画轴线、对称线、中心线、作图基准线的绘制，形成主视图与俯视图两个视图定位（如图 6-17 所示）。

（6）在主视图的位置进行筒体的绘制，筒体尺寸为 $DN500$，高度 $H=700$，如图 6-18 所示。

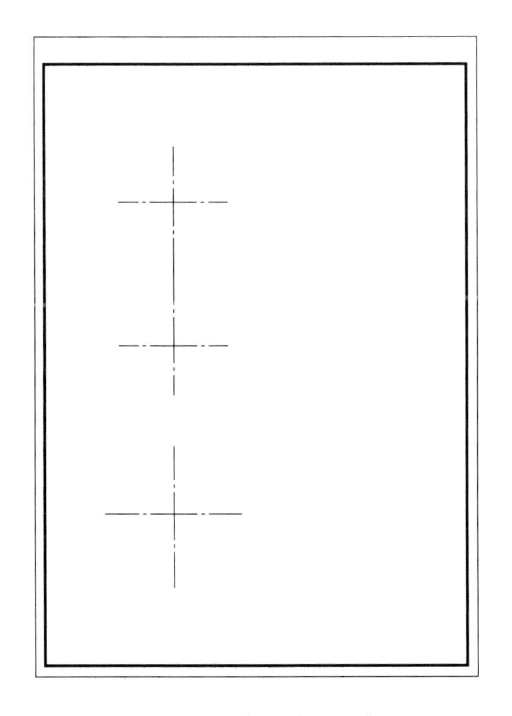

图 6-17　绘制定位基准线

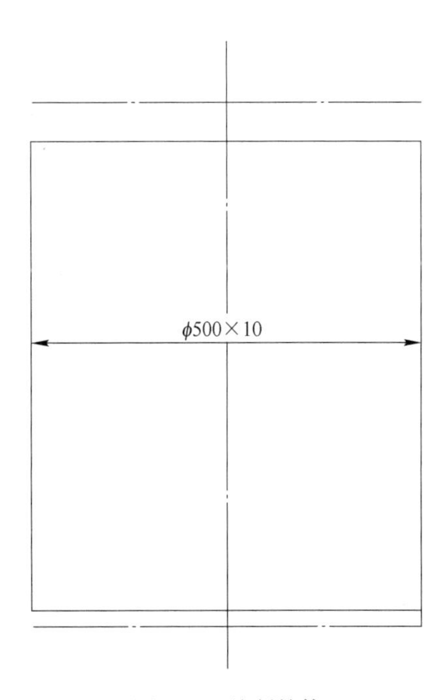

图 6-18　绘制筒体

（7）在主视图的位置进行标准椭圆封头的绘制，封头分为上下，上下封头为焊接，封头直径为 *DN*500，直角边高 40，厚度为 12，如图 6-19 所示。

（8）在下封头处绘制 *A* 型支腿，支腿与下封头中心线夹角为 40°，支腿有 4 个。查阅相关标准进行绘制，如图 6-20 所示。

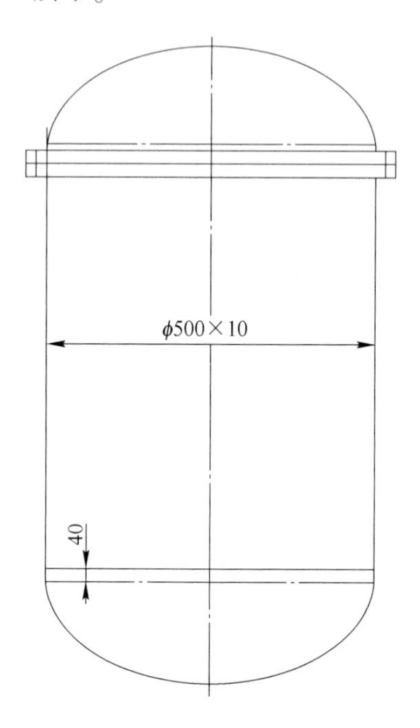

图 6-19　绘制封头

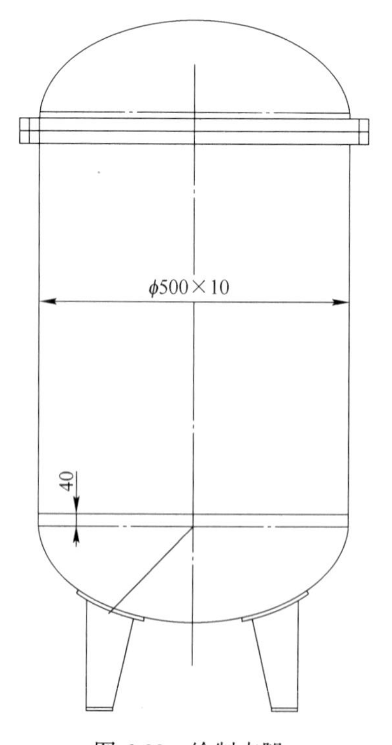

图 6-20　绘制支腿

(9) 根据管口表与其对应设计标准在相应的位置进行管口表的绘制，如图 6-21 所示。

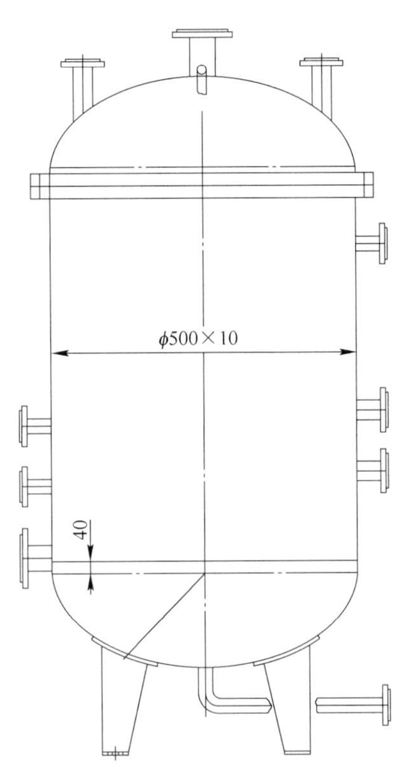

管　口　表							
序 号	公称尺寸	公称压力	连接尺寸标准	法兰形式	连接面形式	用途或名称	设备中心线距离
A1	DN80	1.6	HG20592-97	RF	突 面	计量器口	
A2	DN80	1.6	HG20592-97	RF	突 面	加热管接口	
B1	DN40	1.6	HG20592-97	RF	突 面	安全阀座	
B2	DN40	1.6	HG20592-97	RF	突 面	电梯阀座	
B3,B4	DN40	1.6	HG20592-97	RF	突 面	液位开关座	
B5	DN40	1.6	HG20592-97	RF	突 面	排污管	
C1	DN50	1.6	HG20592-97	RF	突 面	进料接管	
C2,C3	DN50	1.6	HG20592-97	RF	突 面	出液接管	
D			G1/2″		外螺纹	压力表座	

图 6-21　绘制管口表

(10) 根据绘制的主视图绘制俯视图，如图 6-22 所示。

(11) 典型结构尺寸标注法如图 6-23 所示。

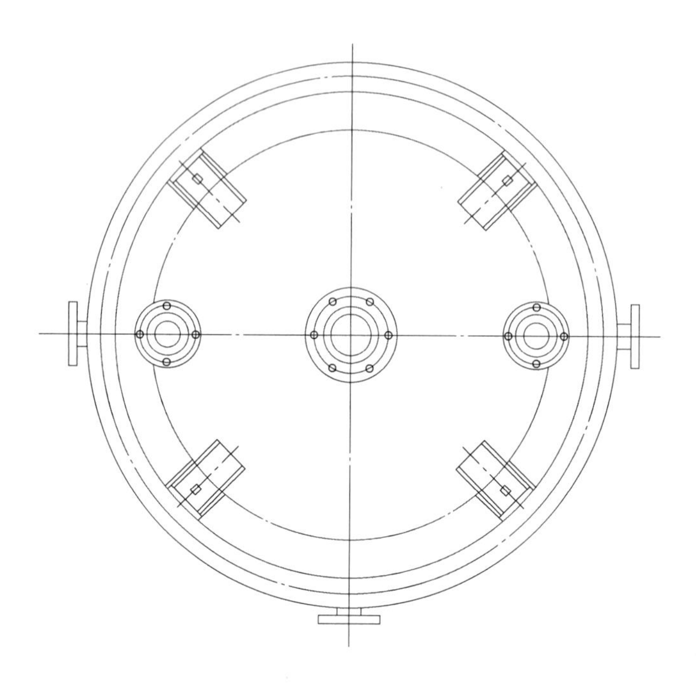

图 6-22　绘制俯视图

（12）焊缝符号的标注。将焊缝进行标注，并做局部方法绘制，将封头及筒体厚度进行表述，如图 6-24~图 6-26 所示。

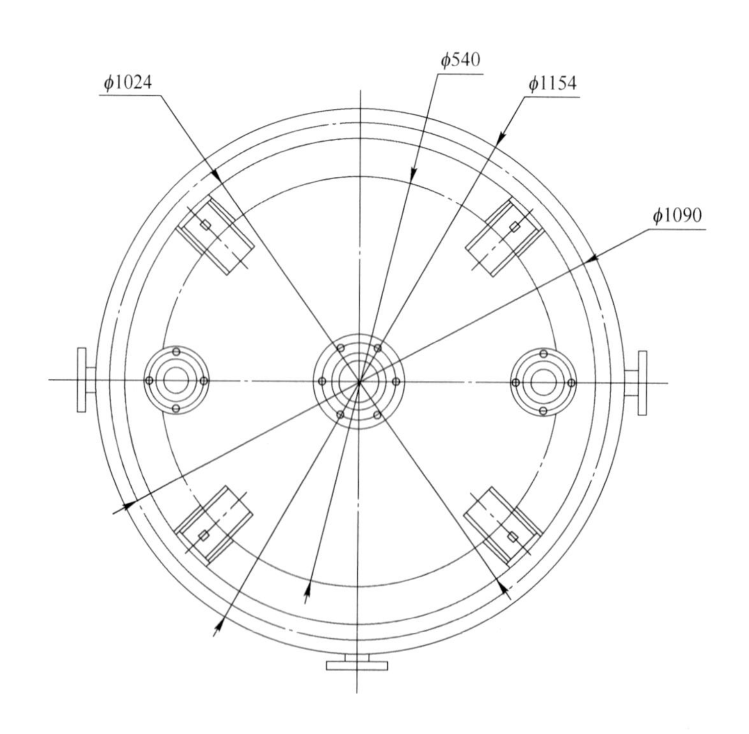

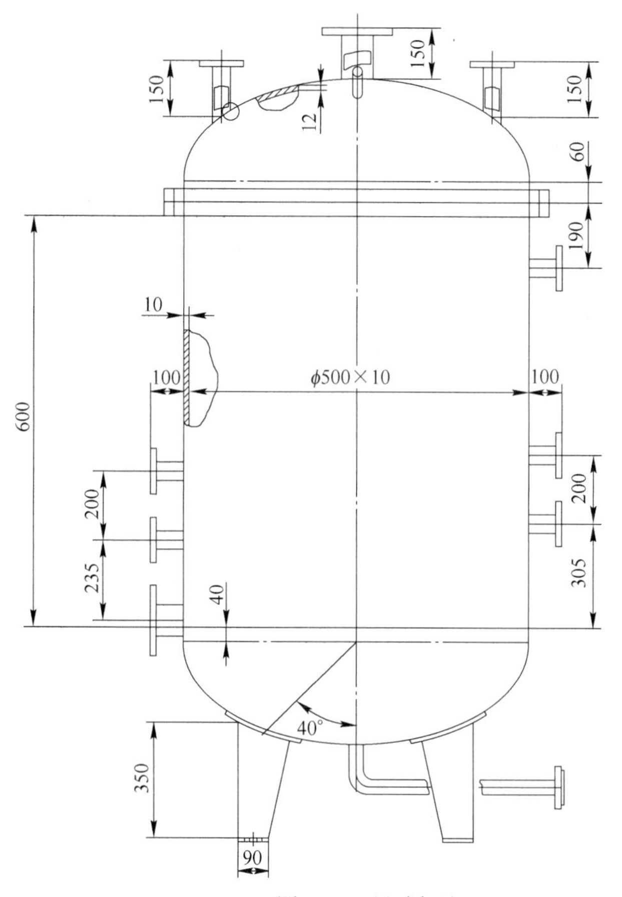

图 6-23　尺寸标注

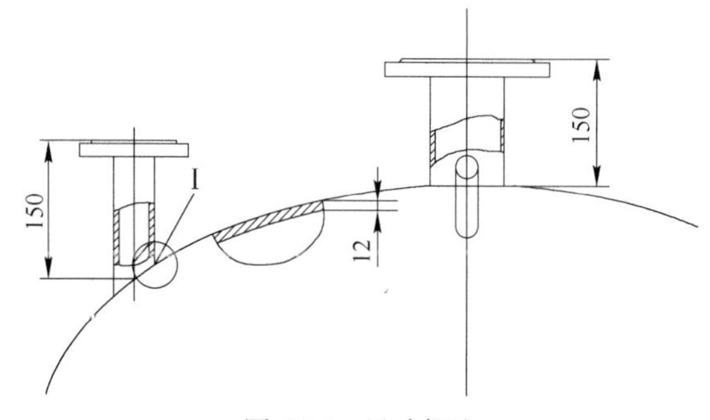

图 6-24　尺寸标注

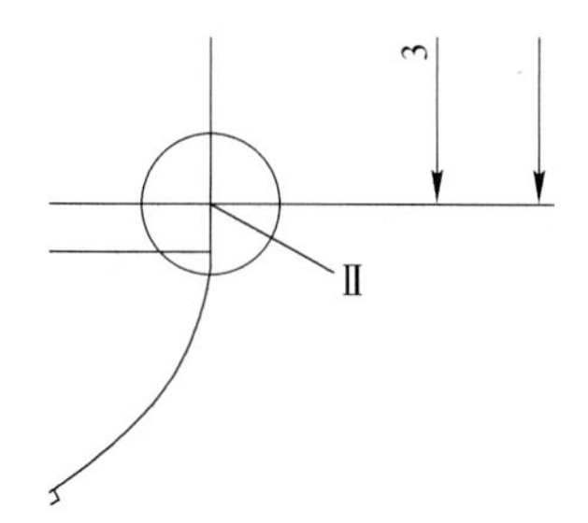

图 6-25　标注局部尺寸

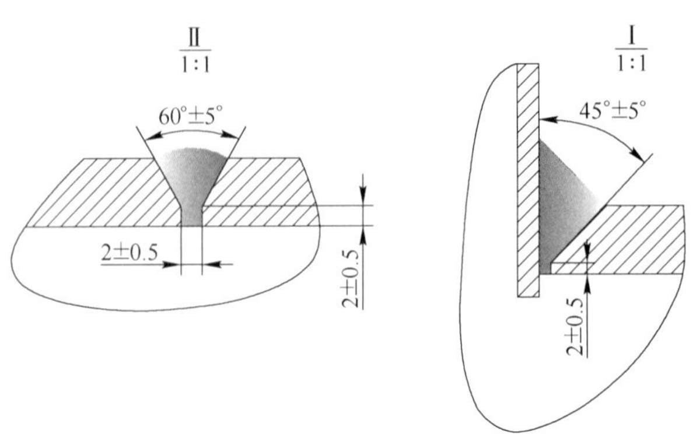

图 6-26　标注焊缝尺寸

（13）壳体厚度标注。将封头及筒体厚度进行表述，如图 6-27 所示。

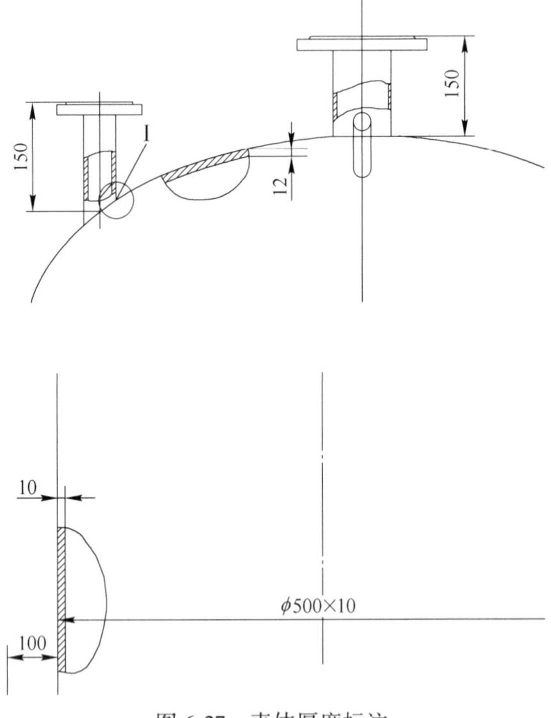

图 6-27　壳体厚度标注

（14）编写零部件序号和管口符号，如图 6-28 所示。标注俯视图尺寸，如图 6-29 所示。

（15）填写明细栏和管口表，见表 6-6。

1）件号栏。件号应与图中零部件件号一致，并由下向上依序逐件填写。

2）图号或标准号栏。零部件图的图号，不绘图样的零部件此栏空，填写标准为零部件的标准号反应罐设计条件单，若材料不同于标准的零部件，此栏不填。填写通用图图号。

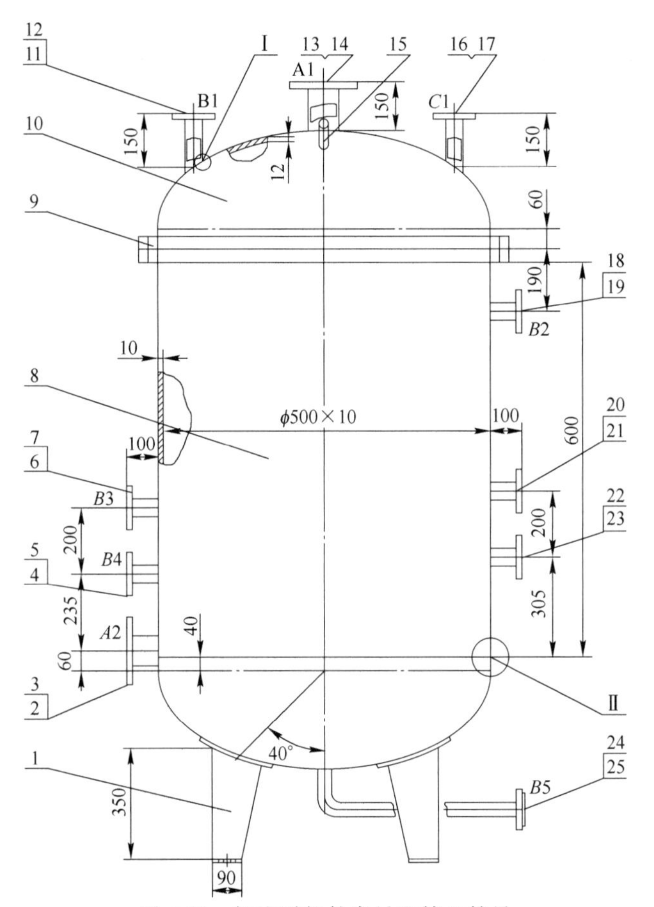

图 6-28　标注零部件序号和管口符号

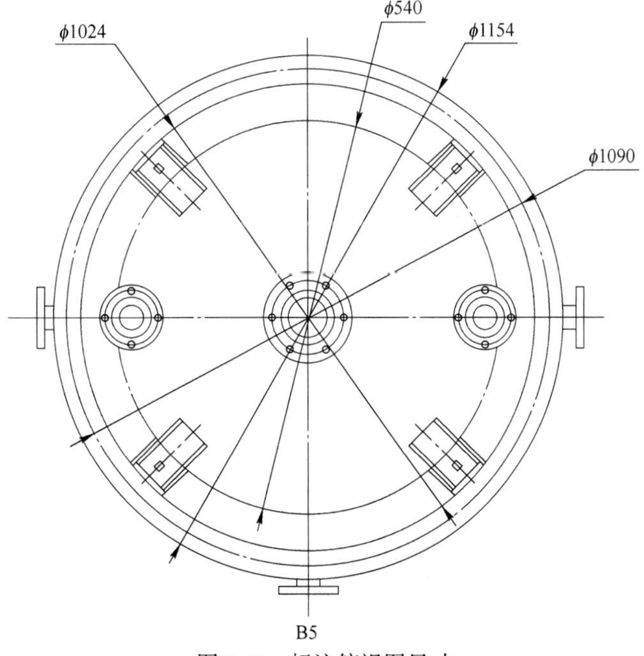

图 6-29　标注俯视图尺寸

表 6-6　反应罐设计条件单

序号	标准号	名　称	数量	材料	单	总	备注
1	A1	支承式支座	4	Q235-C			
2	HG20592-97	法兰 *DN*80-1.6RF	1	Q235-C			
3		接管 *DN*80×4.5	1	Q235-C			
4	HG20592-97	法兰 *DN*40-1.6RF	1	Q235-C			
5		接管 *DN*40×4	1	Q235-C			
6	HG20592-97	法兰 *DN*40-1.6RF	1	Q235-C			
7		接管 *DN*40×4	1	Q235-C			
8		筒体 *DN*1000×12 PN2.0	1	Q235-C			
9	JB/T 4071-2000	甲型平焊法兰	1	Q235-C			
10		封头 *DN*1000×12 PN2.0	1	Q235-C			

3）名称栏。应采用公认和简明的提法填写零部件或外构件的名称和规格。标准零部件按标准规定填写，如“封头 *DN*1 000×10”“填料箱 PN6、*DN*50”等。

4）数量栏。填写设备中属同一件号的零部件的全部件数。填写大量木材或填充物时数量以 m^3 计。填写各种耐火砖、耐酸砖以及特殊砖等材料时，其数量应以块计或以 m^3 计。填写大面积的衬里材料，如铝板、橡胶板、石棉板、金属网等时，其数量应以 m^2 计。

5）材料栏。按国家标准或行业标准的规定填写各零件的材料代号或名称。无标准规定的材料，按习惯名称注写。外购件或部件在本栏填写“组合件”或画斜细实线，对需注明材料的外购件，此栏仍需填写。

6）质量栏。质量栏分单和总两项，均以千克为单位。数量为多件的零部件，单重及总重都要填写。数量只有一件时，可将质量直接填入总质量栏内。一般零部件的质量应准确到小数点后两位（贵重金属除外）。

7）备注栏。只填写必要的参考数据和说明，如接管长度 $L=150$，外购件的“外购”等。

8）管口表的填写。管口表是说明设备上所有管口的用途、规格、连接面形式等内容的表格，管口表一般画在明细栏上方。

（16）技术特性表及技术要求见表 6-7。技术要求如下：

1）本设计按 GB 150—2003《钢制压力容器》制造，检验和验收，并接受劳动部颁发的《压力容器安全技术监察规程》的监督。

2）焊接采用电弧焊，焊条牌号：采用 J507 焊条。

3）焊接接头形式及尺寸除图中注明外，均按 HG 20583—1998 的规定，法兰焊接按相应法兰标准的规定，角焊缝及搭接焊缝的焊脚尺寸按两焊件中较薄板的厚度。

4）容器上的 A 类和 B 类焊缝应进行 X 射线探伤检查，探伤长度为 20%，X 射线探伤应符合 JB 4720—94《压力容器无损检测》规定，Ⅲ级为合格。

5）设备制造完毕后设备内以 0.25MPa 进行水压试验。

6）管口及支座方位按表 6-7。

表 6-7　标注技术要求及技术特性表

工作温度/℃	<50
工作压力/MPa	2.0
工作介质	原油
腐蚀性	低腐蚀

（17）标题栏绘制图样见表 6-8。

表 6-8　标注标题栏

<table>
<tr><td colspan="7"></td><td colspan="2">资质等级</td><td>甲级</td><td>证书编号</td><td></td></tr>
<tr><td>项目</td><td colspan="2"></td><td>设计</td><td></td><td>校核</td><td></td><td rowspan="2">图名</td><td colspan="4" rowspan="2">1.5m³ 反应罐</td></tr>
<tr><td>装置/工区</td><td colspan="2"></td><td>制图</td><td></td><td>审核</td><td></td></tr>
<tr><td></td><td>专业</td><td></td><td>比例</td><td>1∶6</td><td colspan="2">第 1 张 共 1 张</td><td>图号</td><td colspan="4"></td></tr>
</table>

【拓展训练】

（1）压力容器主、俯视图绘制练习。

（2）焊缝标注和接管口绘制练习。

上 机 练 习

6-1　按图 6-30 所示要求绘制化工设备排版图。

6-2　按表 6-9 要求绘制技术要求和管口表。

技术要求如下：

（1）按国标 GB 150—1997《钢制压力容器》，进行制造，检验和验收。

（2）接受国家质量技术监督局《压力容器安全技术监察工程》监察。

（3）图中所有塔盘间距均按塔盘支撑圈上表面为基准。

（4）除注明外所有塔接焊缝或角接焊缝的焊脚高度均等于两焊件中较薄板的厚度，且为连续焊。

（5）图中所注筒体及封头厚度是名义厚度，不包括制造较薄量，投料厚度由制造厂决定。

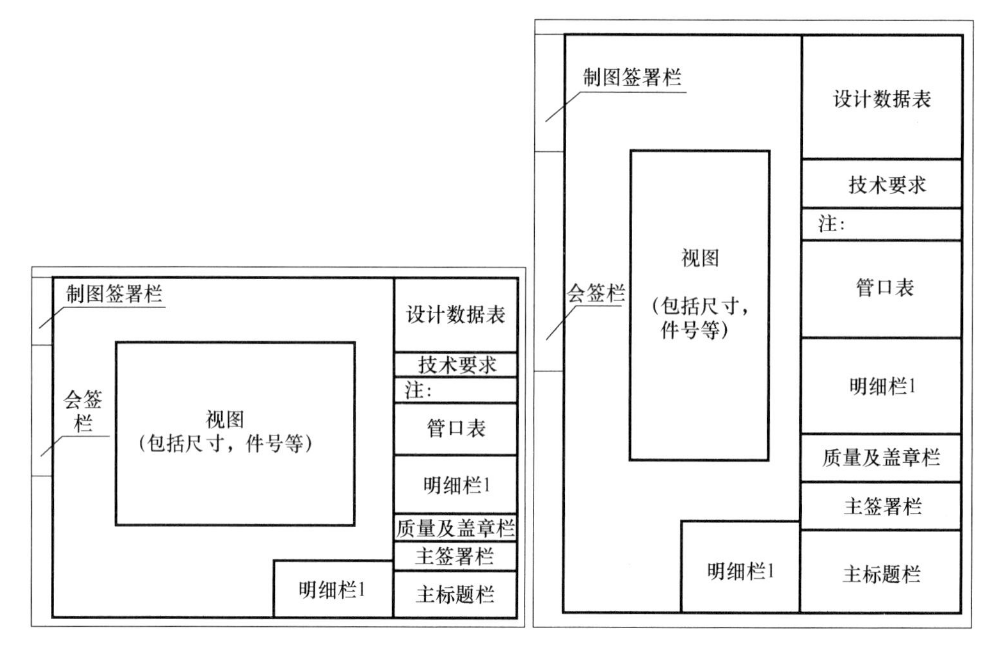

图 6-30　绘制幅面

表 6-9　管口表

符号	公称尺	公称压力	法兰标准	封面形式	用途
a	150	0. 2	HG 20592—97	RF	再沸器入口
b	200	0. 2	HG 20592—97	RF	气体出口
c	80	0. 2	HG 20592—97	RF	回流管
d	150	0. 2	HG 20592—97	RF	进料口
e	150	0. 2	HG 20592—97	RF	釜液出口

6-3　按图 6-31 所示要求绘制换热器设备图。

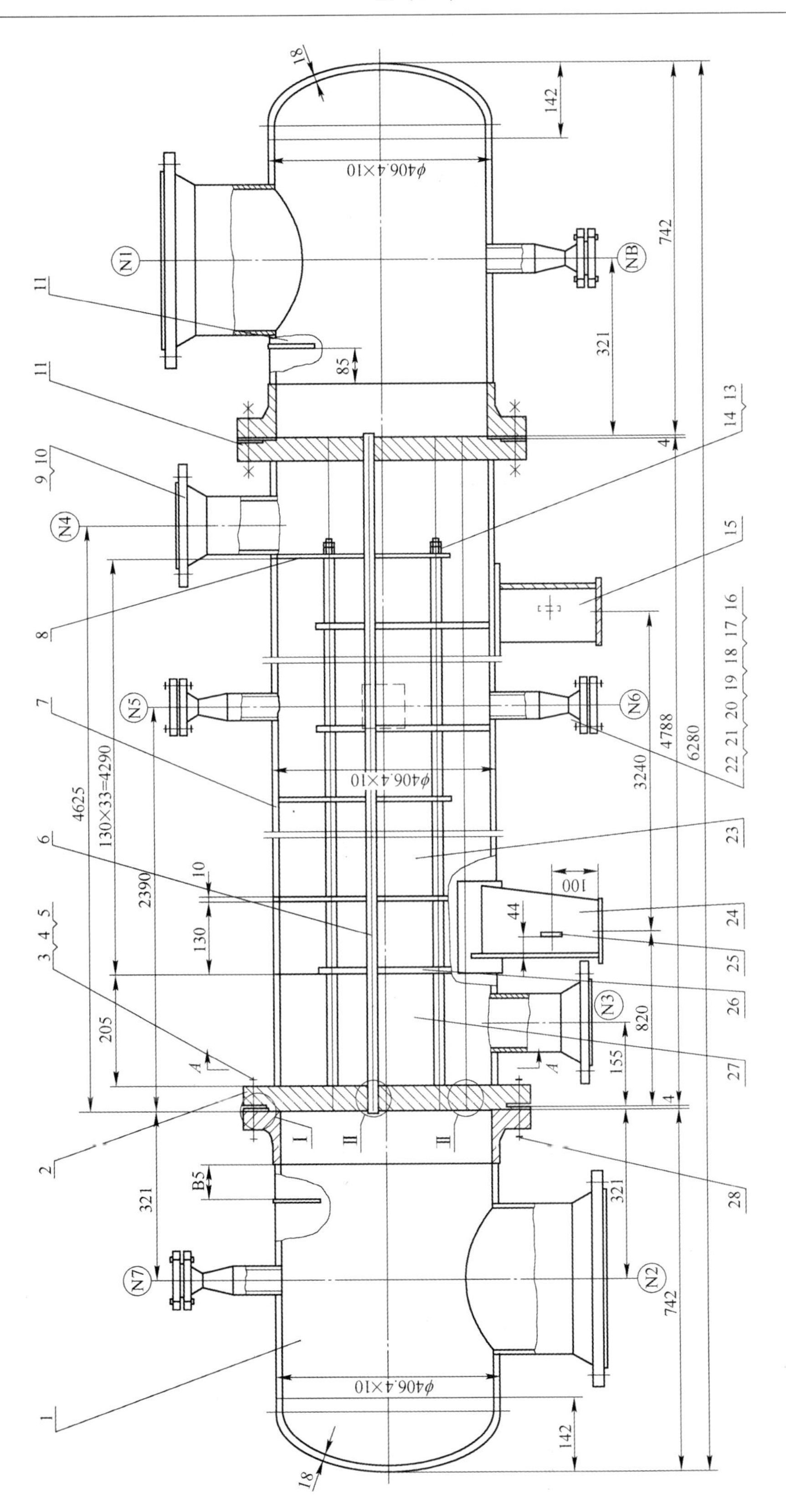
N1
NB
N4
N5
N6
N3
N7
N2
142
742
321
85
4
4625
130×33=4290
2390
205
10
130
100
44
3240
820
155
4788
6280
B5
18
ϕ406.4×10
A
I
II
1
2
3 4 5
6
7
8
9 10
11
13 14
15
16 17 18 19 20 21 22
23
24
25
26
27
28

图6-31 换热器设备图

6-4　按图 6-32 所示要求绘制精馏塔设备图

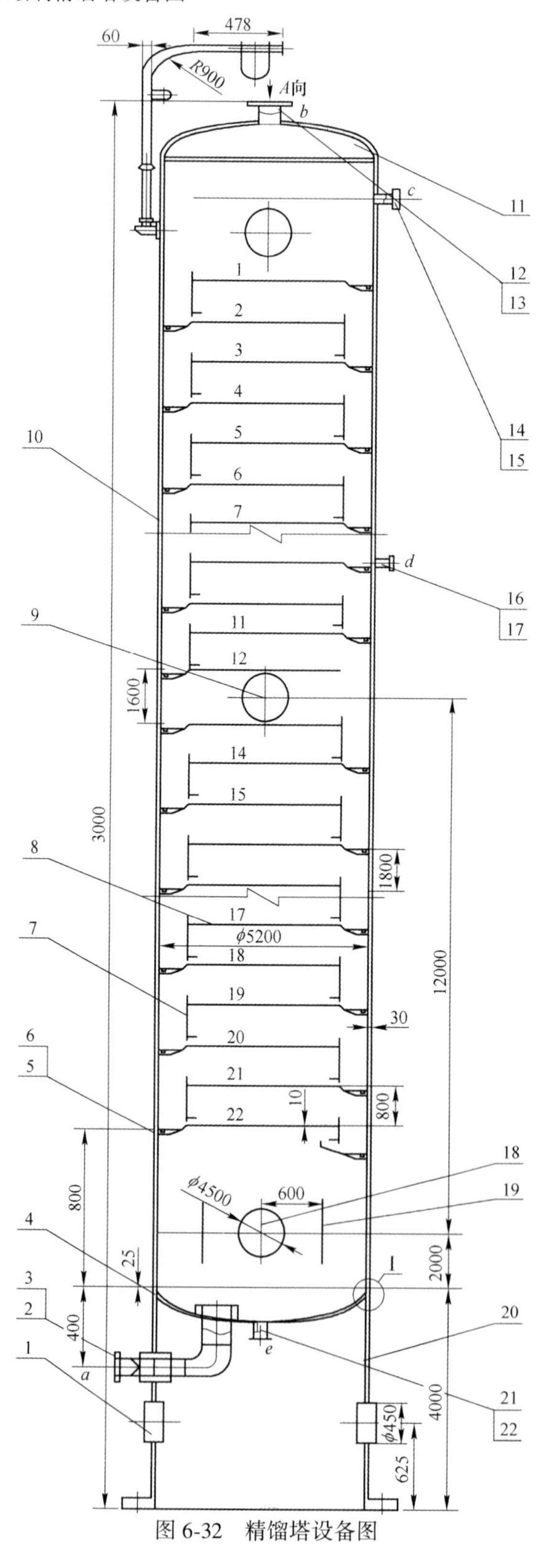

图 6-32　精馏塔设备图

6-5 按图 6-33 所示要求绘制气缸设备图。

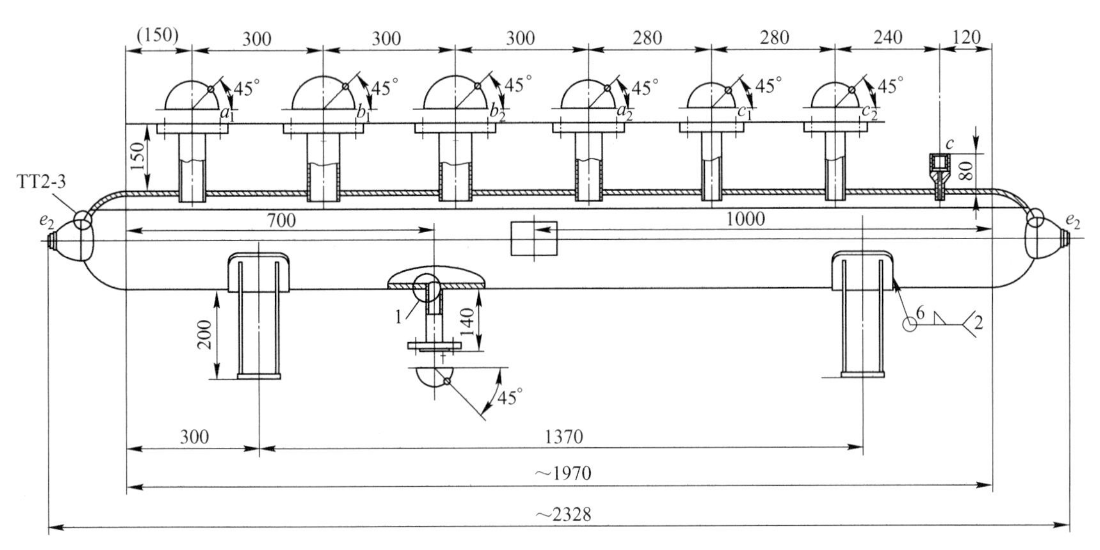

图 6-33 气缸设备图

模块七　化工工艺图

学习目标

知识目标	（1）正确识读工艺流程图、管道布置图和设备布置图； （2）掌握工艺流程图、管道布置图和设备布置图的一般规定； （3）掌握工艺流程图、管道布置图和设备布置图的表达方法。
能力目标	（1）能够用 AutoCAD 软件绘制； （2）掌握工艺流程图、管道布置图和设备布置图的画法和标注； （3）能够正确阅读化工工艺图。

化工工艺图是用来表达化工生产过程与联系的图样，也是进行工艺安装和指导生产的重要技术文件，它主要包括工艺流程图、设备布置图和管路布置图。

任务一　化工工艺流程图

导入案例

工艺流程图（如图 7-1 所示）是用来表达化工生产工艺流程的图样，是化工工艺设计

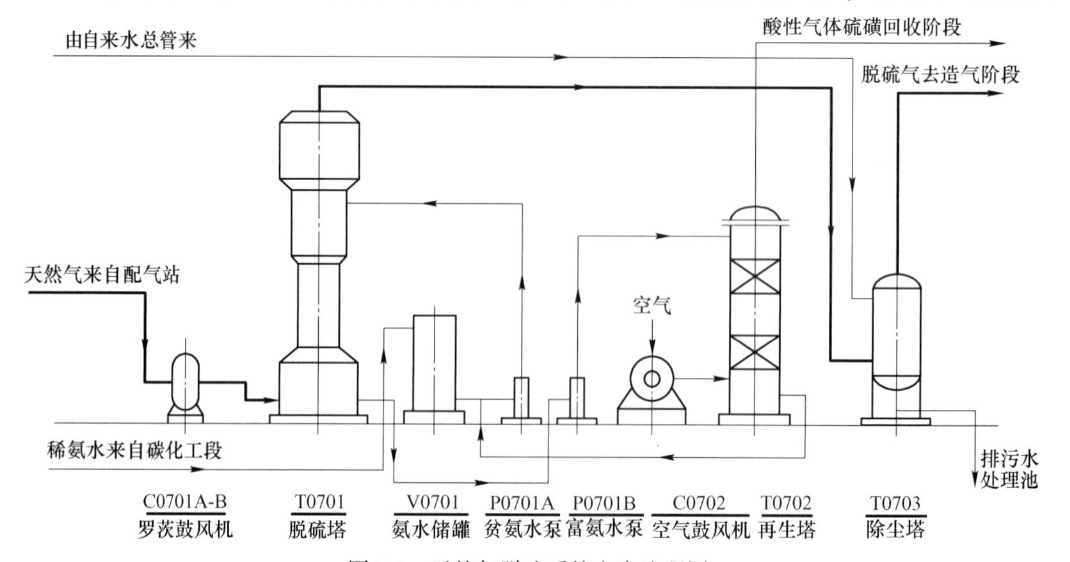

图 7-1　天然气脱硫系统方案流程图

的主要内容，也是设备布置和管道布置设计的依据。它主要包括方案流程图、物料流程图和施工流程图。

【任务目标】

（1）认识方案流程图、物料流程图和施工流程图。

（2）根据工艺流程的设计，能够使用 AutoCAD 绘制方案流程图、物料流程图和施工流程图，并进行必要的标注。

【任务分析】

（1）启动 AutoCAD 绘图程序，完成当前绘图环境的设置。

（2）绘制主要设备的示意图和主要物料、辅助物料的流程线。

（3）绘制阀门及管件、仪表控制点等图形符号。

（4）根据化工生产中物料的来源与去向，标注流向箭头。

（5）标注设备、管道及仪表等。

【相关知识】

工艺方案流程图和工艺施工流程图均属示意性的图样，一般不按比例绘制，只需按照投影和尺寸做图即可，但要示意出各设备间的相对高低，做到整个画面协调美观。

工艺流程图中的图线和字体的具体要求可参考 HG/T 20519. 1—2009 第 6 章。

一、工艺方案流程图

（一）设备的画法及标注

采用示意性的展开画法，即按照主要物料的流程，从左至右按照大致的比例用细实线绘制设备的大概轮廓示意图，并应保持他们的相对大小及位置高低，图形的线宽可采用 0. 25mm。常用设备的示意画法可参考 HG/T 20519. 2—2009 第 8 章。各设备之间要留有适当的距离，设备上重要管口的位置应大致符合实际情况。相同的多台设备，可只画一套，备用设备可省略不画。

每台设备都应编写设备位号并标注设备名称，一般标注在设备的上方或下方，要求排列整齐，并尽可能正对设备。标注时，用粗实线画一水平位号线，线宽为 0. 5mm，位号线的上方标注设备位号，位号线的下方标注设备名称，如图 7-2 所示，其中“相同设备的序号”在方案流程图中因只画一套，故省略此处序号的标注。设备的位号可参考 HG/T 20519. 2—2009 第 10 章。

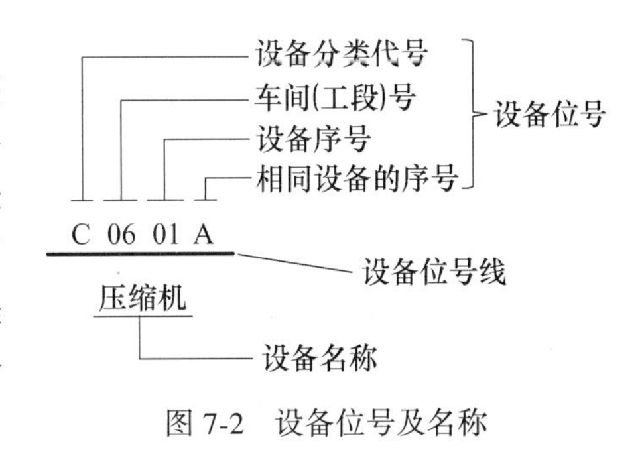

图 7-2　设备位号及名称

（二）管道流程线的画法及标注

主要物料的流程线用 0. 6～0. 9mm 粗实线画出，辅助物料的流程线用 0. 3～0. 5mm 的中粗线画出，其他不同形式的图线在工艺流程图中可参考 HG/T 20519. 2—2009 第 9 章。

流程线应画成水平或垂直，转弯时画成直角。流程线交叉时，应将其中一条断开。同一物料交错时，按“先不断、后断”的流程顺序；不同物料的流程线交错时，主物料线不断，辅助物料线断，即“主不断、辅断”。

每条管线上应画出箭头指明物料的流向，并在流程线的起始和终了位置注明物料的名称及其来源或去向。

二、工艺施工流程图

（一）图幅

一般根据设备的大小、数量及流程线的复杂程度选择图幅，一般选用 A1 规格的横幅绘制，流程简单可采用 A2 图幅。如果生产流程过长，可采用加长图幅。

（二）设备的画法及标注

设备的画法与方案流程图基本相同，不同之处在于，施工流程图中：（1）对于相同或备用设备一般也应画出；（2）与配管有关及与外界有关的管口必须画出；（3）设备位号标注相同设备时，应以尾号加以区别，如图 7-2 所示。

（三）管道流程线的画法及标注

管道流程线的画法与方案流程图的规定相同，但标注时应标注每段管路的管路代号。一般横向管路标注在管线的上方，竖向管路标注在管线的左方（字头朝左），也可用引线引出标注。管路代号一般包括物料代号、车间或工段号、管段序号、管径、壁厚等内容，如图 7-3 所示。必要时可注明管路压力等级、管路材料、隔热或隔声等代号。物料号参考 HG/T 20519. 2—2009 第 11 章，工段号与设备的工段号相同，管段序号按照同种物料在生产流程中流向的先后依次编号，采用两位数字，从 01 开始，到 99 为止。管道尺寸一般标注公称直径，不标注单位。无缝钢管标注外径×壁厚。

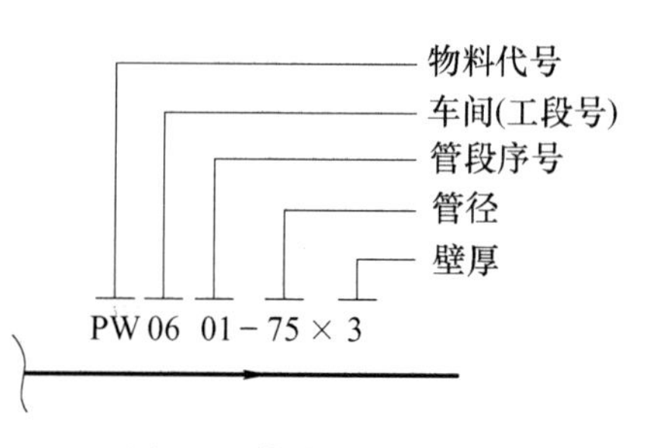

图 7-3 管路代号的标注

（四）阀门及管件的画法

流程图上，阀门及管件用细实线按规定的符号在相应的位置画出。常用的阀门及管件的图形符号参考 HG/T 20519. 2—2009 第 9 章。阀门的图形符号尺寸一般长为 6mm，宽为 3mm 或长为 4mm，宽为 2mm。为了安装和检修等目的所加的法兰、螺纹连接件等也应在施工流程图中画出。

（五）仪表控制点的画法及标注

施工流程图上应画出所有与工艺有关的检测仪表、调节控制系统、分析取样点和取样阀（组）等。仪表控制点用符号表示，并从其安装位置引出。该符号包括图形符号和仪表位号。

仪表控制点的图形符号用一个细实线的圆表示，直径约为10mm，并用细实线指向设备或流程线上的测量点，如图7-4所示。仪表不同安装位置的图形符号如图7-5所示。

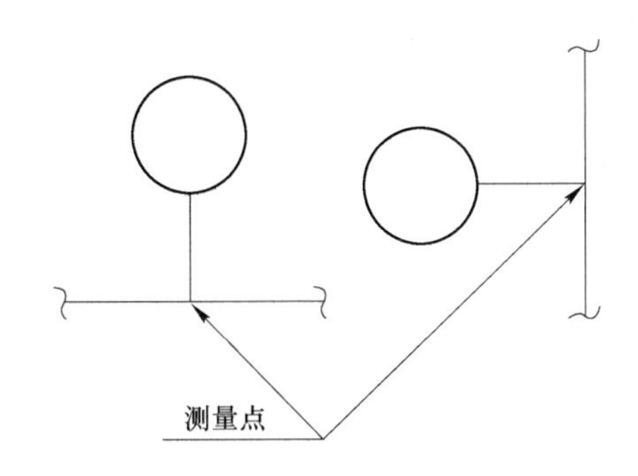

图7-4　仪表的图形符号

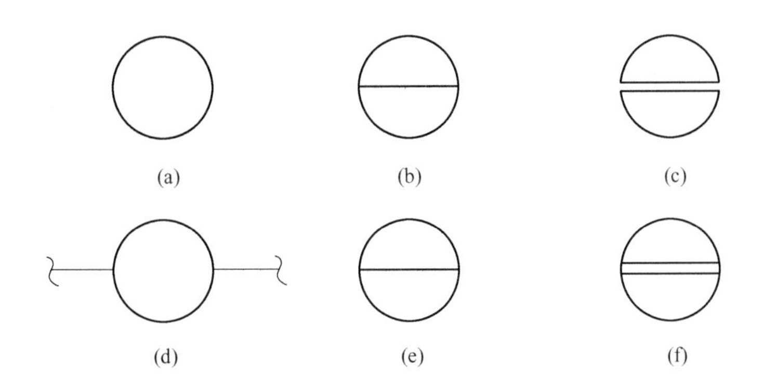

图7-5　仪表安装位置的图形符号

（a）就地安装仪表；（b）集中仪表盘面安装仪表；（c）就地仪表盘面安装仪表；
（d）就地安装仪表（嵌在管道中）；（e）集中仪表盘后面安装仪表；（f）就地仪表盘面安装仪表

仪表控制点应标注位号，仪表位号由字母与阿拉伯数字组成：第一位字母表示被测变量，后继字母表示仪表的功能，一般用三位或四位数字表示工段号和仪表序号，如图7-6所示。图形符号中，字母填写在圆圈的上部，数字填写在圆圈的下部，如图7-7所示。

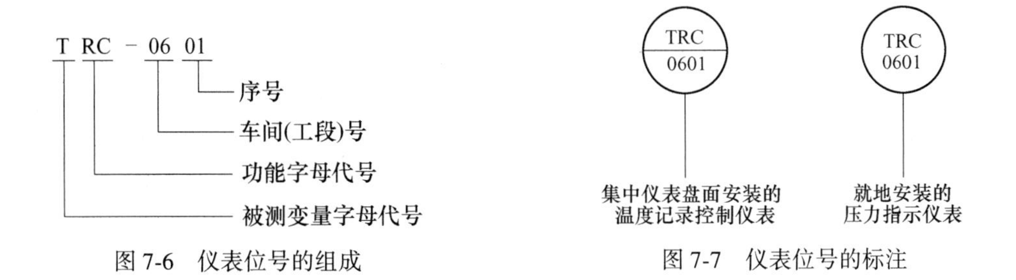

图7-6　仪表位号的组成

图7-7　仪表位号的标注

【任务实施】

一、天然气脱硫系统工艺方案流程图

（一）创建“天然气脱硫系统工艺方案流程图 . dwg”图形文件

单击“标准”工具栏的“新建”按钮，新建一张图，打开“acadiso. dwt”文件，以“天然气脱硫系统工艺方案流程图 . dwg”为图名保存图形文件。

（二）设置绘图环境

（1）创建图层。单击“图层”工具栏上的“图层”按钮，弹出“图层特性管理器”对话框，在对话框中创建绘图需要的图层，设置各个图层的线型和线宽，如图 7-8 所示。

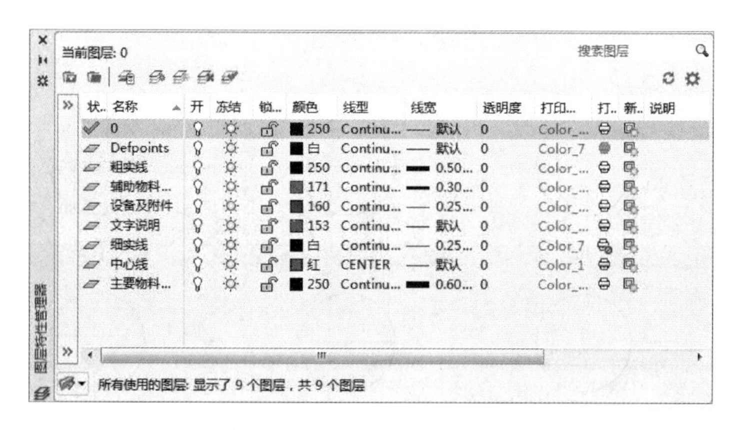

图 7-8　创建天然气脱硫系统工艺图的图层及线宽

（2）设置文字样式。单击“注释”工具栏上的“文字样式”按钮，弹出“文字样式”对话框，如图 7-9 所示。点击“新建(N)...”按钮，弹出“新建文字样式”对话框中，在样式名中输入“数字及字母”名称，如图 7-10 所示。用同样的方法，依次再创建“文字”样式，文字字体名为“长仿宋体”。

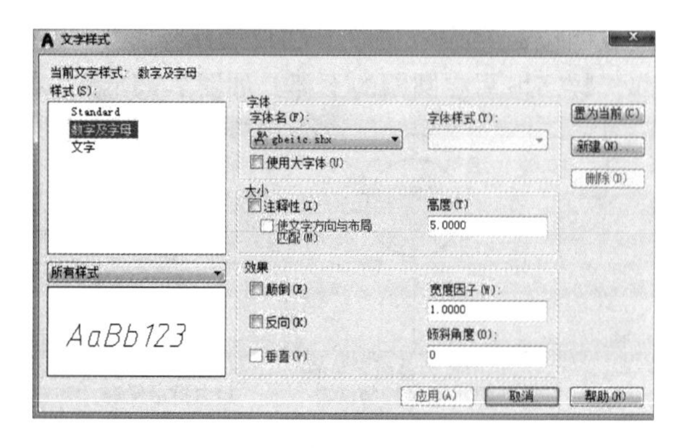

图 7-9　“文字样式”对话框

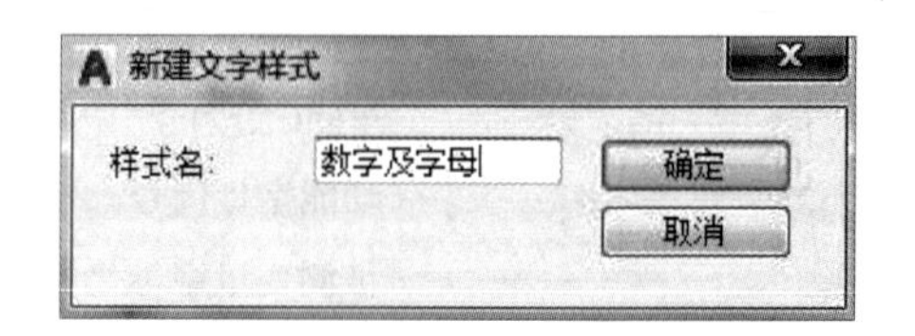

图 7-10　“新建文字样式”对话框

（三）设备的画法

（1）分别设置“0”层和“中心线”层为当前图层，利用“直线”命令绘制主要设备的地平线和定位线，如图 7-11 所示。

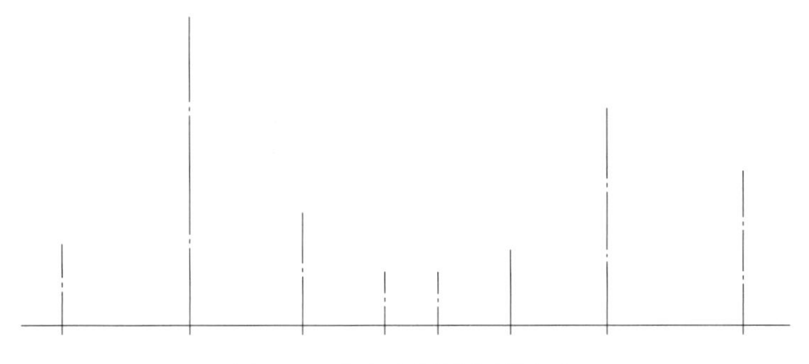

图 7-11　方案流程图布置图面

（2）设置“设备及附件”图层为当前图层，利用“直线”“对象捕捉”和“镜像”等命令绘制设备外形轮廓示意图，如图 7-12 所示。相同或备用设备只画一个。

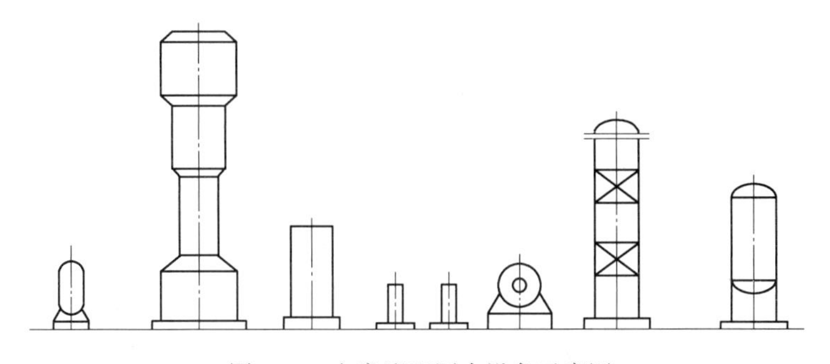

图 7-12　方案流程图中设备示意图

（四）流程线的画法及标注

（1）设置“主要物料管道”图层为当前图层，利用“直线”命令绘制主要物料的流程线，如图 7-13 所示。

（2）设置“辅助物料管道”图层为当前图层，绘制辅助物料的流程线，如图 7-14 所示。流程线交错处按照原则断开。

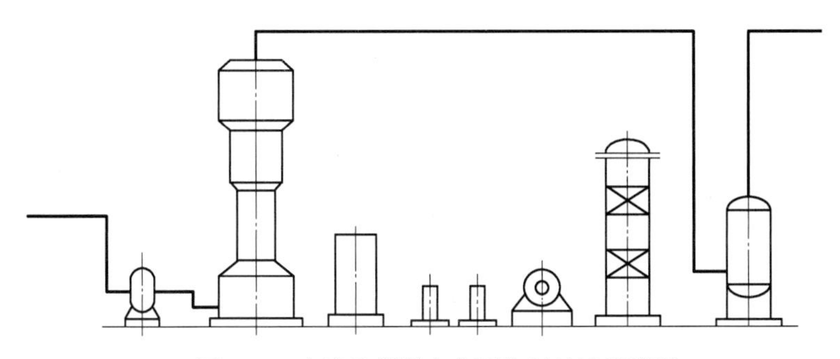

图 7-13　方案流程图中主要物料的流程线图

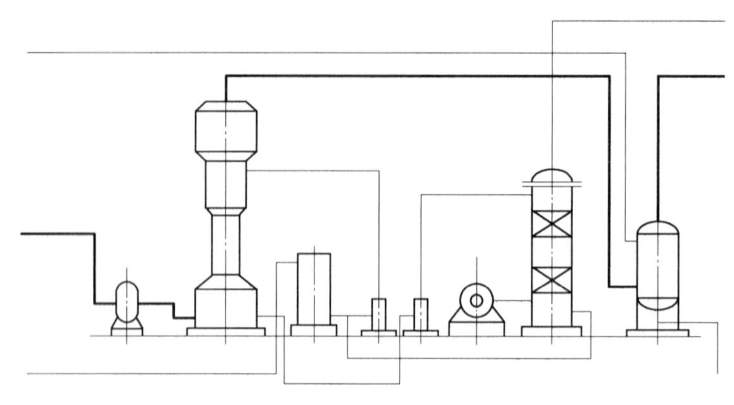

图 7-14　方案流程图中辅助物料的流程线图

（3）绘制物料流向箭头。设置“主要物料管道”图层为当前图层，利用“多段线”命令，指定“起点宽度”为 3，“端点宽度”为 0，“直线长度”为 7，绘制出箭头。利用“复制”和“旋转”命令绘制出 4 个不同方向的箭头，如图 7-15 所示，将箭头按照物料的不同流向标注在流程线上。

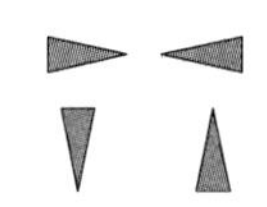

图 7-15　流向箭头

绘制辅助物料管道上的流向箭头时，将 4 个箭头复制，设置其图层为“辅助物料管道”，将箭头按照物料的不同流向标注在流程线上，如图 7-16 所示。

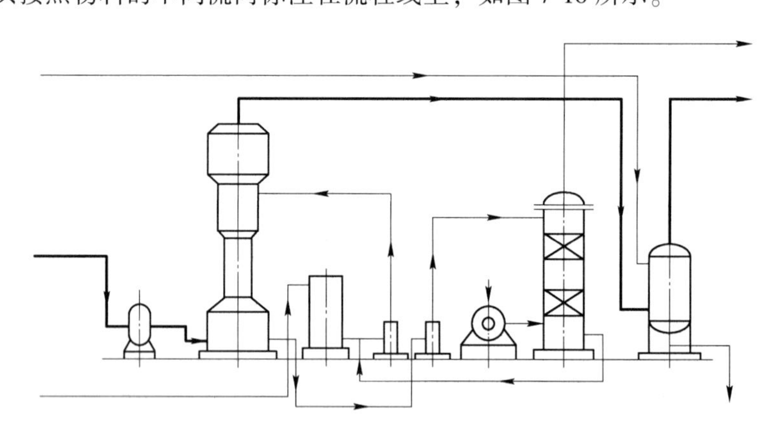

图 7-16　方案流程图中管线上流向箭头绘制的示意图

（五）设备和流程线的标注

（1）标注设备位号和名称。

1）设置“粗实线”图层为当前图层，画设备水平位号线。

2）设置“文字说明”图层为当前图层，调用“文字样式”中的“文字”样式，在水平位号线的上方标注设备位号；调用“文字样式”中的“数字及字母”样式，在水平位号线的下方标注设备名称。

（2）标注流程线。在流程线的起始和终了处注明物料的名称及其来源或去向，如图 7-17 所示。

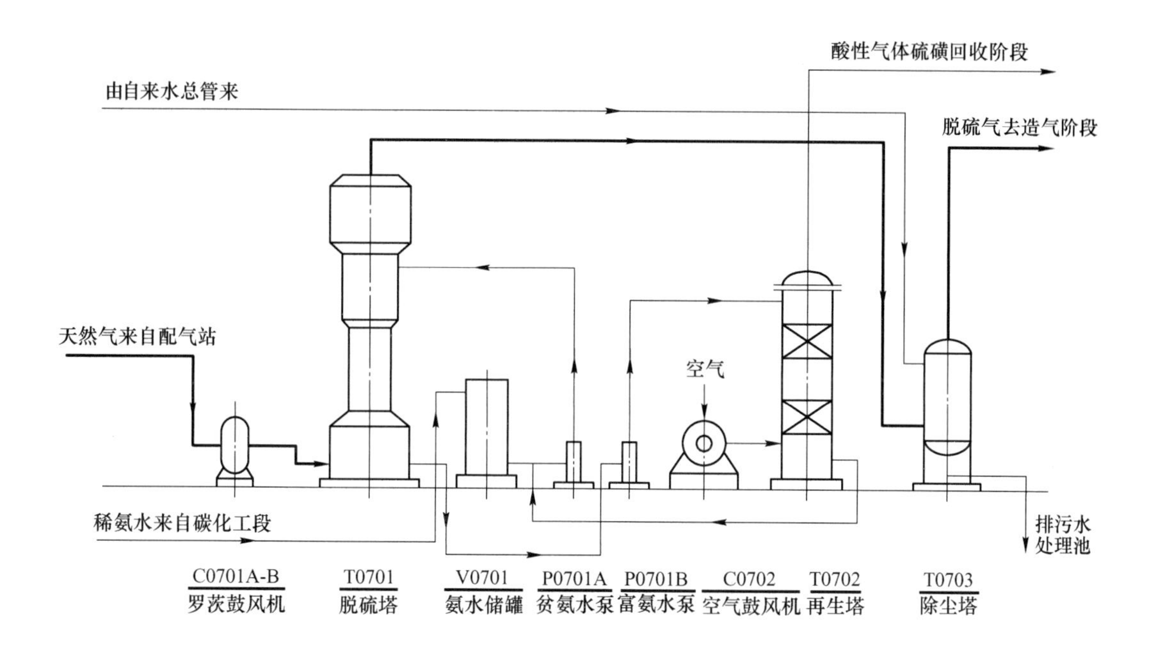

图 7-17　天然气脱硫系统方案流程图

二、天然气脱硫系统工艺施工流程图

（一）创建“天然气脱硫系统工艺施工流程图 . dwg”图形文件

单击“标准”工具栏的“新建”按钮，新建一张图，打开“acadiso. dwt”文件，以“天然气脱硫系统工艺施工流程图 . dwg”为图名保存图形文件。

（二）设置绘图环境

（1）施工流程图创建图层和设置文字样式的规定与方案流程图的规定相同。

（2）绘制图幅和标题栏。绘制天然气脱硫系统方案流程图，由于流程比较简单，故合理选择图幅，绘制标题栏。

（三）设备的画法

（1）分别设置“0”层和“中心线”层为当前图层，利用“直线”命令绘制主要设备的地平线和定位线，相同设备的定位线也应画出，如图 7-18 所示。

（2）设置“设备及附件”图层为当前图层，绘制设备外形轮廓示意图，且画出设备的主要管口，如图 7-19 所示，相同设备的外形轮廓也应全部画出。

（四）流程线的画法

（1）设置“主要物料管道”图层为当前图层，利用“直线”命令绘制主要物料的流程线，如图 7-20 所示。

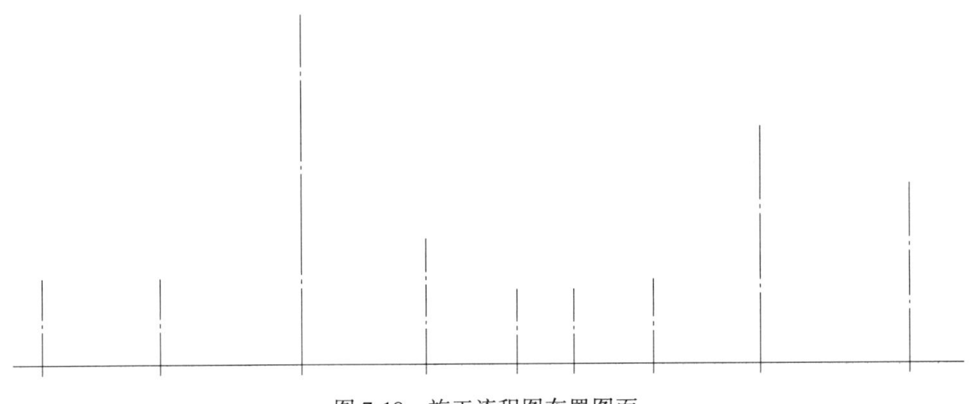

图 7-18　施工流程图布置图面

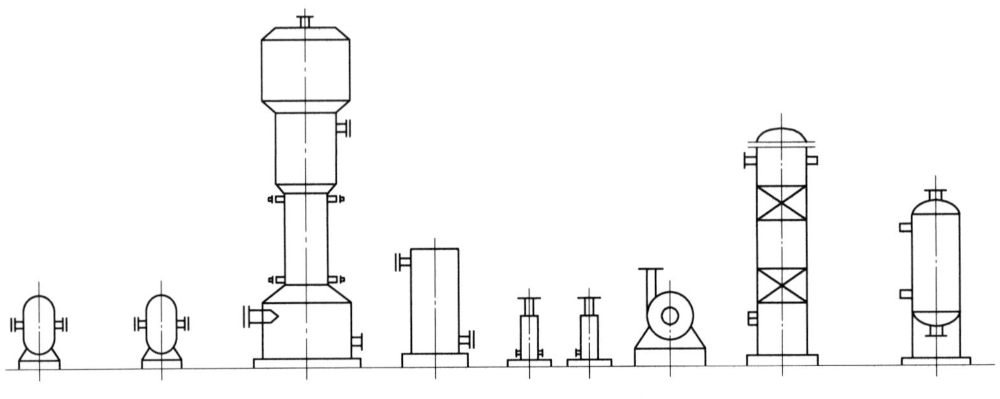

图 7-19　施工流程图中设备示意图

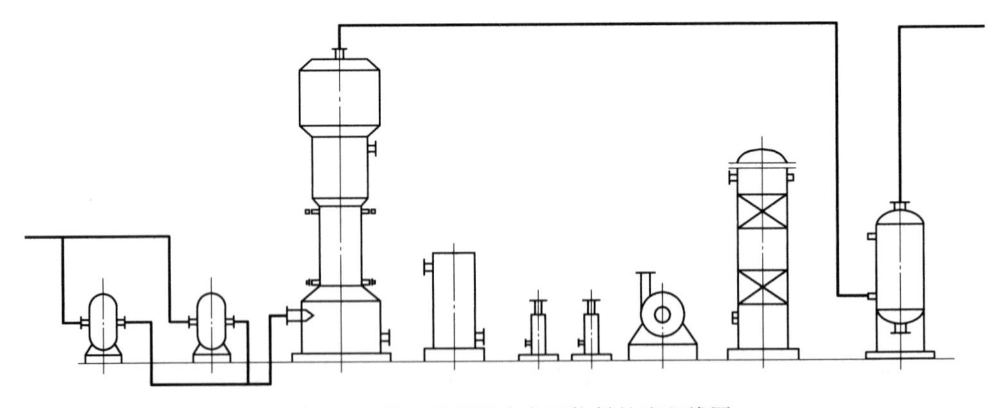

图 7-20　施工流程图中主要物料的流程线图

（2）设置“辅助物料管道”图层为当前图层，绘制辅助物料的流程线，如图 7-21 所示。

（五）阀门、管件和仪表控制点的画法

设置“设备及附件”图层为当前图层，绘制阀门、管件和仪表控制点。调用“直线”命令绘制阀门的图形符号，将其定义为“内部块”，然后在流程线的对应位置处插入块。

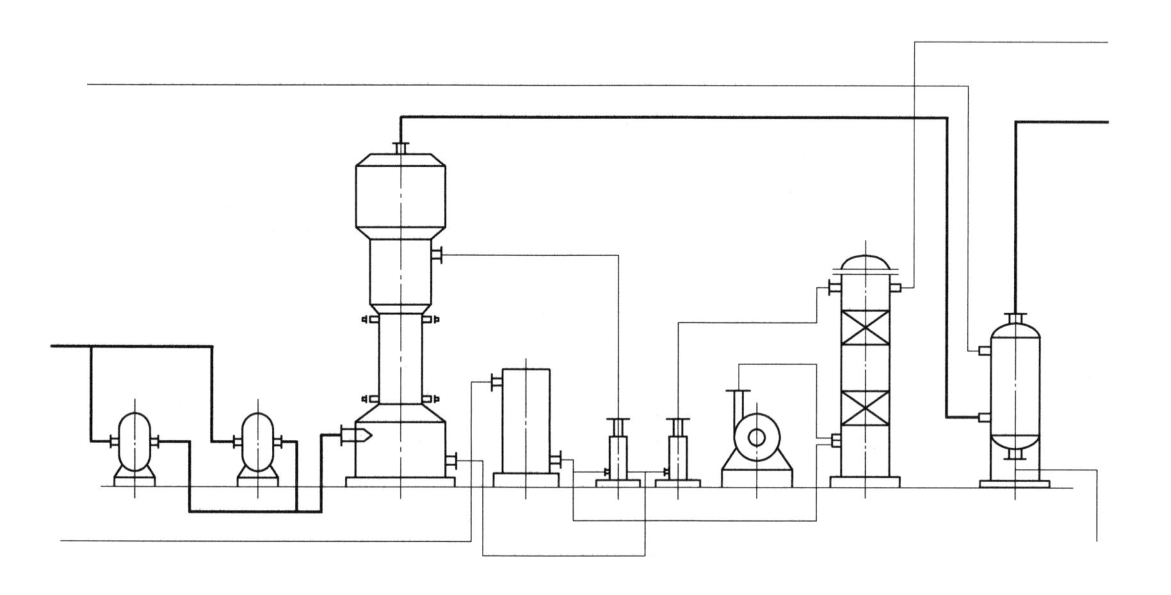

图 7-21 施工流程图中辅助物料的流程线图

同样，仪表控制点的图形符号也用此方法在对应的位置画出，如图 7-22 所示。

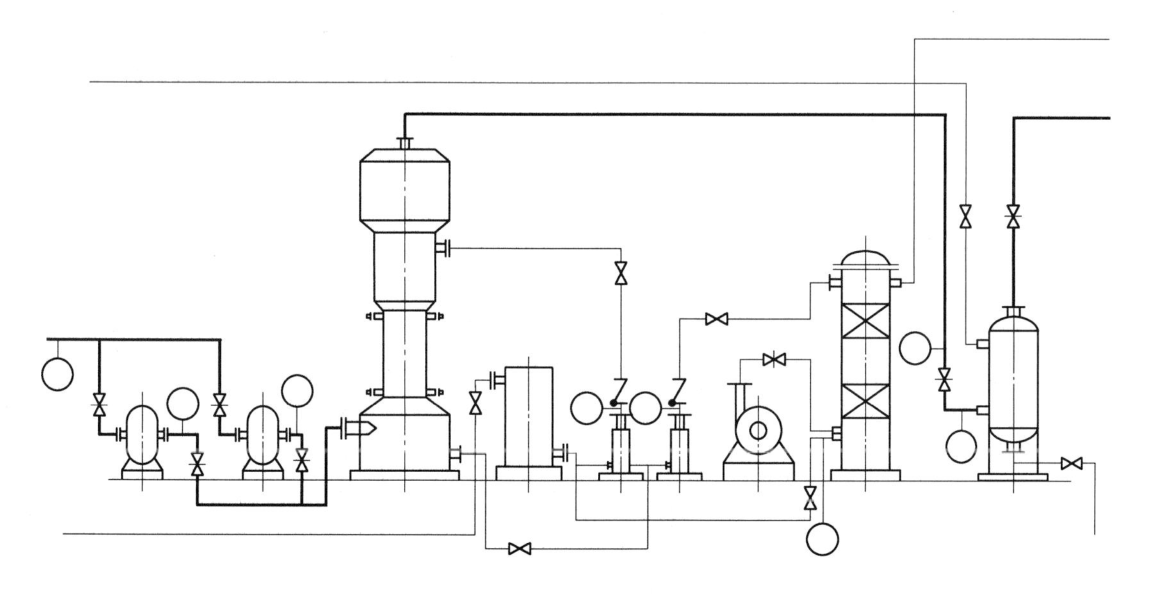

图 7-22 施工流程图中阀门、管件和仪表控制点的绘制

（六）绘制物料流向箭头

物料流向箭头的绘制与方案流程图的规定相同，如图 7-23 所示。

（七）设备的标注

设备的标注与方案流程图中的规定相同，如图 7-24 所示。

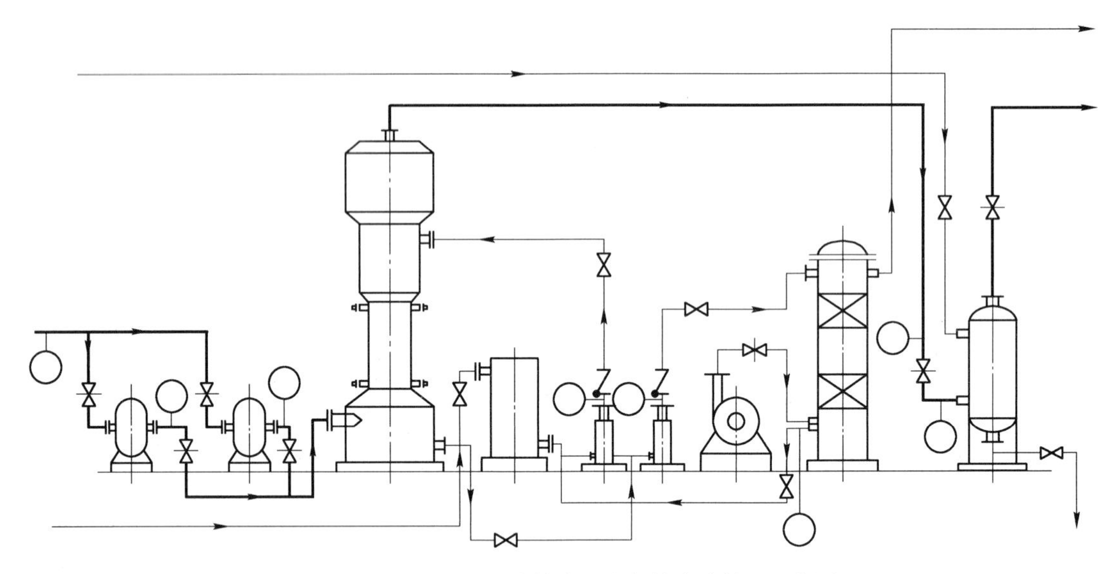

图 7-23　施工流程图中管线上流向箭头绘制的示意图

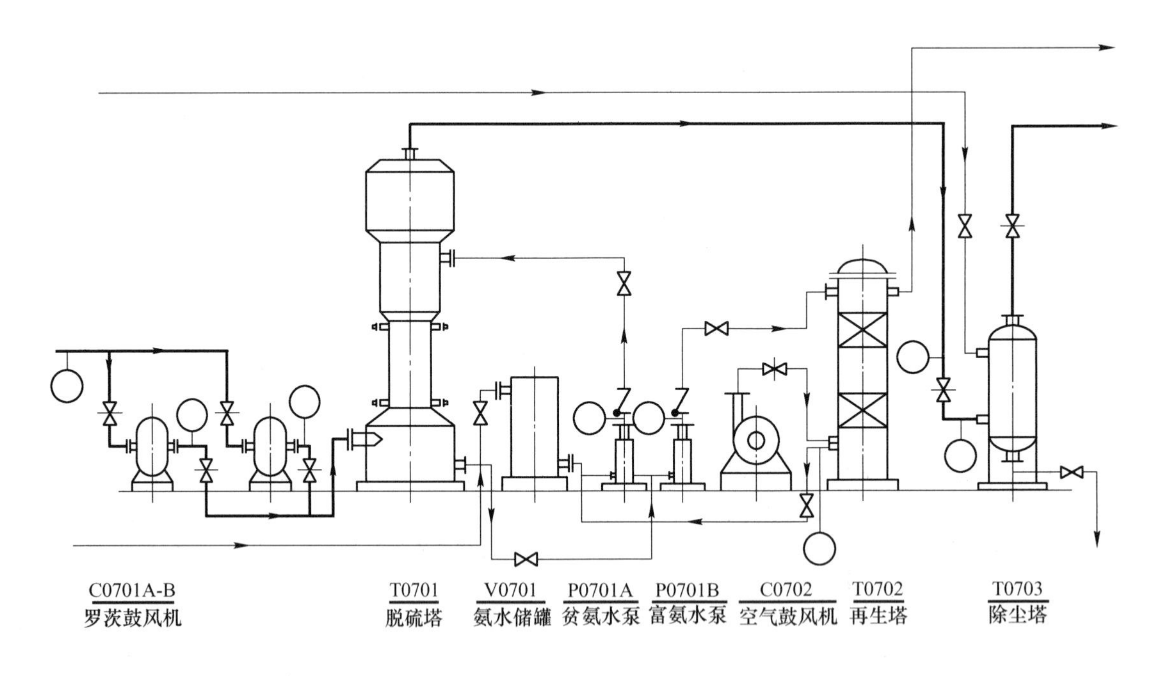

图 7-24　施工流程图中的设备标注

（八）流程线和仪表位号的标注

（1）设置“文字说明”图层为当前图层，选择“文字样式”中的“文字”样式，在流程线的起始和终了处注明物料的名称及其来源或去向。

（2）选择“文字样式”中的“数字及字母”样式，并对每条管路注写管路代号，如图 7-25 所示；仪表代号的标注如图 7-26 所示。

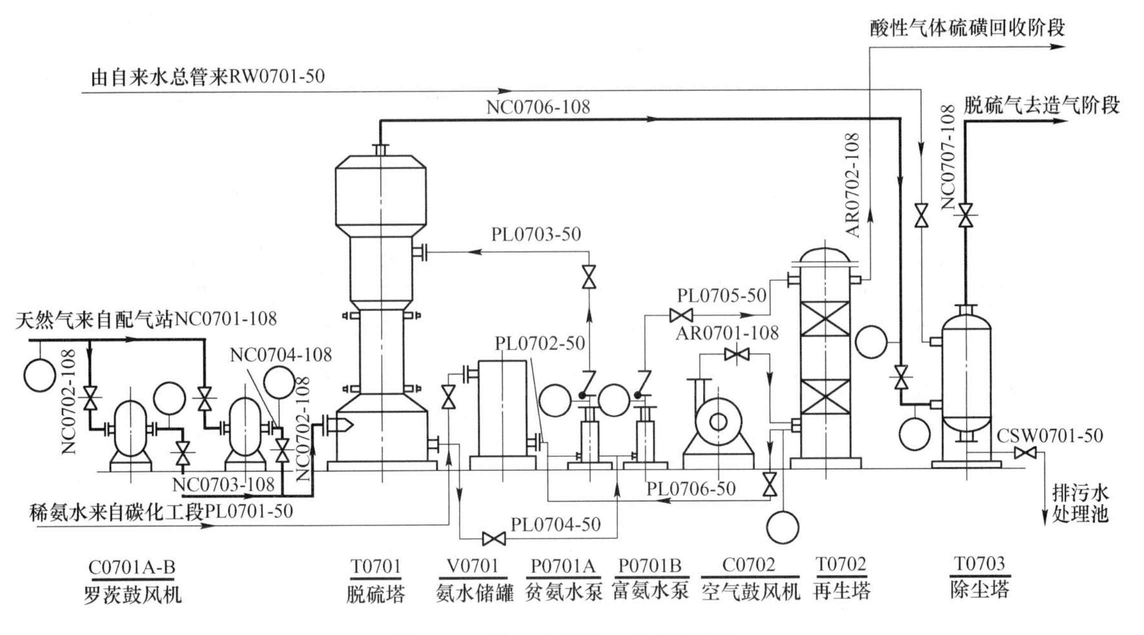

图 7-25　施工流程图中的管线标注

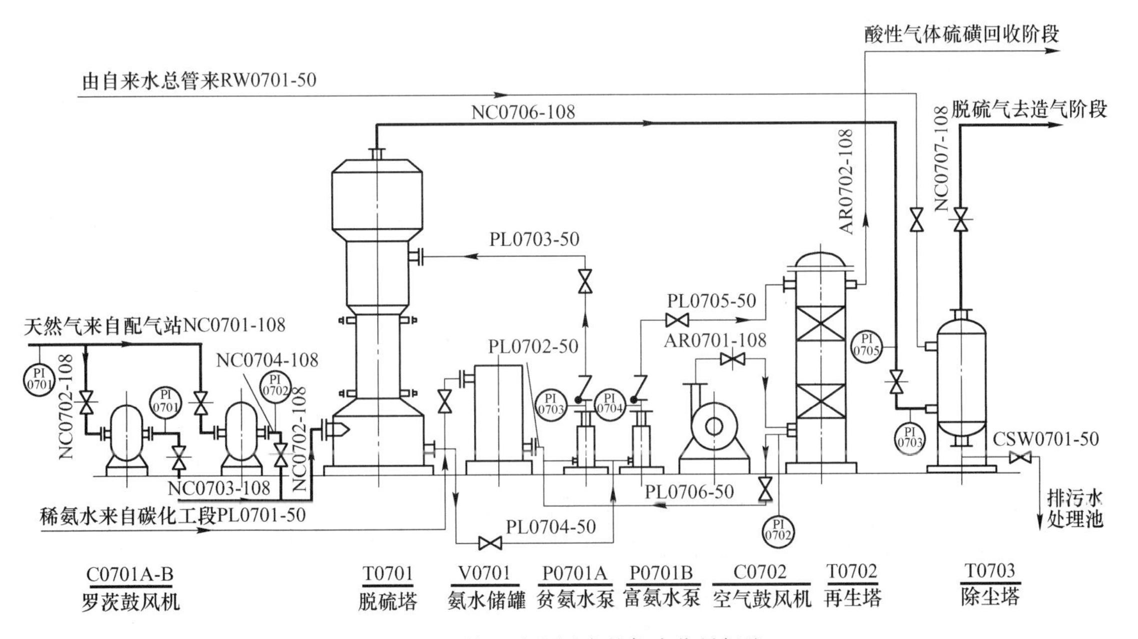

图 7-26　施工流程图中的仪表位号标注

（九）图例的标注

图例的标注，如图 7-27 所示。

（十）填写标题栏

填写标题栏，如图 7-28 所示。

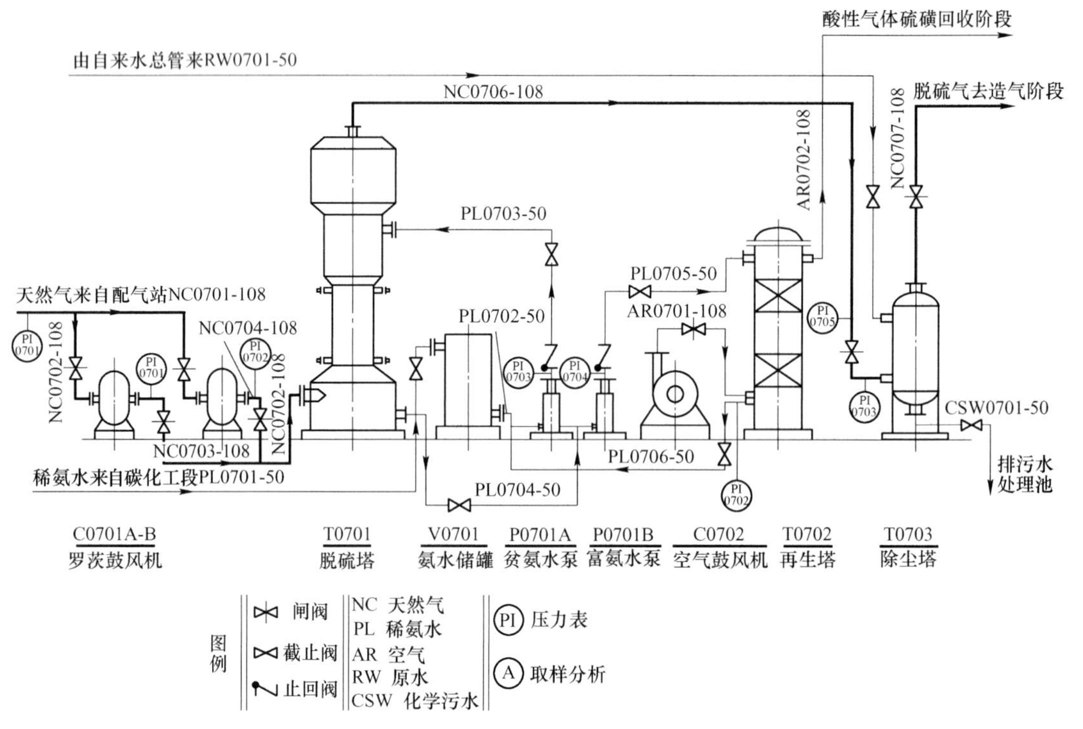

图 7-27　施工流程图中的图例标注

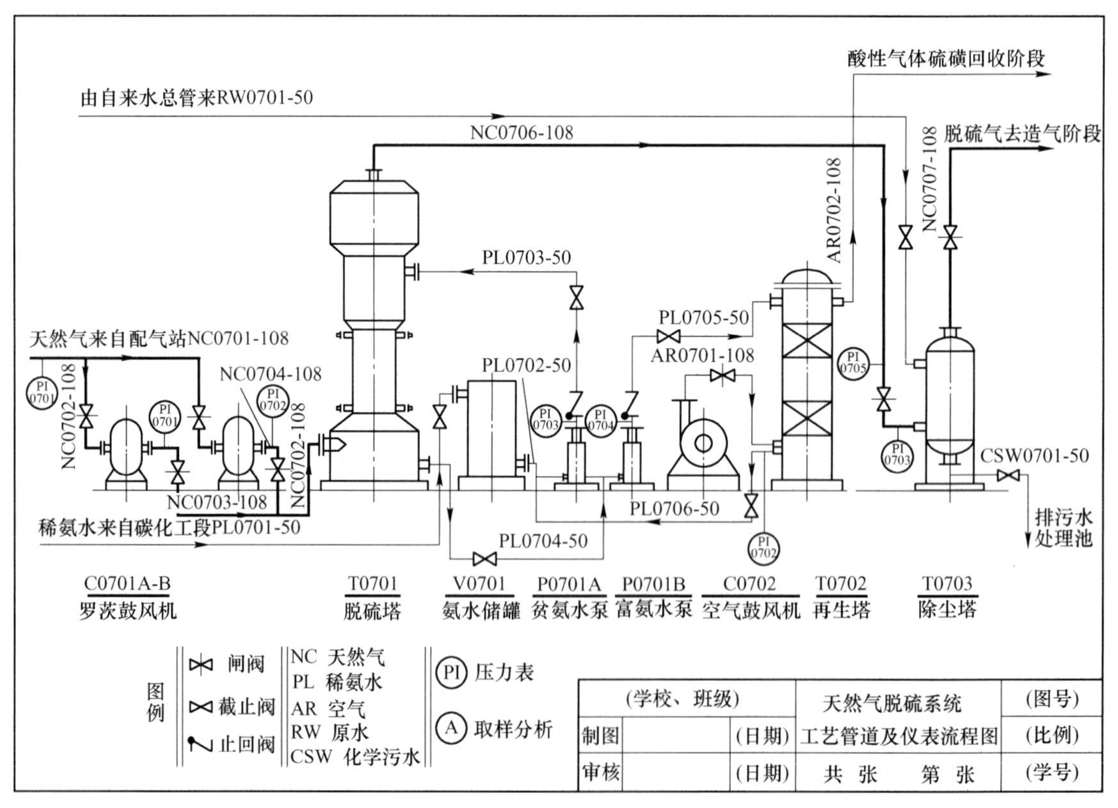

图 7-28　天然气脱硫系统施工流程图

【拓展训练】

画图 7-29 给定的空压站方案流程图。

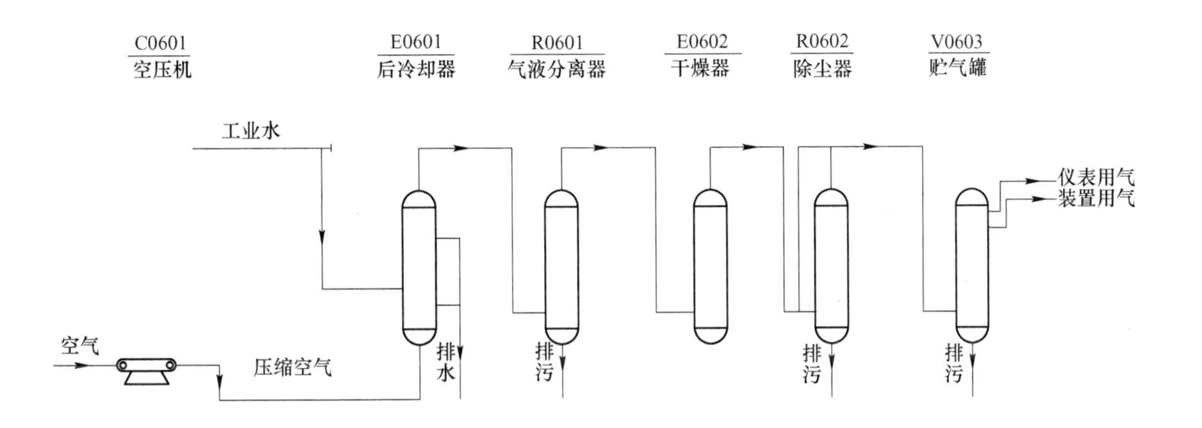

图 7-29　拓展训练 1

任务二　化工设备布置图

导入案例

天然气脱硫系统工艺流程设计确定的全部设备，必须根据生产工艺的要求，在厂房建筑的内外合理布置安装。表达设备在厂房内外安装布置的图样，称为设备布置图，设备布置图用来表示设备与建筑物、设备与设备之间的相对位置，以及指导设备的安装施工，也作为管路布置设计、绘制管路布置图的重要依据，如图 7-30 所示。

【任务目标】

（1）认识化工设备布置图，熟悉设备布置图的主要组成部分。

（2）能够使用 AutoCAD 绘制设备布置图，并进行必要的标注。

（3）掌握设备布置图绘制中的注意事项和基本规则。

【任务分析】

（1）启动 AutoCAD 绘图程序，完成当前绘图环境的设置。

（2）表示出建筑物及构件和设备。

（3）标注设备布置图。

（4）绘制标注方向标。

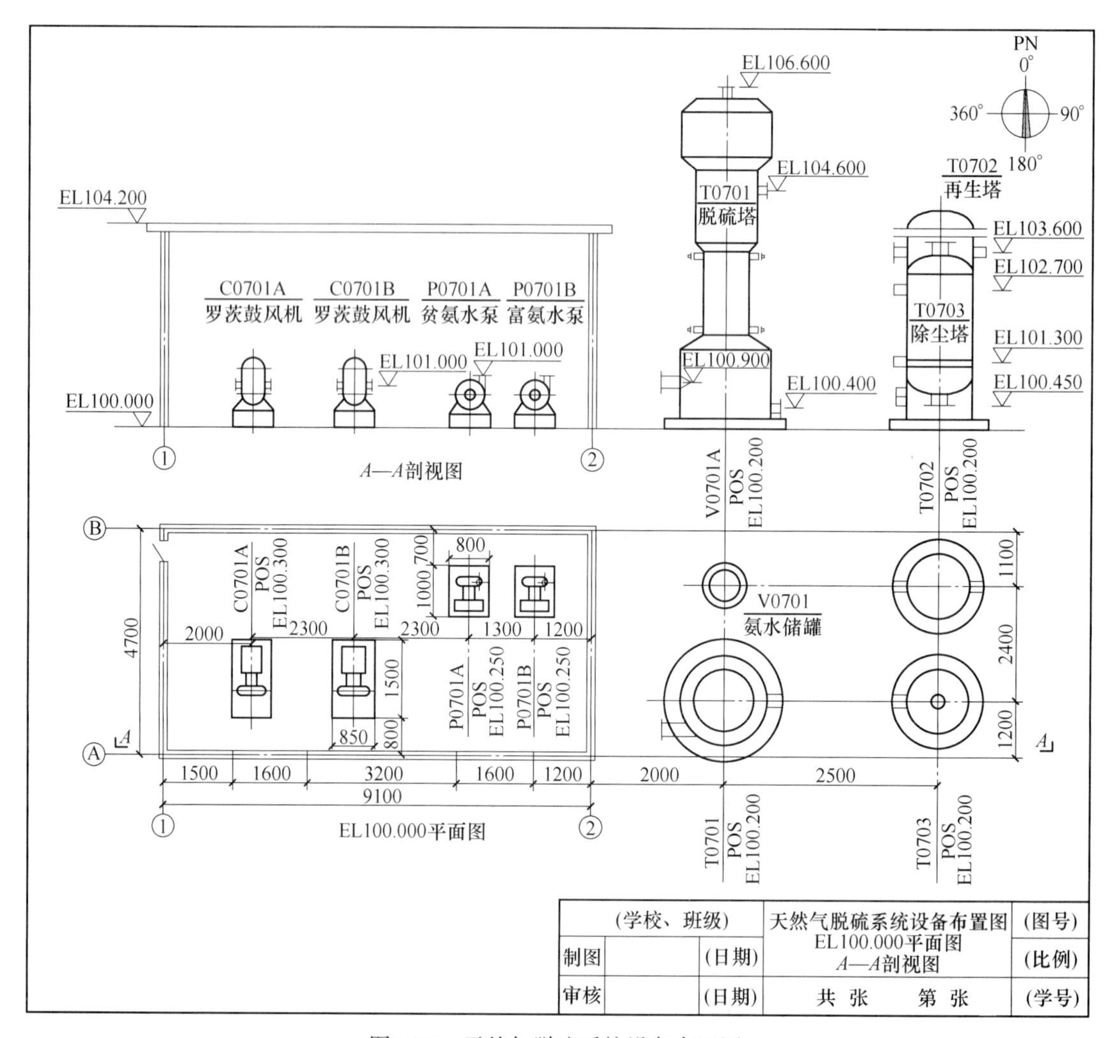

图 7-30　天然气脱硫系统设备布置图

【相关知识】

一、设备布置图的一般规定

（一）图幅与比例

一般采用 A1 图幅，不宜加长或加宽，特殊情况也可采用其他图幅。常用的比例为 1∶100，也可采用 1∶200 或 1∶50，主要依据设备布置的疏密程度、界区大小和规模而定。

（二）尺寸单位

设备布置图中标注的标高、坐标以米为单位，小数点后取三位数，至毫米为止；其余的尺寸以毫米为单位，只注数字，不标单位。采用其他尺寸时应注明单位。

设备布置图中的其他具体要求参考 HG/T 20519.3—2009。

二、设备布置图的视图配置

设备布置图包括一组平面图和立面剖视图。平面图是表达厂房某层上设备布置情况的水平剖视图。立面剖视图是假想用一平面将厂房建筑物沿垂直方向剖开后投影得到的立面剖视图，用来表达设备沿高度方向的布置安装情况，它在平面图上需标注出剖切符号。剖视符号规定用 *A—A*，*B—B*，*C—C*，…大写英文字母或Ⅰ—Ⅰ，Ⅱ—Ⅱ，Ⅲ—Ⅲ，…数字形式表示。对于多层建筑物，设备的平面布置图应依次分层绘制，图形下方标注“EL-×.×××平面”“EL±0. 000 平面”“EL+××. ×××平面”或“×-×剖视”等。

三、设备布置图的绘制

（一）建筑物及其构件的绘制

设备布置图中的承重墙、柱子等的建筑定位轴线用细点划线绘制；厂房建筑的空间大小、内部分隔及与设备安装定位有关的建筑基本结构用细实线绘制，如墙、柱子、门、窗、楼梯等。与设备安装定位关系不大的门、窗等构件一般只在平面图上绘制它们的位置及门的开启方向，立面剖视图上不予表示。

（二）设备的绘制

设备的中心线用细点划线绘制；带管口的设备外形轮廓用粗实线绘制；设备基础用中粗实线绘制；原有设备轮廓线及设备管口用细实线绘制。动设备可用粗实线简化画出基础所在位置，并标注特征管口和驱动机位置。同一位号的多台设备，在平面图上可只画一台的设备外形，其余仅画基础。穿越多层建筑物的设备，在每层平面上均需画出设备的平面位置，标注出其位号。

四、设备布置图的标注

（一）建筑物及其构件的标注

建筑物的定位轴线应进行编号，位于图形与尺寸线之外的明显地方，用细实线在各轴线的端部绘制直径为 8mm 的圆，且呈水平和垂直方向整齐排列。水平方向从左至右按顺序 1，2，…注写阿拉伯数字；在垂直方向从下而上按顺序 A，B，…注写大写英文字母。

建筑物应标注定位轴线间尺寸和各楼层地面的高度；标注柱、墙定位轴线的间距尺寸、门窗、孔洞等结构的定位尺寸；建筑物的高度尺寸采用标高符号标注在立面剖视图上，以米为单位，一般以底层室内地面为基准标高，标注的主要内容有地面、楼板、平台、屋面的主要高度尺寸等。

设备布置图中尺寸标注的尺寸线终端常采用斜线形式，与尺寸线成 45°夹角（右上倾斜），允许注成封闭的尺寸链。尺寸标注的尺寸界线一般采用建筑物的定位轴线和设备中心的延长线。标高用细实线绘制，符号的尖端应指向被注高度的位置，尖端一般向下，也可向上，如图 7-31 所示。

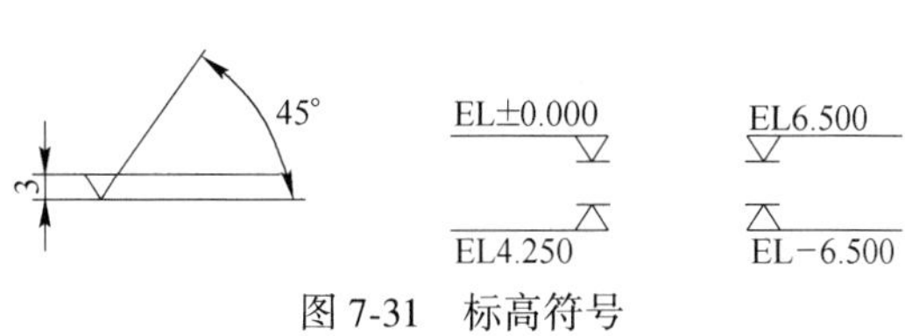

图 7-31　标高符号

标高的标注宜用“EL−×. ×××”“EL±×. ×××”“EL+×. ×××”，对于“EL+×. ×××”可将“+”省略注写为“EL×. ×××”。

（二）设备的标注

1. 设备定位尺寸的标注

设备布置图中一般不标注设备的定形尺寸，只标注定位尺寸。一般以建筑物定位轴线为基准，标注出其与设备中心线或设备支座中心线的距离。当某一设备定位后，则以此设备中心线为基准标注出邻近设备的定位尺寸。在设备中心线的上方标注设备位号，下方标注支承点的标高（POS EL×××. ×××）或主轴中心线标高（ϕEL×××. ×××）。

2. 设备标高的标注

设备布置图中应标出设备基础标高，必要时标注各主要管口的中心线、设备最高点等的标高。

3. 设备名称及位号的标注

设备位置图的所有设备均应标注名称及位号，且名称与位号的注写应与工艺流程图一致。一般标注在设备图形的上方或下方，也可标注在设备图形附近，用指引线指引或标注在设备图形内。

五、绘制并标注方向标

方向标是用来确定设备安装方位基准的符号，一般将其画在图纸的右上方，符号由粗实线绘制的直径为 20mm 的圆和水平、垂直两细点划线组成，分别注以 0°、90°、180°、270°等字样。一般都采用建筑北向（以“PN”表示）作为零度方位基准，如图 7-32 所示。

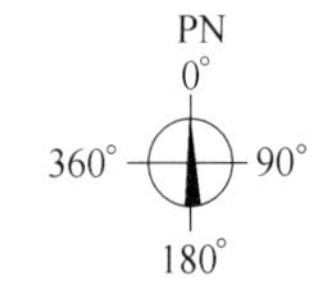

图 7-32　方向标图示

【任务实施】

天然气脱硫系统设备布置图

一、创建“天然气脱硫系统设备布置图 . dwg”图形文件

单击“标准”工具栏的“新建”按钮，新建一张图，打开“acadiso. dwt”文件，以“天然气脱硫系统设备布置图 . dwg”为图名保存图形文件。

二、设置绘图环境

（一）创建图层

单击“图层”工具栏上的“图层”按钮，弹出“图层特性管理器”对话框，在对话框中创建绘图需要的图层，设置各个图层的线型和线宽，如图 7-33 所示。

（二）确定视图配置

设备布置图用 EL100. 000 平面图和立面剖视图表达。

（三）选定比例和图幅，并绘制标题栏

本案例系统比较简单，为清晰表达，应合理选择比例和图幅来布置视图。

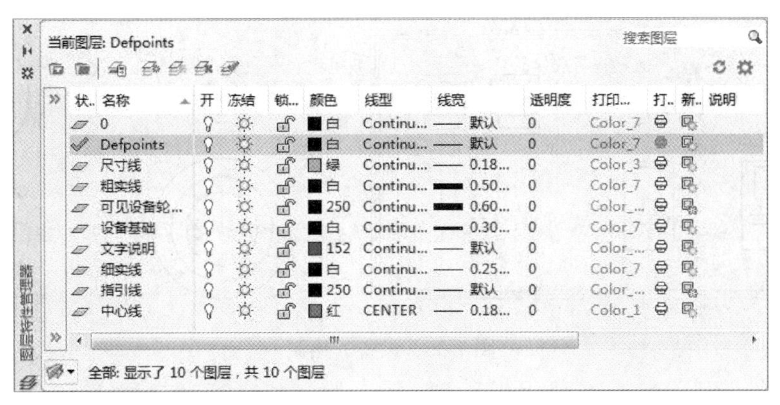

图 7-33　创建天然气脱硫系统工艺图的图层及线宽

三、绘制设备平面布置图

（1）用细点划线绘制建筑定位轴线，如图 7-34 所示。

图 7-34　建筑定位轴线的绘制

（2）用细实线绘制与设备安装布置有关的厂房建筑基本结构（如墙、门、窗等），如图 7-35 所示。

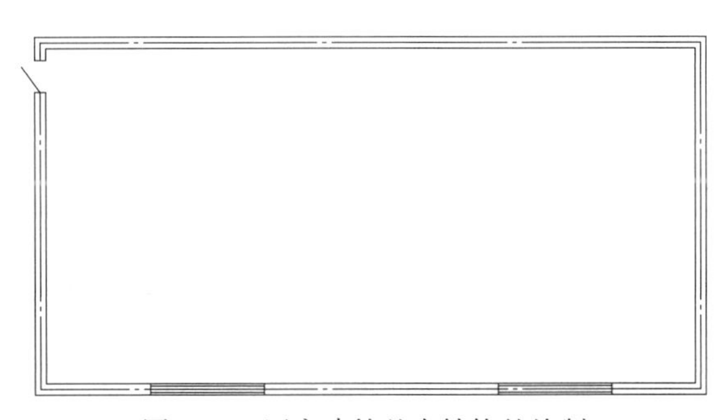

图 7-35　厂房建筑基本结构的绘制

（3）用细点划线绘制设备中心线和设备管口的中心线；用粗实线绘制设备外形轮廓；用中粗实线绘制设备基础；用细实线绘制设备管口，如图 7-36 所示。

（4）标注厂房定位轴线编号和定位轴线间的尺寸，标注设备基础的定形和定位尺寸，注写设备位号（与工艺流程图应一致）和标高，如图 7-37 所示。

（5）标注剖切位置、符号和视图名称，如图 7-38 所示。

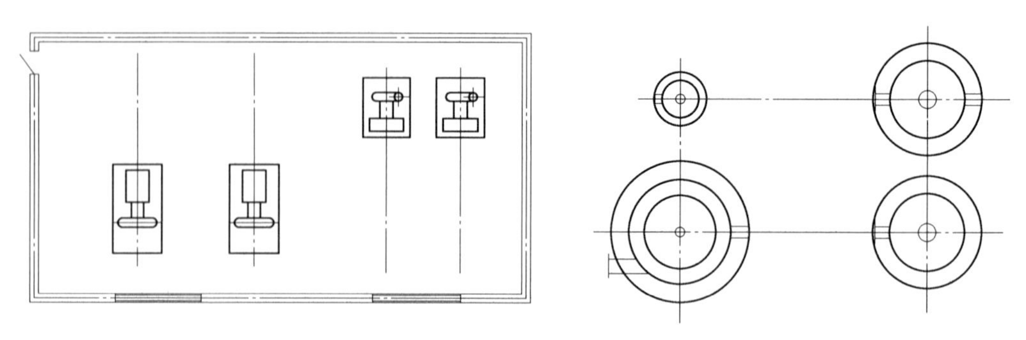

图 7-36　设备的绘制

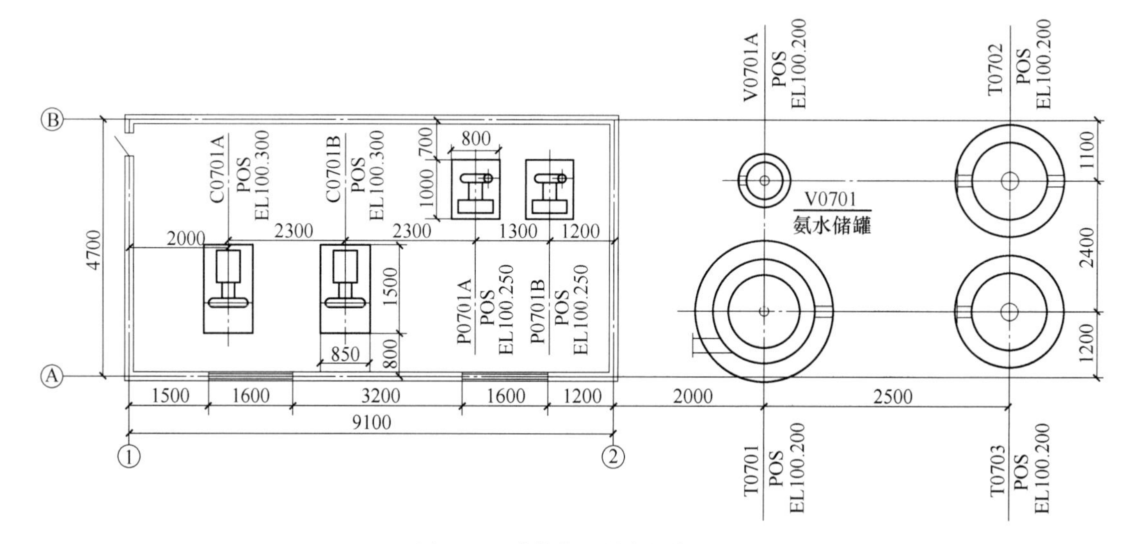

图 7-37　建筑物和设备的标注

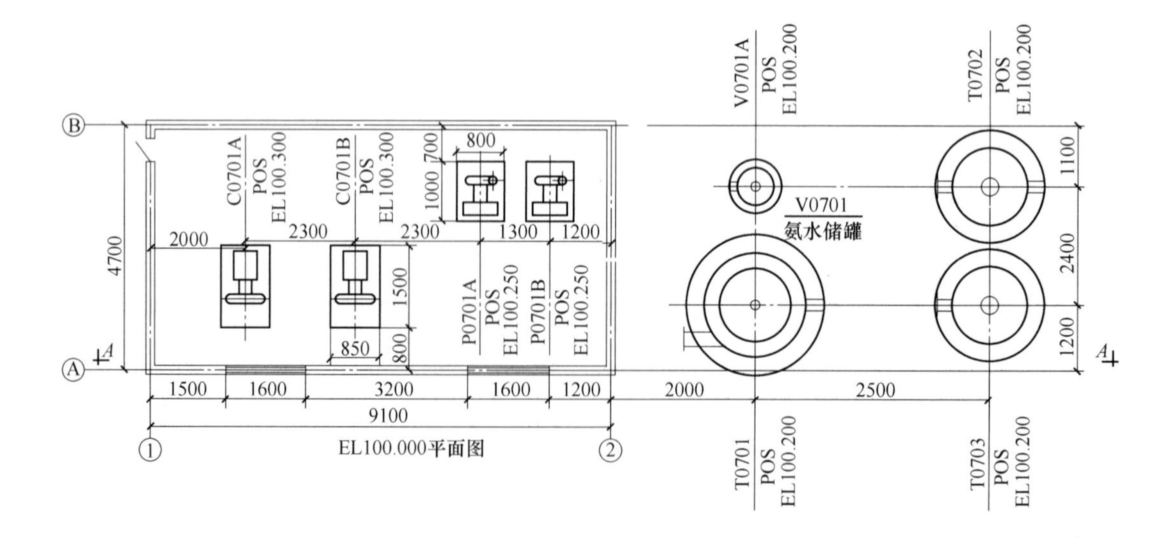

图 7-38　剖切位置、符号和视图名称的标注

四、绘制设备布置立面剖视图

（1）用细点划线绘制建筑轴线，用细实线绘制厂房剖面图，如图 7-39 所示。

图 7-39　建筑轴线和建筑物的绘制

（2）用细点划线绘制设备中心线和设备管口的中心线，用粗实线绘制带管口的设备立面示意图（被遮挡的设备轮廓一般不画），用细实线绘制设备管口，如图 7-40 所示。

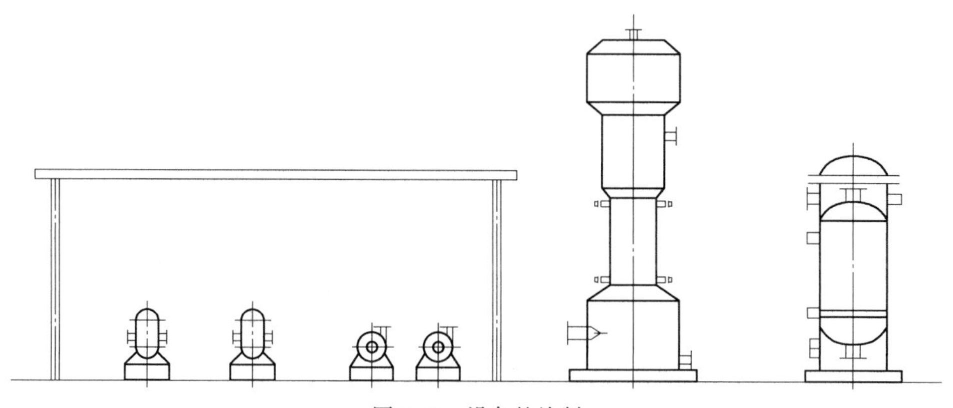

图 7-40　设备的绘制

（3）标注厂房定位轴线编号；标注厂房、设备基础、各主要管口中心线、设备最高点等标高，如图 7-41 所示。

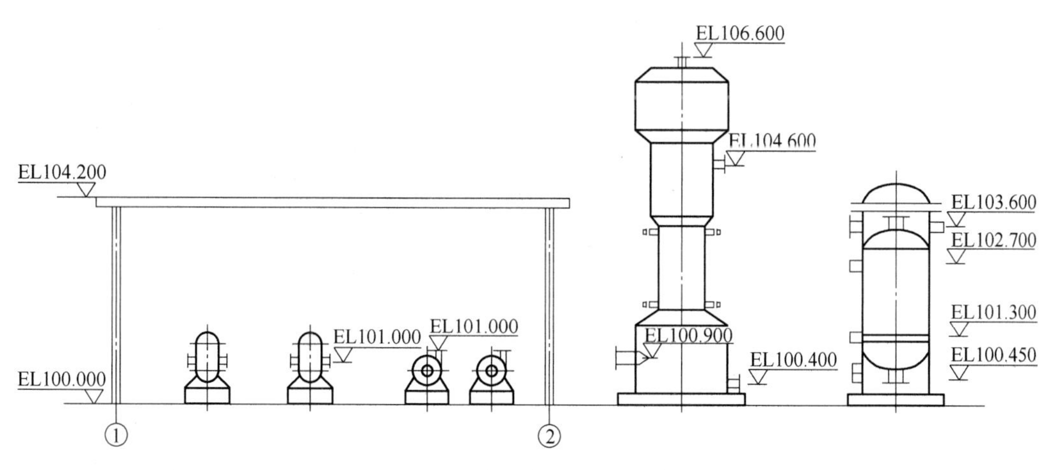

图 7-41　建筑物和设备的标注

（4）注写设备位号、名称和视图名称，如图 7-42 所示。

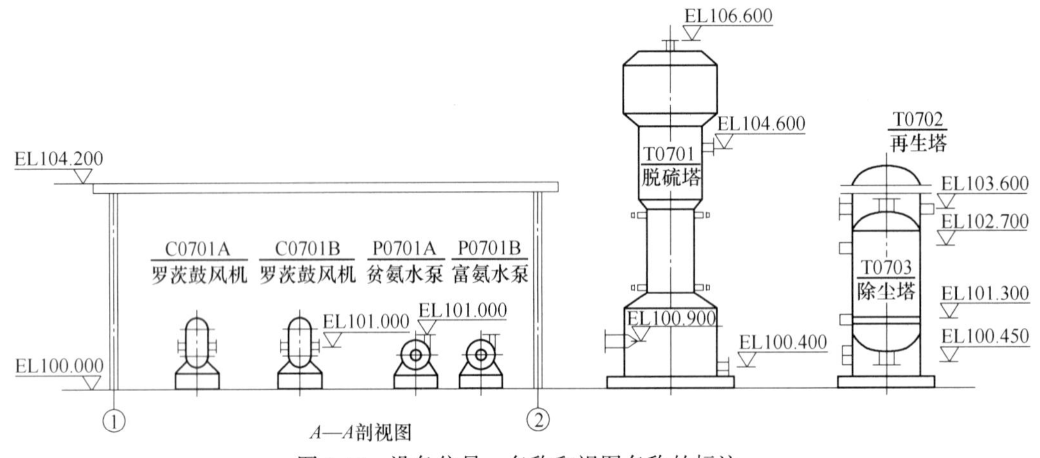

图 7-42　设备位号、名称和视图名称的标注

五、绘制方位标，填写标题栏

设备布置图如图 7-43 所示。

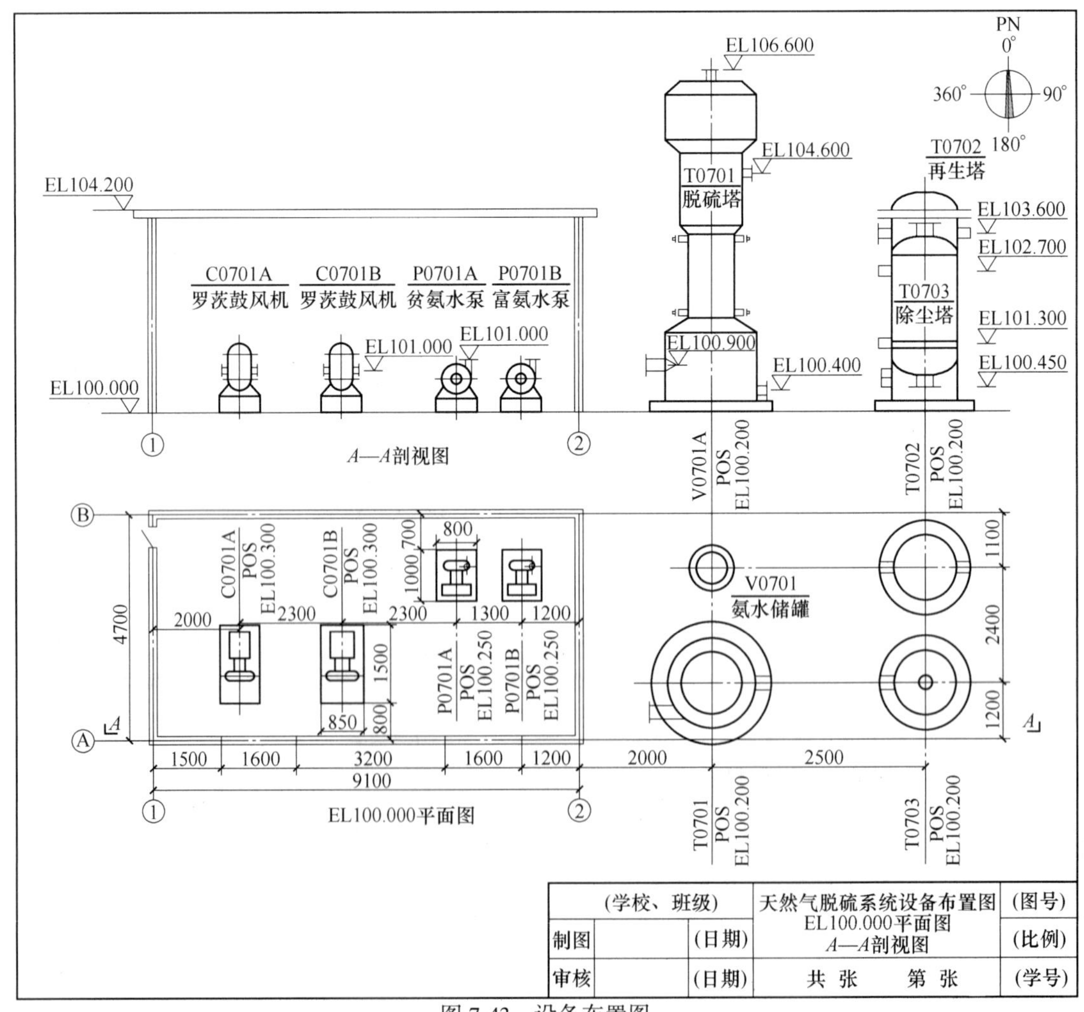

(学校、班级)			天然气脱硫系统设备布置图	(图号)
制图		(日期)	EL100.000平面图 A—A剖视图	(比例)
审核		(日期)	共 张　　第 张	(学号)

图 7-43　设备布置图

【拓展训练】

画图 7-44 所示的管道布置图。

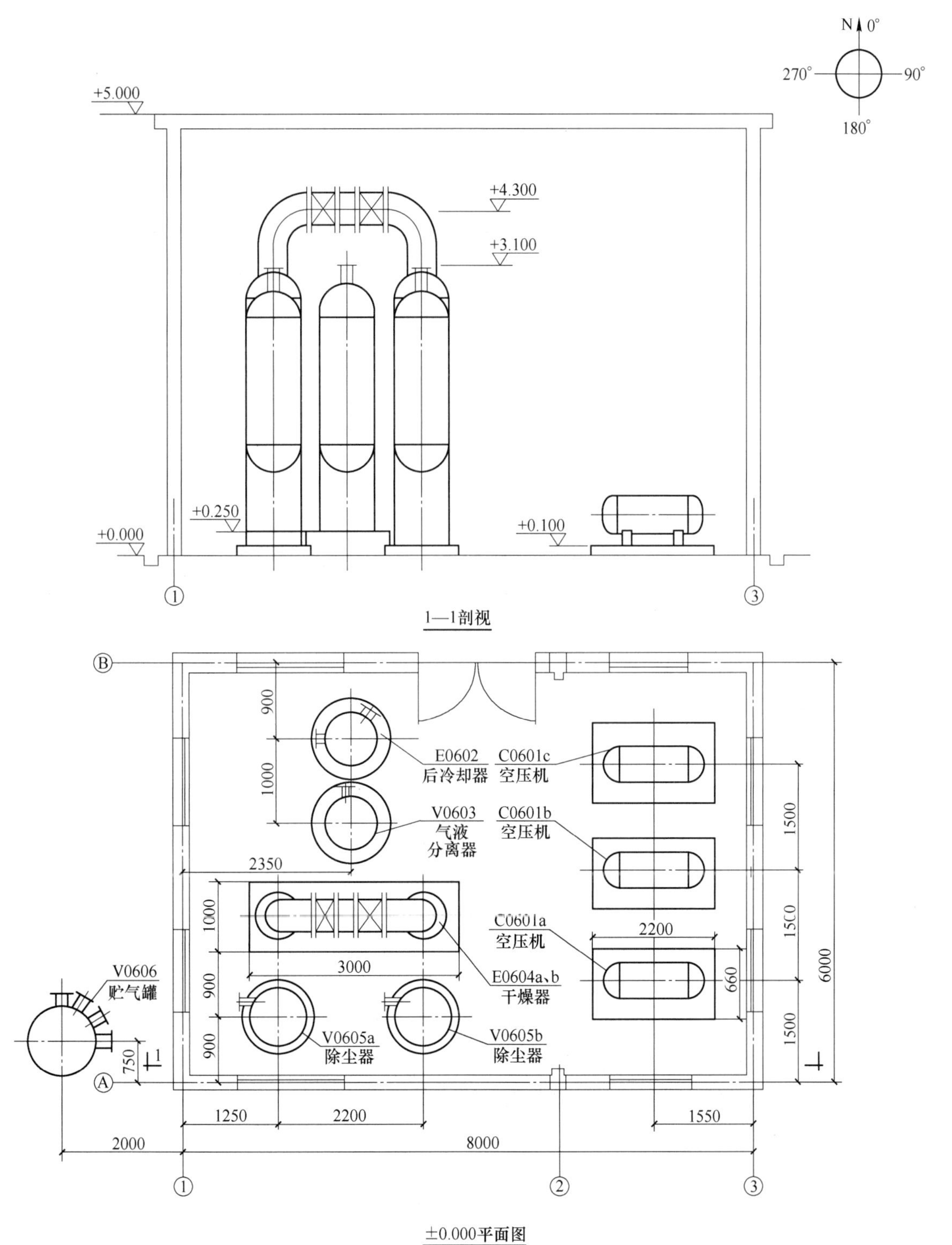

图 7-44　拓展训练 2

任务三　管道布置图

管道布置图（如图 7-45 所示）又称管道安装图或配管图，主要表达车间或装置内管道和管件、阀、仪表控制点的空间位置、尺寸和规格，以及与有关机器、设备的连接关系。管道布置图是管道安装施工的重要依据。

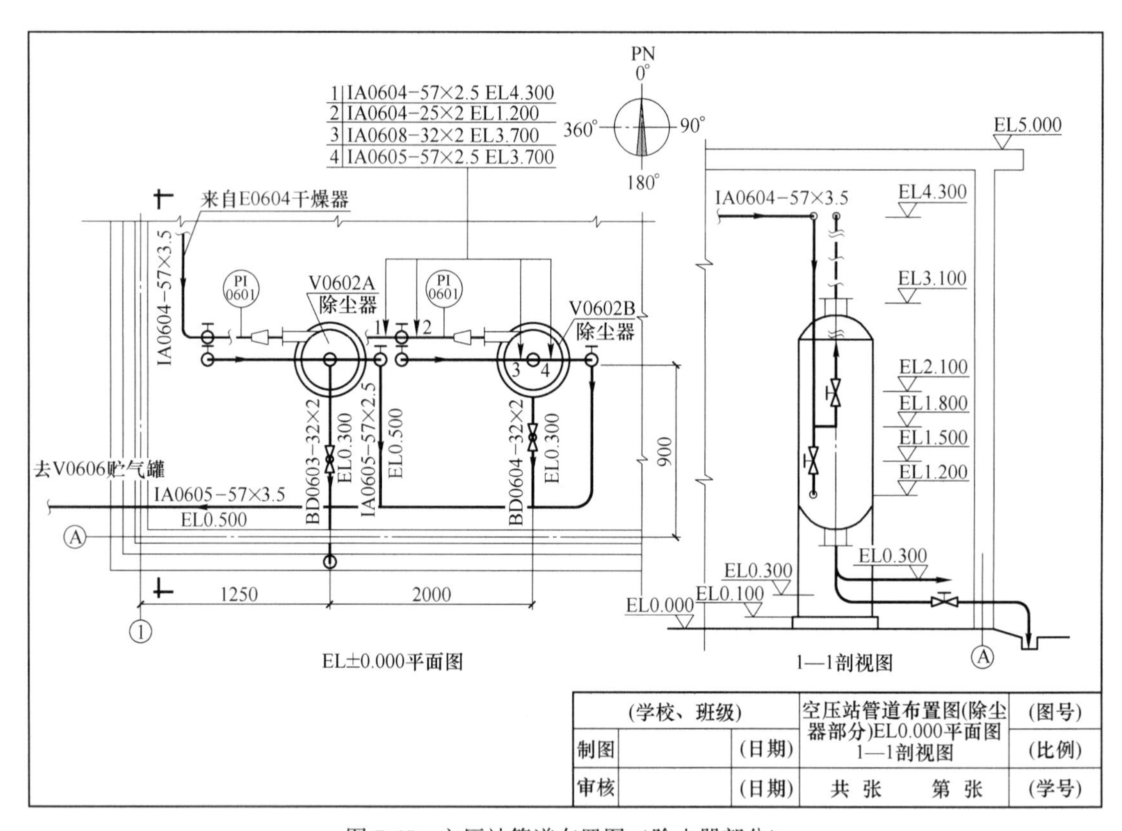

图 7-45　空压站管道布置图（除尘器部分）

【任务目标】

（1）认识化工管道布置图，熟悉管道布置图的主要组成部分。

（2）能够使用 AutoCAD 绘制管道布置图。

（3）掌握管道布置图中管道特殊位置及走向的图样表达。

【任务分析】

（1）启动 AutoCAD 绘图程序，完成当前绘图环境的设置。

（2）按照管路的规定画法，确定并绘制管路布置图的视图。

（3）标注管路布置图。
（4）绘制标注方向标。

【相关知识】

一、管道布置图的一般规定

（一）图幅与比例

一般图幅应尽量采用 A1，较简单的也可采用 A2，较复杂的可采用 A0。常用的比例为 1∶50，也可采用 1∶25 或 1∶30。

（二）尺寸单位

管道布置图中标注的标高、坐标以米为单位，小数点后取三位数，至毫米为止；其余的尺寸以毫米为单位，只注数字，不标单位。管子的公称直径一律用毫米表示。

管道布置图中的其他具体要求可参考 HG/T 20519.4—2009。

二、管路布置图的视图配置

管道布置图一般以平面图为主。平面图的配置应与设备布置图中的平面图一致。当平面图中局部表达不够清楚时，可选择恰当的剖切位置绘制剖视图或轴测图。剖视图要按照比例绘制，可根据需要标注尺寸。轴测图可不按照比例绘制，但是应标注尺寸，且相对尺寸正确。平面图上需标注出剖切符号，剖视符号规定用 *A*—*A*，*B*—*B*，*C*—*C*，…大写英文字母表示。

三、管路布置图的视图

（一）建筑物及其构件的画法

与设备布置图有关的建筑物：柱、梁、楼板、门、窗、操作台、楼梯等应用细实线按比例绘制。

（二）设备的画法

按照设备布置图确定设备的位置，用细实线绘制设备的简略外形和基础、平台、梯子（包括梯子的安全护圈）。

四、管道、阀门、管件、管架的图示方法

（一）管道的规定画法

1. 管道的画法

管道布置图中，公称直径（*DN*）大于和等于 400mm 或 16 英寸的管道绘制成双线；小于和等于 350mm 或 14 英寸的管道绘制成单线；若布置图中大口径的管路不多时，则公

称直径（*DN*）大于和等于 250mm 或 10 英寸的管道绘制成双线；小于和等于 200mm 或 8 英寸的管道绘制成单线。双线管道用中实线表示，单线管道用粗实线表示。在适当位置画箭头表示物料流向（双线管道箭头画在中心线上），如图 7-46 所示。

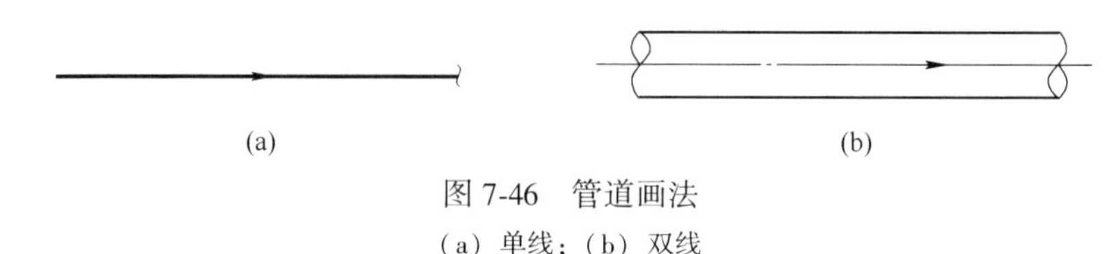

(a)　　(b)

图 7-46　管道画法

（a）单线；（b）双线

2. 管道的交叉

管道交叉时，一般将下方（或后方）的管道断开，如图 7-47（a）所示；也可将上方（或前方）的管道画上断裂符号断开，如图 7-47（b）所示。

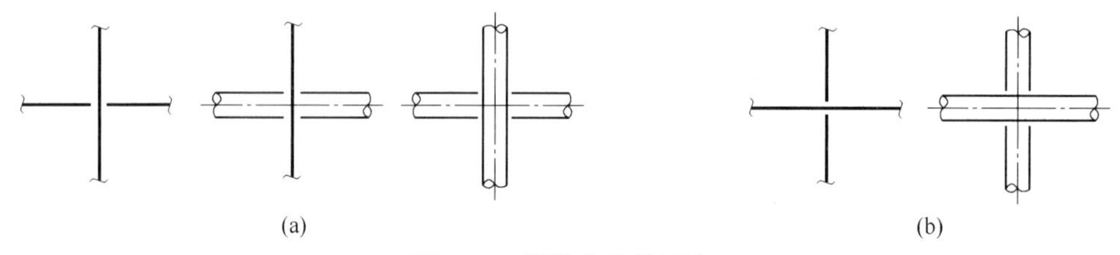

(a)　　(b)

图 7-47　管道交叉的画法

（a）下方（或后方）管道断开的画法；（b）上方（或前方）管道断开的画法

3. 管道的转折

管道大多通过 90°弯头实现转折。单线管道在反映转折的投影中，用圆弧表示转折处。其他投影图中，用一细实线小圆表示。当转折方向与投射方向一致时，管线画入小圆至圆心处，如图 7-48（a）所示；当转折方向与投射方向相反时，管线不画入小圆，小圆的圆心处画一圆点，如图 7-49（a）所示。双线管道的画法：向上折弯 90°和向下折弯 90°管道，如图 7-48（b）和图 7-49（b）所示。

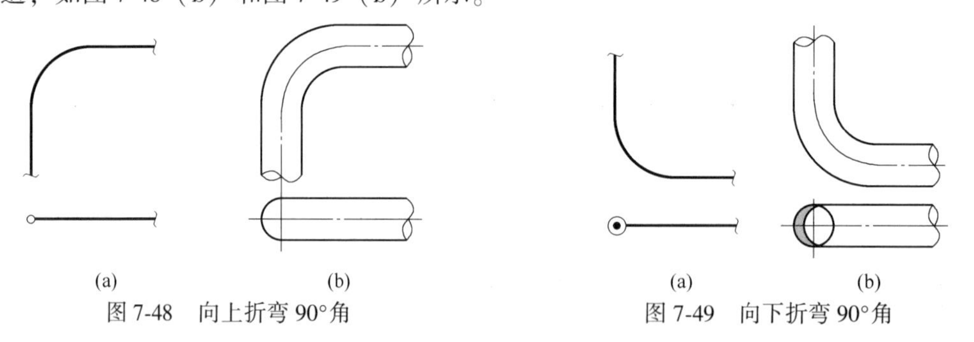

(a)　　(b)　　(a)　　(b)

图 7-48　向上折弯 90°角　　图 7-49　向下折弯 90°角

4. 管道的重叠

管道的投影重叠时，一般将可见管道采用投影断裂表示，不可见管道投影画至断裂处，并稍留间隙断开；当有多条管道的投影重合时，最上面一条管道画双重断裂符号，并可在管道断开处注写 *a*、*b* 等小写字母，如图 7-50 所示。

5. 管道连接

两段直管道相连接通常有法兰连接、承插连接、螺纹连接和焊接 4 种形式，其连接画法如图 7-51 所示。

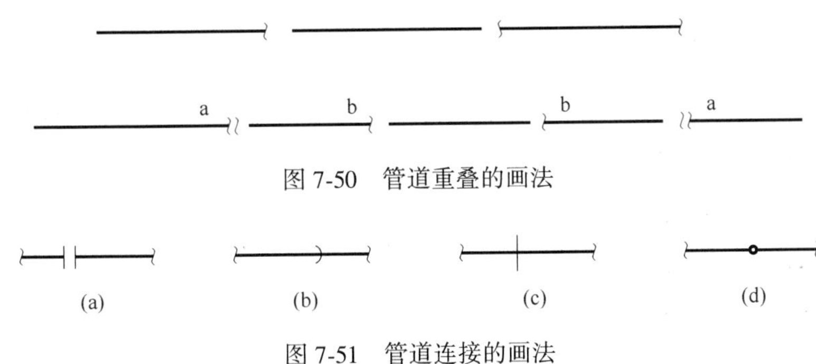

图 7-50　管道重叠的画法

图 7-51　管道连接的画法

（a）法兰连接；（b）承插连接；（c）螺纹连接；（d）焊接

（二）阀门及控制元件的表示方法

管道布置图中常用的阀门图形符号、仪表控制点的符号与带控制点工艺流程图的规定符号相同，但一般在阀门符号上表示出控制方式及安装方位，如图 7-52 所示。阀门与管道的连接方式如图 7-53 所示。管道布置图中仪表控制点的符号与带控制点工艺流程图的规定符号相同。

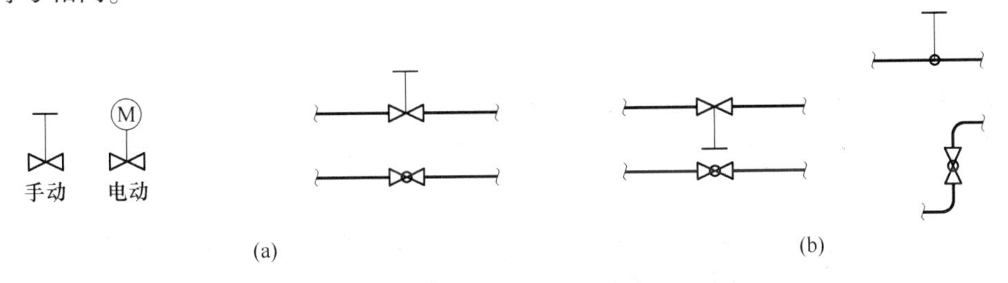

图 7-52　阀门符号上控制方式和安装方位的表示

（a）控制方式不同；（b）安装方位不同

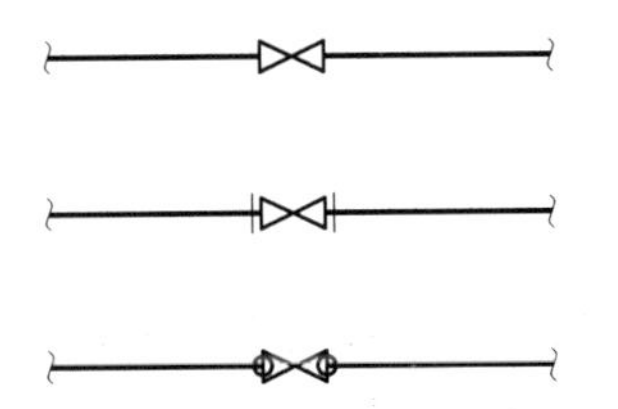

图 7-53　阀门与管道的连接方式表示

（三）管件的表示方法

管道一般用的管件连接有弯头、三通、四通、管接头等，其图形符号如图 7-54 所示。

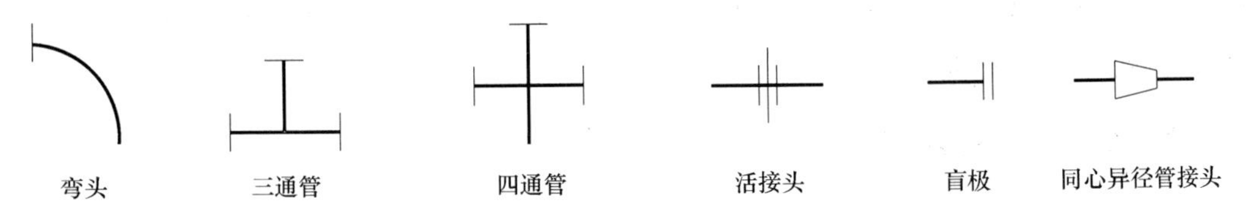

图 7-54　管件的表示方法

（四）管架的表示方法

管架常用来安装、固定在地面或建筑物上的管道，一般用图形符号在平面图上表示其类型和位置，如图 7-55 所示。

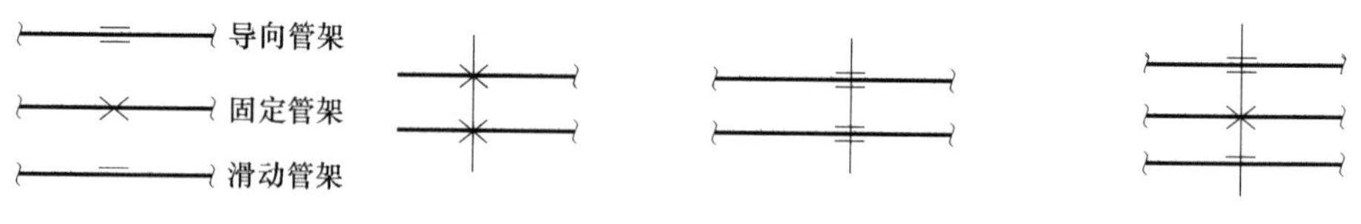

图 7-55　管架的表示方法

五、管路布置图的标注

（一）建筑物及其构件的标注

标注建筑的定位轴线号和定位轴线间尺寸及各楼层地面的高度；标注地面、楼面、平台面、吊车、梁顶面的标高。

（二）设备的标注

（1）按设备布置图标注设备的定位尺寸。

（2）用细实线按比例在设备布置图确定的位置画出设备的简略外形和基础、平台、梯子。

（3）在管道平面布置图上的设备中心线上方标注与设备布置图一致的设备位号，下方标注支承点的标高（POS EL×××. ×××）或主轴中心线标高（ϕEL×××. ×××）。

（4）卧式设备应按比例绘制其支撑底座，并标注固定支座的位置，支座下为混凝土基础时，应按比例绘制基础大小，但不需标注尺寸；对于立式容器，应表示出裙座人孔的位置及标记符号。

（三）管道的标注

标注出管道的定位尺寸及标高，并标注物料的流动方向。管道平面标注时，管道的上方（双线管道在中心线上方）标注管道代号，其与带控制点工艺流程图的规定相同，下方标注管道标高（标高以管道中心线为基准时，只需标注数字，如 EL××. ×××；以管底为基准，在数字前加注管底代号，如 BOP EL××. ×××），如图 7-56 所示。若在间隙很小的管道之间标注，允许用引线引出在图纸空白处标注管道代号和标高，此线穿越各管道并指向被标注的管道，也可以多管道一起引出进行标注，但应用数字分别进行编号，必要时指引线可以转折。

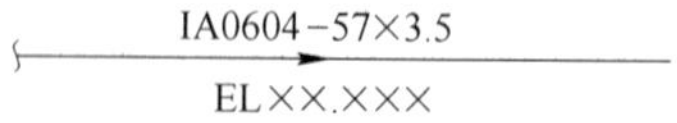

IA0604－57×3.5

EL××.×××

图 7-56　管道的表示方法

六、绘制并标注方向标

在平面布置图的右上角绘制一个与设备布置图设计方向一致的方向标。

【任务实施】

一、创建“空压站管道布置图（除尘器部分）.dwg”图形文件

单击“标准”工具栏的“新建”按钮，新建一张图，打开“acadiso. dwt”文件，以“空压站管道布置图（除尘器部分）. dwg”为图名保存图形文件。

二、设置绘图环境

（一）创建图层

单击“图层”工具栏上的“图层”按钮，弹出“图层特性管理器”对话框，在对话框中创建绘图需要的图层，设置各个图层的线型和线宽，如图 7-57 所示。

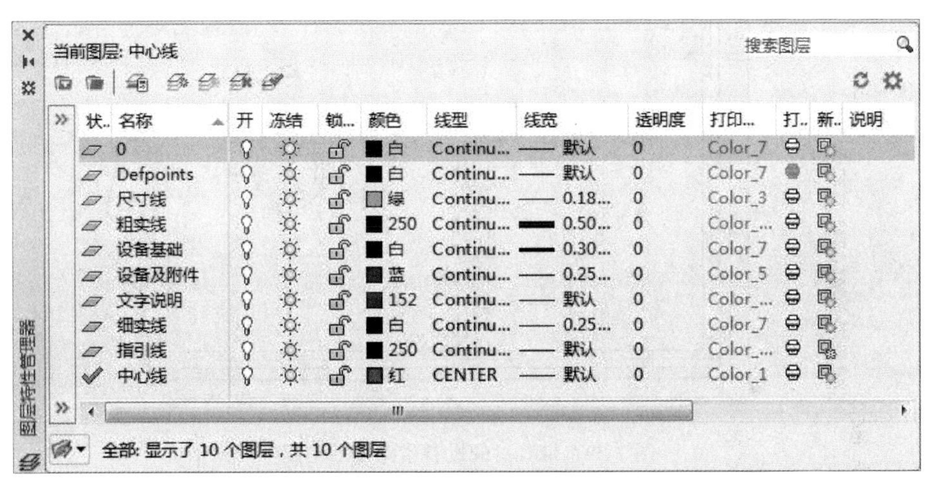

图 7-57　创建天然气脱硫系统工艺图的图层及线宽

（二）确定表达方案

应以施工流程图和设备布置图为依据，确定管道布置图的表达方法。绘制平面布置图，因平面图上不能表达高度方向的管道布置情况，在平面图 1—1 位置垂直剖切绘制立面剖视图，可与管道平面图绘制在一张图纸上，表达管道的立面布置情况。

（三）确定图幅、选择比例、合理布图

根据尺寸大小和管道布置的复杂情况，合理选择比例和图幅来布置视图。

三、绘制管道平面布置图

（1）用细点划线和细实线绘制厂房平面图，如图 7-58 所示。

（2）以设备布置图确定的位置用细实线绘制带管口的设备示意图，如图 7-59 所示。

（3）用粗实线画出管道，并标注物料流向箭头，如图 7-60 所示。

（4）用细实线画出管道上各管件、阀门和仪表控制点，如图 7-61 所示。

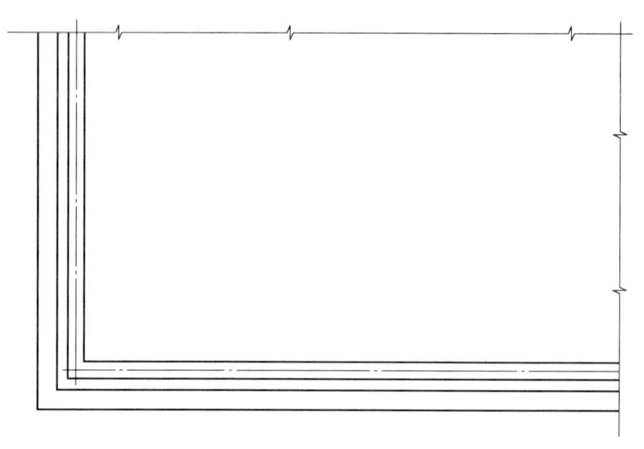

图 7-58　厂房平面图的绘制

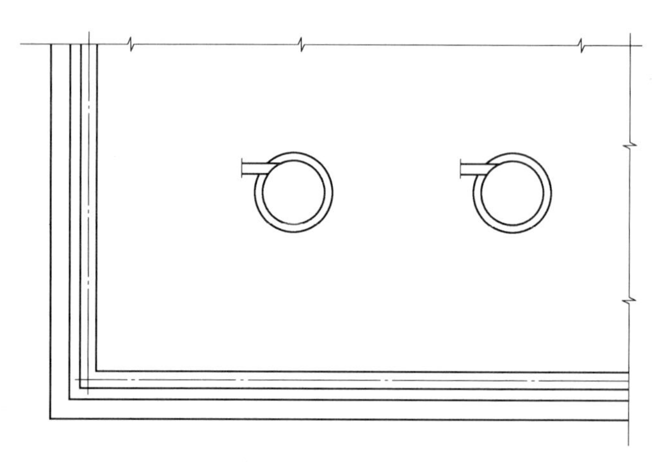

图 7-59　带管口的设备示意图的绘制

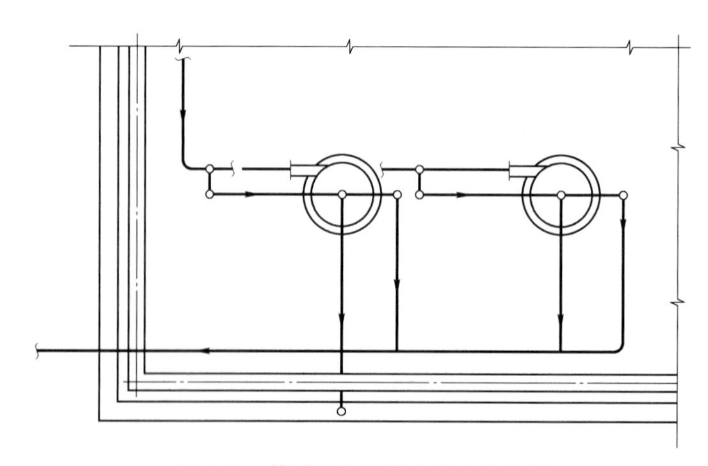

图 7-60　管道及物料流向箭头的绘制

（5）标注厂房定位轴线编号，标注厂房、设备定位尺寸、管道定位尺寸，如图 7-62 所示。

（6）标注设备的位号和名称，如图 7-63 所示。

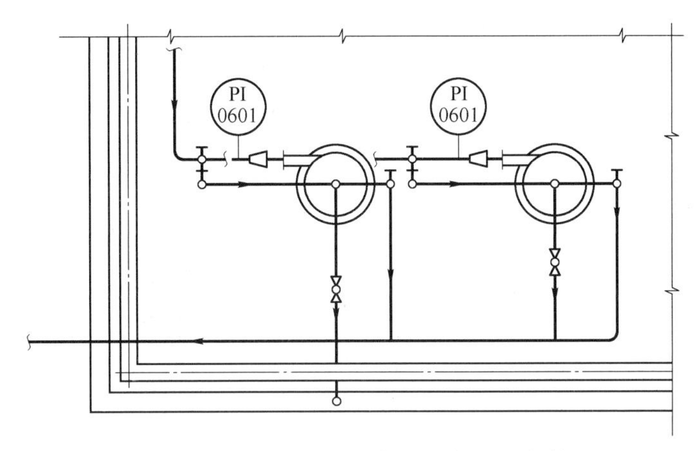

图 7-61　管件、阀门和仪表控制点的绘制

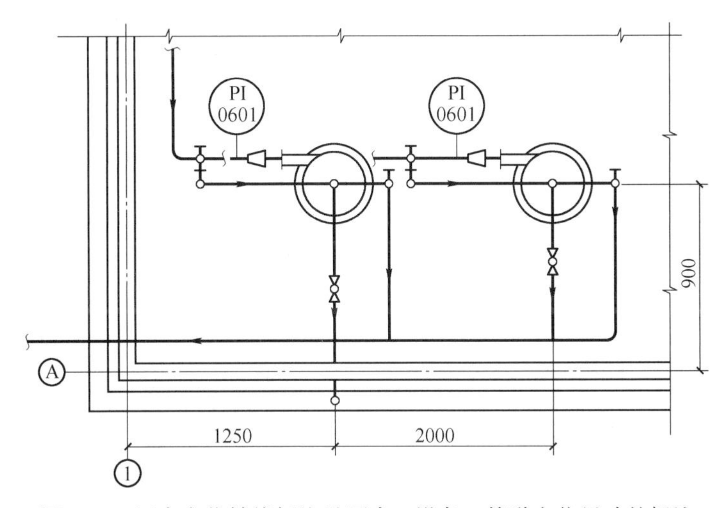

图 7-62　厂房定位轴线标注及厂房、设备、管道定位尺寸的标注

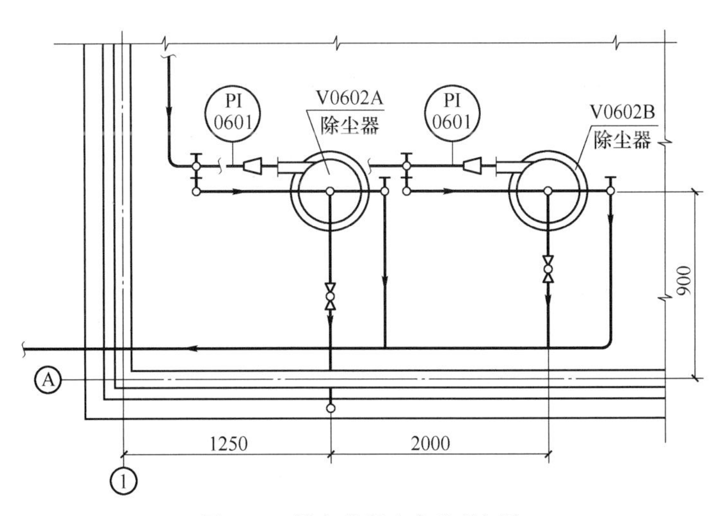

图 7-63　设备位号和名称的标注

（7）标注管道的代号和标高，如图 7-64 所示。

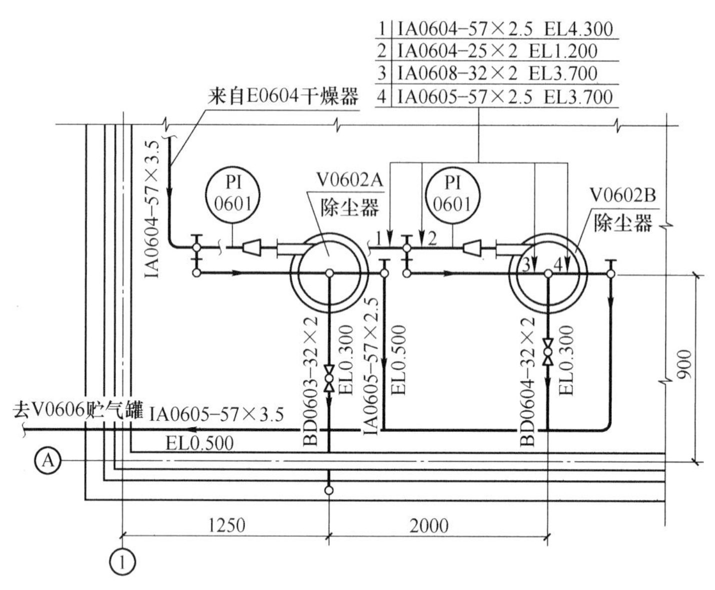

图 7-64　管道的代号和标高的标注

（8）标注剖切位置、符号和视图名称，如图 7-65 所示。

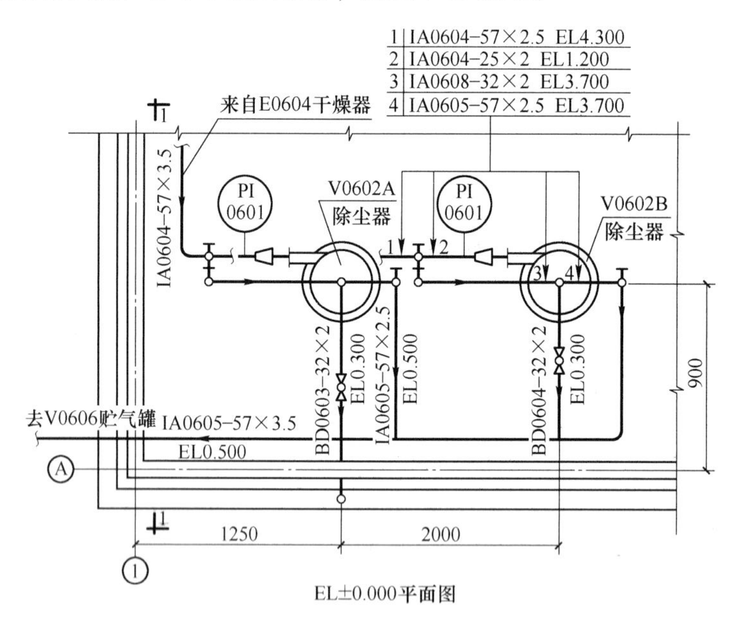

图 7-65　剖切位置、符号和视图名称的标注

四、绘制管道立面剖视图

（1）用细实线绘制基准线以上的建筑物，如图 7-66 所示。

（2）用细实线绘制带管口的设备立面示意图，如图 7-67 所示。

（3）用粗实线画出管道，并标注物料流向箭头，如图 7-68 所示。

（4）用细实线画出管道上各管件、阀门和控制点，如图 7-69 所示。

（5）标注厂房定位轴线编号，标注厂房、设备及管道的标高，如图 7-70 所示。

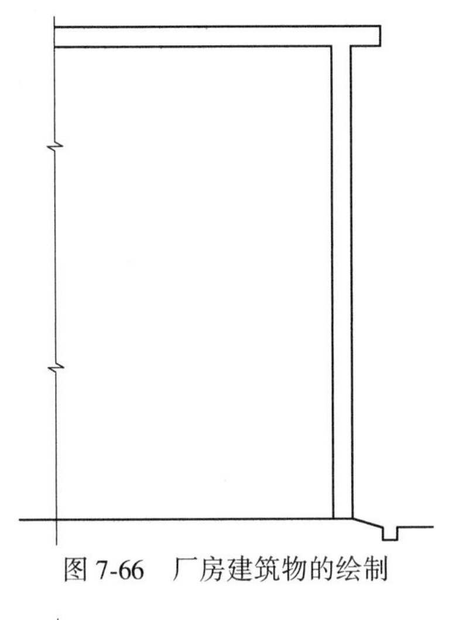

图 7-66　厂房建筑物的绘制

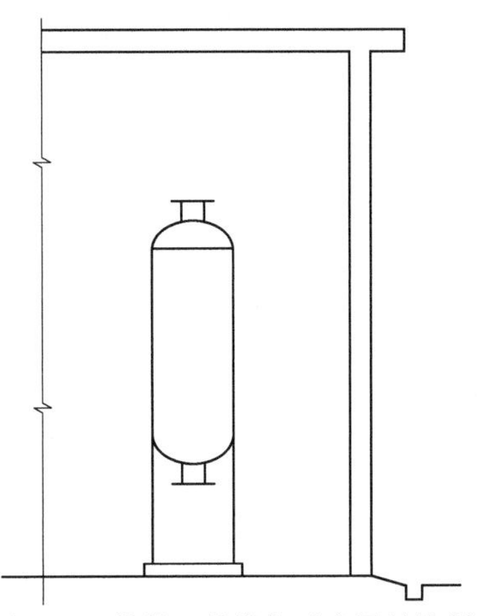

图 7-67　带管口的设备示意图的绘制

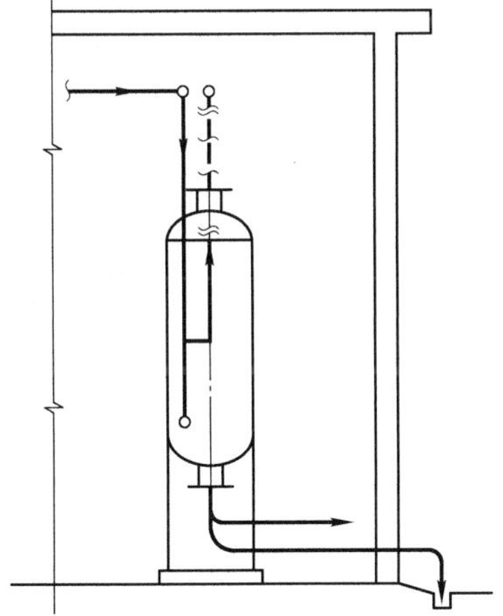

图 7-68　管道和料流向箭头的绘制

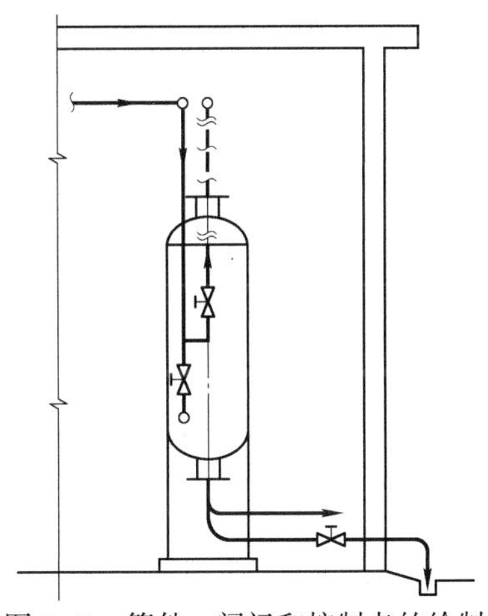

图 7-69　管件、阀门和控制点的绘制

（6）标注管道和视图名称，如图 7-71 所示。

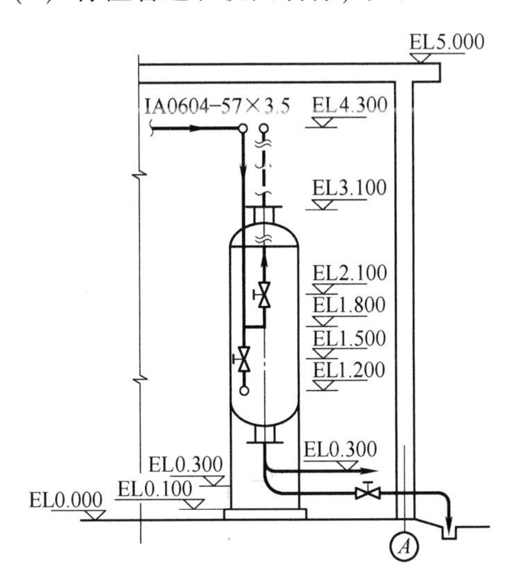

图 7-70　厂房定位轴线标注及厂房、设备、管道的标注

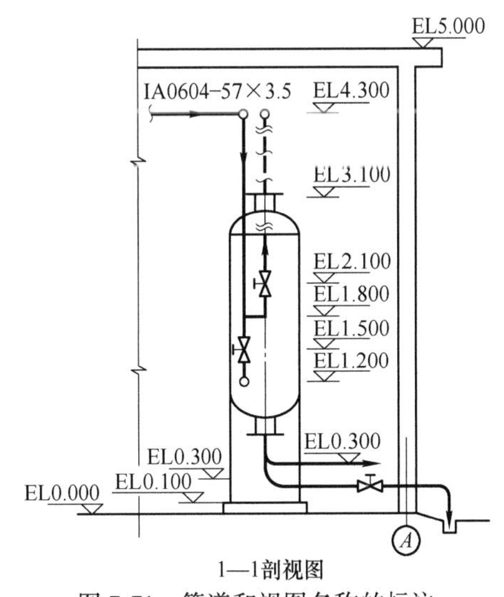

图 7-71　管道和视图名称的标注

（7）绘制方向标，填写标题栏，完成全图，如图 7-72 所示。

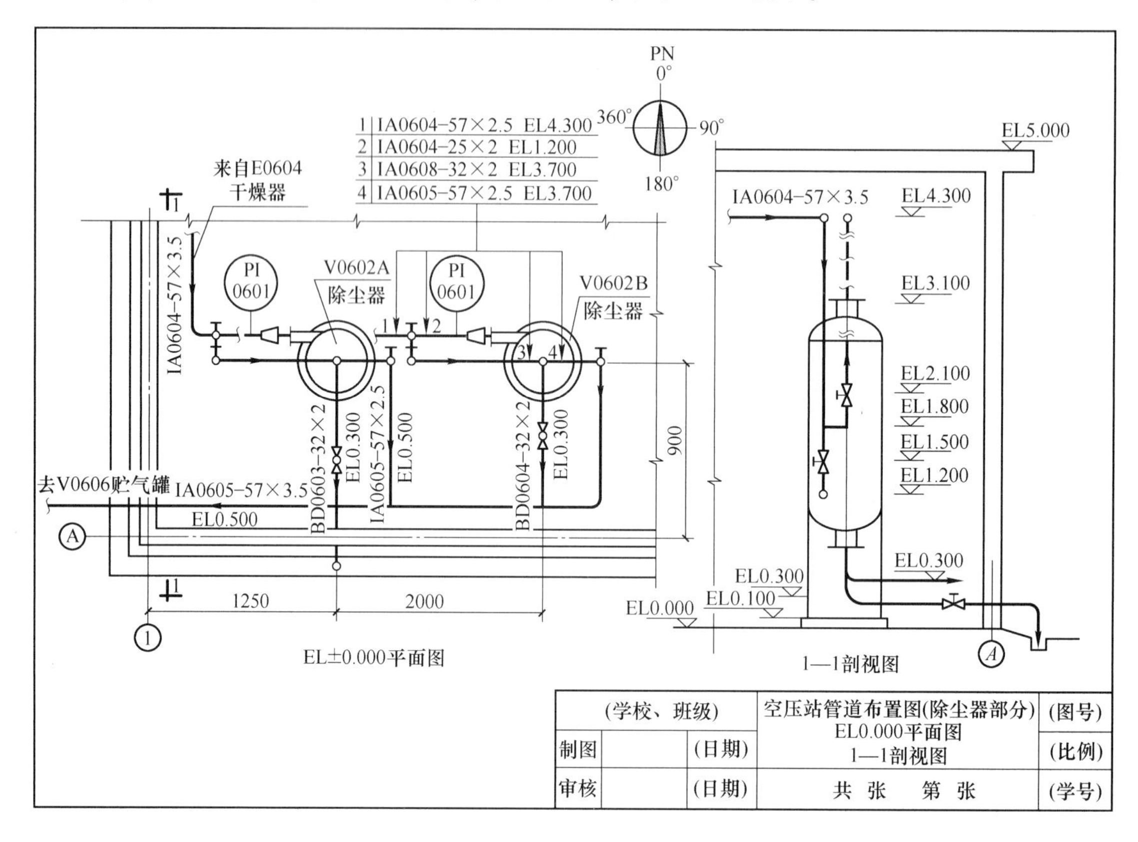

图 7-72　管道布置图

【拓展训练】

根据图 7-73 所示的管道轴测图，绘制管道的平面图和正立面图。

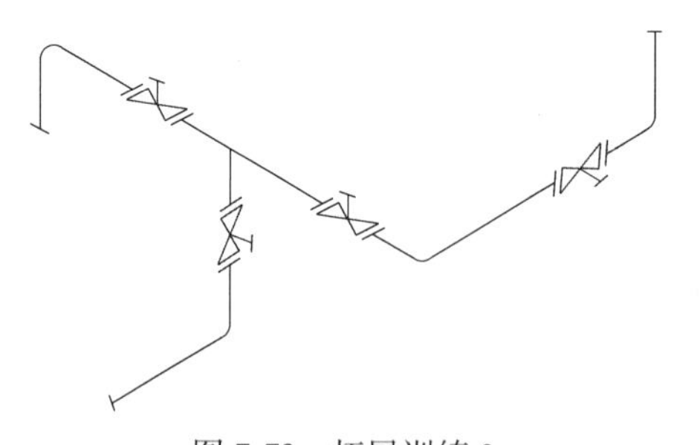

图 7-73　拓展训练 3

上机练习

7-1　已知管道的平面图和正立面图（如图 7-74 所示），画出其左、右立面图。

7-2　画图 7-1 天然气脱硫系统的方案流程图。

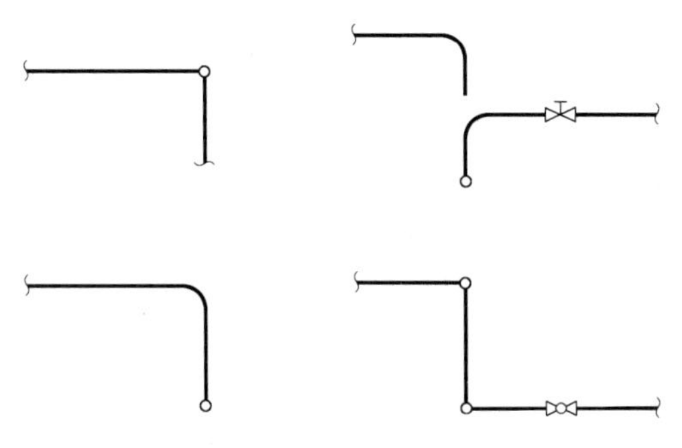

图 7-74　管道的平面图和正立面图

参 考 文 献

[1] 闫照粉 . AutoCAD 工程绘图实训教程 [M]. 苏州：苏州大学出版社，2017.

[2] 杨霞 . 新编 AutoCAD 模块化基础操作教程 [M]. 北京：中国电力出版社，2011.

[3] 任崇桂 . AutoCAD 与工程制图实训教程 [M]. 济南：山东大学出版社，2011.

[4] 董振珂 . 化工制图 [M]. 2 版 . 北京：化学工业出版社 . 2010.

[5] 李盛，钟少云，张斌 . AutoCAD 机械制图与实训 [M]. 长春：吉林大学出版社 . 2018.

[6] 郭文亮，郭领艳 . 中文版 AutoCAD 机械设计经典技法 118 例 [M]. 北京：电子工业出版社，2012.

[7] 韩凤起 . AutoCAD2012 中文版标准实例教程 [M]. 北京：机械工业出版社，2012.

[8] 钱可强 . 机械制图 [M]. 北京：高等教育出版社，2017.

[9] 周鹏翔，何文平 . 工程制图 [M]. 北京：高等教育出版社，2018.